이동근의 배낭여행 세계일주

무소의 뿔처럼 혼자서 가라

이동근 지음

지식공감 도서출판

Contents

Contents

Prologue

바쁜 삶에 찍어주는 쉼표는 땀 흘린 후 마시는 시원한 물 한 잔과 같다. 즐길 줄 아는 사람은 더 열심히 일할 줄 아는 사람이다.

인생은 기나긴 여행길이다. 이 여행길에서 잊지 말아야 할 수칙은 바로 '이 장소에서는 장소만을 생각하라'는 것이다. '지금 이 순간을 놓치지 말아야 한다'는 것이다. 'Carpe Diem—Seize the day, enjoy the present.'

중국 운문(雲門) 선사(禪師)(864~949)의 화두(話頭)인 '날마다 좋은 날(雲門日日是好日)'을 나는 '시간의 노예가 되지 말라! 오늘 하루의 삶이 당신의 일생이다. 하루하루를 의미 있게 그리고 즐겁게 살아라!'라고 해석하고 싶다.

돌이켜 보면, 어릴 적 내 꿈은 '세계일주'였었다. 그 당시 세계일주를 하기 위해서는 외교관이 최선책이었으나, 생활인으로서 슬기롭게도 나는 차선책을 선택한 셈이다. 조금씩 조금씩, 천천히 느긋하게 안단테(Andante), 안단테(Andante). 나는 14년 동안 내 꿈을 이루어왔다. 비록 '수박 겉핥기' 식이지만, 내 어릴 적 꿈 '세계일주'는 완성되었다. 일단 해외여행 14년 동안 58개국, 5대륙 '주마간산 배낭여행'은 마쳤다. 하지만, '진정한 여행'은 무엇인가? 엄밀하게 말하자면 지금까지의 내 여행은 '남에게 보이기 위한' 여행이었고, 지금부터는 오로지 나를 위한 '선택과 집중'을 통한 내면으로의 '진정한 여행'이 되어야 한다.

엄격한 수도생활과 평생의 침묵 생활로 유명한 트라피스트(Trappistes) 수도회의 수사들은 '메멘토 모리(Memento Mori)'란 말로 인사를 대신한다. 이 말의 뜻은 이렇다. '자신의 죽음을 기억하라.' 죽음은 우리 가까이에 있다. 앞서 가고 뒤에 가는 순서의 차이가 있을 뿐, 우리의 생(生)은 서서히 죽어가는 길(道)일 뿐인 것이다. '메멘토 모리.' 오늘날 이 말은 '사람은 항상 죽음과 같은 마지막을 염두해 두면서, 미리 준비하며 세상을 살아가야 한다.'는 경구(警句)로 사용된다.

'메멘토 모리(Memento Mori/ 죽음을 기억하라)'와 '카르페 디엠(Carpe Diem/ 지금 이 순간을 즐겨라).'

삶의 한복판에 죽음을 들여 놓는다면 삶과 물질에 대한 집착을 덜게 되고, 주변 사람들에게 조금 더 너그러워지고, 지금보다는 더욱 감사하며, 내면의 기쁨에 초점을 맞출 수 있게 될 것이다. 여행은 안에서 벗어나 밖으로 나가는 행위이다. 밖으로 나가 궁극적으로 도달하는 것은 역시 안이다. 진정한 여행은 외부세계를 통해 내부세계를 지향하는 것이며, '비움과 채움'이 조화를 이루는 것이어야 한다. 여행은 우리가 사는 장소를 바꾸어 주는 것이 아니라 우리의 생각과 편견을 바꾸어 주는 것이다. 진정한 여행은 새로운 배경을 얻는 것이 아니라 현명한 시야를 갖는 것이다. 머무르면 새로운 것을 만날 수 없고 떠남이 길면 그것 또한 다른 일상이 되어 버린다. 머무름과 떠남이 잘 교차하는 그런 삶을 살고 싶다. 시간상으로 유한한 우리의 삶을 풍요롭고 보다 농밀하게 사는 길은 공간의 확대, 즉 여행을 많이 하는 것이라고 나는 생각한다.

배낭여행! 나에게 있어 떠난다는 것은 소극적인 도피가 아니라 보다 높은 이상을 위한 적극적인 추구였으면 한다. 떠난다는 것은 곧 새롭게 만난다는 뜻이기도 하다. 만남이 없다면 떠남은 무의미하다. 크게 버림으로써, 크게 얻을 수 있다. 지난 14년간 주로 혼자 떠난 배낭여행의 경험은 내가 어려울 때 나를 뒤에서 밀어주는 '보이지 않는 손(Invisible hand)'이 되어 줄 것이고, 세월이 흘러 인생을 참 잘 살았다는 삶의 소중한 추억이 될 것이다.

2014년 7월 30일.

해외 배낭여행 14년, 58개국 세계일주를 자축하며.

이동근(李東根)

누구나 혼자이지 않은 사람은 없다

김재진 詩

믿었던 사람의 등을 보거나
사랑하는 이의 무관심에 다친 마음 펴지지 않을 때
섭섭함 버리고 이 말을 생각해 보라.
– 누구나 혼자이지 않은 사람은 없다.
두 번이나 세 번, 아니 그 이상으로 몇 번쯤 더 그렇게
마음속으로 중얼거려 보라.
실제로 누구나
혼자이지 않은 사람은 없다.
지금 사랑에 빠져 있거나 설령
심지 굳은 누군가 함께 있다 해도 다 허상일 뿐
완전한 반려(伴侶)란 없다.
겨울을 뚫고 핀 개나리의 샛노랑이 우리 눈을 끌듯
한때의 초록이 들판을 물들이듯
그렇듯 순간일 뿐
청춘이 영원하지 않은 것처럼
그 무엇도 완전히 함께 있을 수 있는 것이란 없다.
함께 한다는 건 이해한다는 말
그러나 누가 나를 온전히 이해할 수 있는가.
얼마쯤 쓸쓸하거나 아니면 서러운 마음이

짠 소금물처럼 내밀한 가슴 속살을 저며 놓는다 해도
수긍해야 할 일.
어차피 수긍할 수밖에 없는 일.
상투적으로 말해 삶이란 그런 것.
인생이란 다 그런 것.
누구나 혼자이지 않은 사람은 없다.
그러나 혼자가 주는 텅 빔.
텅 빈 것의 그 가득한 여운
그것을 사랑하라.
숭숭 구멍 뚫린 천장을 통해 바라 뵈는 밤하늘 같은
투명한 슬픔 같은
혼자만의 시간에 길들라.
별들은
멀고 먼 거리, 시간이라 할 수 없는 수많은 세월 넘어
저 홀로 반짝이고 있지 않은가.
반짝이는 것은 그렇듯 혼자다.
가을날 길을 묻는 나그네처럼, 텅 빈 수숫대처럼
온몸에 바람 소릴 챙겨 넣고
떠나라.

남아메리카

5개국 23개소

(2014.6.29~7.25)

페루/볼리비아/
칠레/아르헨티나/브라질

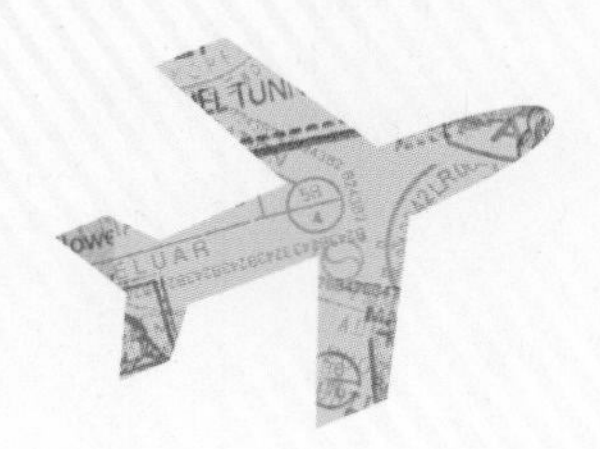

세계는 한 권의 책이다

PROLOGUE

성(聖) 아우구스티누스(St. Augustinus)는 '시간은 아무 데도 없다(Time is nowhere)'라는 무시간적 명제를 가지고 있었다. 이 말은 '아무 데도 없다(Nowhere)'는 말도 되지만 '지금 여기에 있다(Now here)'는 말이 되기도 한다. 아우구스티누스의 시간관은 '현재적'이어서 3가지 현재만 있다고 했다. 첫째는, 과거의 현재(Present of past) 둘째는, 현재의 현재(Present of present) 셋째는, 미래의 현재(Present of future)이다. 그래서 과거의 현재는 기억(Memory)으로, 현재의 현재는 통찰력(Insight)으로, 미래의 현재는 기대감(Expectation)으로 존재한다고 한다. 이런 정의를 기준으로 보면, 과거를 기억하지 못하면 현재를 올바로 통찰할 수 없고 현재를 바로 살지 않는 사람은 미래에 대해 기대감을 가질 수 없다.

이스라엘 텔아비브에 있는 '이스라엘 박물관'에는 To remember the Past(과거를 기억하라), To live the Present(현재를 살라), To trust the Future(미래를 신뢰하라)라고 눈에 띄는 3줄의 글이 있다. 나는 이 말에 공감한다. 그래서 나의 블로그 모토(Motto)도 'Carpe Diem—Seize the day, enjoy the present.' 아닌가! 성(聖) 아우구스티누스(St. Augustinus)는 또 이런 말도 했다.

'세계는 한 권의 책이다. 여행하지 않는 자는 그 책의 단지 한 페이지만을 읽을 뿐이다.'라고…….

무소의 뿔처럼 혼자서 가라

소리에 놀라지 않는 사자와 같이

그물에 걸리지 않는 바람과 같이

흙탕물에 더럽히지 않는 연꽃과 같이

무소의 뿔처럼 혼자서 가라

– 원시 불교경전 수타니파타 시구(詩句) –

남아메리카

(2014.6.9-7.25)

페루 · 볼리비아 · 칠레 · 아르헨티나 · 브라질

우리는 때묻은 현실에 살고 있으면서도 때묻지 않은 꿈을 향해서 걸어가고 있다. 어제도 그랬고 오늘도 그렇고 내일 역시 마찬가지로 우리들은 한결같은 소망으로 살아갈 것이다. 소망(所望: Wish)은 우리에게 기쁨이자 강인한 용기이며, 새로운 의지(意志: will)이기도 하다. 어릴 적부터 나의 소망이었던 '세계일주'. My dream is to travel(=I wish I could travel) around the world.

비록 주마간산식, 수박 겉핥기식이지만 이번 남아메리카 배낭여행을 통해 14년만에 그 뜻을 이루게 되었다. 우리 인생에 있어 경험은 더없이 소중하다. 지우개 없이 단 한 번으로 완벽하게 스케치를 할 수 없는 것처럼 한 번의 실패도 없는 인생이란 없다. 지난 14년간 58개국 세계일주 배낭여행에서의 일관된 내 화두는 '여행을 통한 내면의 자아(自我: Ego)로부터 자신의 자각(自覺)'이었다.

삶의 성공에 특별한 비결이란 없다. 성공의 기회는 평소에 스스로 성공의 그물을 짜며 준비한 '준비된 자'에게 주어지는 것이다.

당초 배낭여행 전문여행사 '인도로 가는 길' 단체 배낭여행을 통해 보다 쉽고 편하게 남미 배낭여행을 마치고 싶었으나, 내 아내는 내 세계일주 배낭여행 대단원의 막을 혼자 내려보라며 미지의 남미 세계로 나의 등을 떠밀었다.

공화국
포르토프랭스
Port-au-Prince
푸에르토 리코
과테말라
온두라스
과테말라
Guatemala
니카라과
카리브 해
마라카이보
Maracaibo
카라카스
Caracas
코스타리카
파나마
베네수엘라
보고타
Bogotá
콜롬비아
칼리
Cali
프랑스령 기아나
가이아나
수리남
호라이마
아마파
키토
Quito
에콰도르
리우그란데 두노르테
세아라
파라이바
페르남부쿠
알라고아스
세르지페
아마조니스
파라
마라냥
피아우이
페루
아크레
브라질
리마
Lima
혼도니아
토칸칭스
마토 그로소
바이아
라파스
La Paz
볼리비아
고이아스
미나스제라이스
이스피리투산투
마투그로수두술
상파울루
히우지자네이루
파라과이
칠레
파라나
상파울로
São Paulo
아순시온
Asunción
쿠리티바
Curitiba
산타 카타리나
히우그란지두술
뽀르뚜알레그리
Porto Alegre
산티아고
Santiago
부에노스 아이레스
Buenos Aires
우루과이
아르헨티나
몬테비데오
Montevideo
남아메리카

2014년 6월 29일(일요일) –제1일

인천 국제공항을 오후 4시 30분 출발한 아메리칸항공 AA 280편은 13시간 정도 비행 끝에 미국 달라스(Dallas) 국제공항에 도착했다.

우선 미국 입국 절차를 거쳐야 하는데 미국 전자비자(ESTA)시스템에 따라(한국에서 사전승인: US $4 결제) 자동화기기로 개별 수속을 밟게 되었다. (한국어 이용 가능) 그 이후에는 세관 및 국경보호국(CBP)에서 출국 절차를 진행하여 달라스공항으로 다시 나와 Check–in 후 페루 리마(Lima)행 환승을 위해 1시간 여의 기다림 끝에 현지시각 오후 5시 30분 리마행 항공기(AA980)에 몸을 싣고 달라스에서 거의 하방 직선으로 7시간 정도 비행 후 리마 호르헤차베스(Jorge Chavez) 국제공항에 도착하니 한밤중인 오전 0시 30분이었다. (기온 19℃) 달라스행은 승객으로 가득 찬 데다가 좌석 배치(2열/ 5열/ 2열)도 제일 가운데 쪽으로 배정받아 좁은 공간에서 13시간을 웅크리고 오니 이만저만한 고역이 아니었는데, 다행히 리마행은 승객이 별로 없어 다소 편하게 올 수 있었다. (미국 달라스, 페루 리마와의 한국과 시차는 –14시간)

2014년 6월 30일(월요일) –제2일

리마에 한밤중에 도착하였기에 구시가지 센트로(Centro)에 있는 호텔(Continental: 1박 US $31)로 가기 위해 출국장 바로 앞에서 택시 바우처(Voucher)를 끊어서 공항인증택시를 이용하게 되었는데 요금이 무려 US $45 (126Sol: 한화 46,620원)이다. (US $1=S/. 2.8, 1솔=370원)

저렴하게 센뜨로로 갈 수 있는 방법을 찾기에는 치안상태가 좋지 않은 공항 밖을 배회하거나 미인증 개인 영업택시를 타는 것이 현명한 선택이 아니어서 비싸지만 어쩔 수 없는 선택이었다. 사실 이후 공항으로 돌아올 때는 택시비로 50솔을 주었으므로 2.5배의 요금이 든 셈이다. 페루(Peru) 택시는 미터기가 없으므로 항상 흥정해야 하는데 현지 가격에 어둡고 특히 스페인어를 못하는 여행객은 바가지를 쓸 수밖에 없는 시스템이다.

새벽에 눈을 뜨니 가랑비가 내린다. 호텔이 구시가지 번화가 길가 쪽에 있다 보니 소음이 상당히 심한 편이라 숙면은 포기해야 할 것 같다.

아침 9시. 호텔 Travel Advisor를 통해 내일 꾸스꼬(Cusco)행 항공편(LAN 항공 LA 2027편 09:45~11:05)을 예약(US 186$)하였는데 커미션 10%를 요구하기에 US $200를 계산하였다. (예약 시 보통 10% 내외의 수고비는 관행인 것 같다) 숙소가 산 마르띤 광장(Plaza de San Martin) 바로 옆이라 이곳에서 시작하여 '리마의 명동'이라는 우니온 거리(Jiron de la Union)를 따라 올라가니 센뜨로의 중심 아르마스 광장(Plaza de Armas)이 나온다.

대성당(La Catedral) 앞에 줄지어 서 있는 꼬마들을 카메라에 담고는 산 프란시스꼬(San Francisco) 교회로 들어가니 미사중이라 여러 모습을 촬영하고는 대통령궁(Palacio de Gobierno) 주변을 이리저리 둘러보았다. 건물 앞 광장에서 대통령 궁 경비병 교대식이 11시 30분부터 시작되었는데 먼저 군악대의 각종 연주가 30분 있은 후 본격적인 교대식은 정오부터 20분 정도 진행되었다. 관악 위주의 군악대 연주와 절도 있는 옛 복장의 경비병들 모습을 관광객들은 길 건너편에서만 볼 수 있었는데, 건물 내부 가이드 투어는 별도로 신청을 해야 한다고 한다.

미라플로레스(Miraflores)는 '리마(Lima)의 강남' 즉 신시가지 지역이다. '미라(=보다) 플로레스(=꽃)'라는 지명은 이곳이 매우 아름다운 해변이라는 의미로 받아들여진다. 리마는 해안 사막 지역인데 미라플로레스 이곳은 해안 충적 단구지역이라 해안 쪽 절벽에서 100m나 솟아오른 충적층에서 그 흔적을 볼 수 있었다. 버스를 이

용하여 미라플로레스로 이동하려고 이리저리 물어보고 승차했는데 내가 원하는 목적지에 대한 언어가 전혀 통하지 않아 중간에 도중 하차 후 택시(13솔)를 타고 사랑의 공원(Parque de Amor)에 내렸다.

태평양이 훤히 보이는, 해안 절벽 위에 만들어진 작은 테마공원인 이곳은 두 연인이 키스하는 동상과 하트 모양 창문으로 연인과 신혼부부들에게 인기가 좋다고 한다. 절벽 아래 방파제로 내려오니 마치 '부산 태종대 자갈마당'처럼 둥근 자갈 해변이 끝없이 이어지고, 팔각형 지붕이 예쁜 레스토랑 '로사 나우띠까(La Rosa Nautica)'가 있어 태평양을 마음껏 느끼며 한가로운 오후 시간을 보냈다. 택시를 이용(20솔) 다시 산 마르띤 광장으로 돌아와서 페루의 유명한 맥주 꾸스께냐(Cusquena)로 목을 축였다.

2014년 7월 1일(화요일) –제3일

아침 7시 30분 호텔 Check–out 후 콜택시로 공항에 이동하는데 교통체증이 상당히 심하다. 불법 U–turn은 기본이고 끼어들기 등 온갖 안 좋은 교통 행태를 보이고 있었다. 일상인 듯한 운전기사는 지름길을 찾아 이리저리 헤맨 끝에 그리 늦지 않은 시간에 공항에 도착했다. 꾸스꼬로 향하는 항공편은 이곳 날씨와 바람 때문에 대부분 오전 비행편이 집중되어 있었다.

LAN 항공 LA 2027편(리마 09:45 출발, 꾸스꼬 11:05 도착) 창공에서 바라보이는 안데스 산맥의 위용은 대단하다. 비행경로가 산맥을 따라 이어지는지 이륙 후 한참을 가도 끝없는 산맥의 연속이었다. 기내에서 내려다보이는 꾸스꼬는 분지 가운데 도시가 형성되어 있었다.

택시를 이용(20솔), 우선 볼리비아 영사관을 찾아 볼리비아 비자를 신청했다. 미리 준비한 비자 발급서류를 제시하니 얼마 걸리지 않아 비자가 나왔는데, 영사관 벽에 붙여진 비자발급 신청 서류는 다음과 같다.

Tourist Visa Requirement

Passport Valid for at least 6 month (유효한 6개월 이상의 여권)

Passport copy, part of the identification (여권 사본)

Yellow fever certificate (황열병 예방접종서 사본)

Credit card copy (신용카드 사본)

Travel itinerary copy (항공권 여정 사본)

Hotel reservation in Bolivia (copy) (볼리비아 숙소 예약증 사본)

1 passport photo (여권사진 1장)

The procedure is personal.

볼리비아 영사관 주소는 Consulado de Bolivia: AV. Oswaldo Boca 101, Cusco. 업무시간은 월요일부터 금요일까지 오전 8시~오후 3시 30분이고, 참고로 한국에서 비자를 받으려면 비자수수료 10만 원을 내야 하기에 현지에서 직접 받는 것이 현명하다.

꾸스꼬 여행의 출발점이 되는 중심 광장은 아르마스 광장(Plaza de Armas)이다. 이곳은 잉까(Inca)시대부터 아우까이빠따(Haucaypata)로 불리던 통치의 중심지였는데 현재의 모든 아름다움은 잉까 유적을 모두 파괴한 폐허 위에 세운 에스파냐 침략자들의 것이라 새삼 세월의 무상함을 느꼈다. 센뜨로에 남아 있는 잉까의 흔적이라고는 돌로 만든 석축뿐, 나머지는 모두 식민 시대의 유산들이었다.

아르마스 광장 골목에 위치한 한인식당 '사랑채'에 들러 점심 식사 후, 향후 숙소와 여행일정을 확정했는데,

- 사랑채 민박 3일 숙박(US $15X 3) 및 조식(US $5 X 3)
- 7월 2일 근교 1일 투어(모라이/ 살리네라스)
- 7월 3일~4일 성스러운 계곡 및 마추픽추 1박 2일 투어 및 호텔(1박)
- 7월 5일 뿌노(Puno)행 버스표까지 모두 US $420에 해결했다.

여기는 2,000m이상, 지대가 높은 곳이라 아직 고도적응이 안 되는지 머리가 띵하다. 오늘은 샤워도 하지 말고 푹 쉬라는 조언에 따라 일찍 숙소(민박 3인실)로 돌아왔다. '사랑채' 민박의 좋은 점은 침대에 전기장판을 깔아줘 추운 밤에도 아주 따뜻하게 잘 수 있는 것이었는데, 이후로는 이런 따뜻함을 느껴보지 못했다.

2014년 7월 2일(수요일) –제4일

친체로 와 우루밤바(해발 2871m) 사이에 있는 마라스 라는 작은 마을에서 한참을 달리면 움푹 패인 계곡 아래 동심원 계단 모양으로 석재를 쌓아 놓은 모라이(Moray)가 나타난다. 마치 우주선 착륙장 같은 이곳은 잉까의 계단식 밭인 안데네스를 독특한 모양으로 만들어 놓은 곳으로 부족한 농지 해결을 위한 계단식 농법과 고도에 적합한 작물을 기르는 실험을 했다고 전해지는 '농경기술 연구소'라고 한다.

안데네스(Andenes) 각 층의 높이는 대략 사람의 키 높이 이상으로 석벽 옆에는 돌출된 돌계단이 있어 통로 구실을 하고 있었다. 모라이 가장 아래쪽 동심원 중앙에는 강한 태양의 기운을 느낄 수 있다고 하는데 실제 많은 관광객이 누워 나름대로 기(氣)를 느끼고 있었다.

마라스(Maras) 마을에서 다시 비포장도로를 달려 우루밤바 계곡으로 내려가는끝

자락에 닿으면, 황토색 계곡 사이를 온통 하얀색으로 도배한 잉까의 천연염전 살리네라스(Salineras)가 나타난다.

암염이 녹아든 물을 계단식으로 가둔 다음 햇빛으로 증발시켜 소금을 수확하는 이곳은 안데스 산맥을 생활터전으로 삼은 잉까인들에게 귀중한 국가자원이었고, 그래서 이 소금을 '태양의 선물'이라고 부르기도 했다고…….

지금도 옛날과 같은 방식으로 소금을 생산하고 있다고 하는데, 천연소금인 만큼 미네랄이 많아 자연 치유에 효과가 좋다고 했다.

2014년 7월 3일(목요일) –제5일

잉까(Inca)의 흔적을 찾아 떠난 꾸스꼬(Cusco) 근교여행 이틀째. 오늘은 좀 더 멀리 떨어진 '성스러운 계곡(Valle Sagrado de los Incas)' 투어이다. 6,000m이상의 높고 높은 산들 아래로 유유히 흐르는 우루밤바(Urubamba) 강을 끼고 있는 계곡 마을들. 삐삭(Pisaq)에서 시작되는 우루밤바 강은 오얀따이땀보를 지나 마추픽추 아랫마을인 아구아스 깔리엔떼스를 넘어 멀리 아마존 지역까지 이른다고 한다. 안데스 사람들은 옛날과 다름없이 살아가고 있는 듯했는데, 옥수수 등을 재배하는 들판과 흙벽돌로 지은 집들 사이를 지나다 보니 잉까시대의 대표적 유적들이 마치 숨바꼭질하듯 나타나곤 했다.

오전 11시. 삐삭 유적지에 도착, 입장권을 70솔에 구매하고 유적지를 둘러보았는데 역시 계단식 농경지와 신전, 잉까인 거주지 등이 있었고, 사람들은이곳을 '작은 마추픽추(small Machupicchu)'라고 부르고 있었다.

오후 3시. 해발 2,600m 오얀따이땀보(Ollantaytambo)에 도착했다. 돌로 만든 길과 벽, 수로와 구획 등 잉까시대에 만들어진 마을 형상을 그대로 간직한 '성스러운 계곡(Sacred Valley)' 투어의 중심마을인 이곳은 4,000m급. 산과 들판을 따라 약 33km를 걸어 마추픽추로 가는 '잉까 트레일'의 시작점이자, 마추픽추행 열차를 탈 수 있는 거점이기도 하다. 잉까시대에는 꾸스꼬 다음 가는 중요한 곳이었다고 하는 이곳

유적지에는 요새 같은 거대한 돌산과 계단, 종교적 구조물 등 다양한 석조기술의 흔적이 고스란히 남아 있었다.

아르마스 광장의 한 까페에서 꾸스께냐(Cusquena) 맥주를 마시며 저녁 7시 출발하는 마추픽추행 기차(Expedition 75)를 기다렸다.

페루 레일(Peru Rail) 열차내에서는 기내식처럼 차와 빵이 제공되었고, '철새는 날아가고(El Condor Pasa)'라는 우리 귀에 익숙한 노래가 흘러나온다. 엘 콘도르 파사(Atahaupa Yupanqui)는 잉까인들이 영혼의 새로 알려진 콘도르가 떠나 버린 텅 빈 산맥을 노래하는 내용으로, 그 피리 소리는 계곡 사이를 따라 우루밤바 강으로 퍼진다. 엘 콘도르 파사(El Condor Pasa)는 사이먼과 가펑클(Simon&Garfunkel)의 노래 '1970년'과 폴 모리아(Paul Mauriat) 악단의 연주로 더욱 유명해졌지만 원래잉까(Inca)의 노래로서, 잉까의 원주민 지도자 '투팍 아마루 2세'를 기리기 위해 페루의 작곡가 로블레스(Robles)가 1913년에 작곡한 오페레타 '콘도르칸키(Condorcanqui)'의 테마 음악이다. 우리에게 '아리랑'이 있다면, 잉까에는 '엘 콘도르 파사'가 있는 것이다. 콘도르(Condor)는 '잉까인들의 영혼의 새인 독수리'뿐만 아니라 '무엇에도 얽매이지 않는 자유'라는 뜻도 있다고 한다. 사이몬과 가펑클의 노래가사와는 전혀 다른, 원래 잉까인들의 언어로 쓰여져 있는 'El Condor Pasa'

내용은 다음과 같다.

Oh! Mighty Condor owner of the skies

오! 하늘의 주인이신 위대한 콘도르여

Take me home, up into the Andes, Oh! Mighty Condor

나를 안데스 산맥 위로 날아 고향으로 데려가 주소서

I want to go back to my native place to be with the Inca Brothers

나의 잉까 동포들과 함께 내가 살던 곳으로 돌아가고 싶습니다

This is what I miss the most, Oh! Mighty Condor

그것은 내가 가장 바라고 있는 것입니다. 위대한 콘도르여

Wait for me in Cuzco, in the main plaza

꾸스꼬의 광장에서 저를 기다려 주세요

So we can take a walk in MachuPicchu and HuanynaPicchu

그래서 우리가 마추삑추 산정과 와이나삑추를 거닐 수 있도록 해 주세요

오얀따이땀보(Ollantaytambo)를 떠난 열차는 1시간 45분여 걸려 아구아스 깔리엔떼스(Aguas Calientes)에 도착, 숙소를 찾아 들어가 내일을 기대하며 일찍 잠자리에 들었다.

2014년 7월 4일(금요일) –제6일

호텔 조식시간이 새벽 4시 45분부터이다. 마추픽추 유적지 입장시간을 고려한, 관광객을 위해 특화된 서비스인 것이다.

잉까의 잃어버린 도시 마추픽추(Machu Picchu). 세계에서 가장 아름다운 문화유산이자 1983년 유네스코 세계유산으로 지정된 곳. 꾸스꼬에서 북서쪽 110km 해발 2,400m에 위치한 마추픽추는 께추아어로 '늙은 봉우리'라는 뜻이다. 정교한 석재 기술을 사용, 1450년 에 세워진 것으로 추정되는 잉까의 계획도시이며, 산 아래에

서는 잘 보이지 않아 일명 '공중 도시'라 불리는 세계 7대 불가사의 중 하나이기도 하다. 참고로, 2014년 6월 현재 입장료와 입장객 제한 수는 다음과 같다.

마추픽추 Only: 하루 2,500명(126솔/ US $46)

와이나삑추+마추픽추: 오전7시~8시(1그룹) 200명/ 오전10시~11시(2그룹) 200명 −150솔/ US $54

마추픽추+몬타나(Montana 3,082m) 산: 하루 400명(140솔/ US $51)

아침 6시 30분. 마추픽추행 셔틀버스로 20여 분 이동 후 대망의 유적지를 둘러보았다. 유적 입구 농경 지역에서부터 시작해 각종 신전(temple)과 건물, 천문관측소 인띠와따나(Intiwatana), 주 광장 등을 돌아보고, 8시 30분부터 몬타나(Montana) 등반을 시작했다. 가파른 돌계단을 1시간 30분 올라가고 하산은 1시간 정도, 총 2시간 30분 걸려 11시에 마추픽추 서쪽 농경 지역으로 내려왔는데 올라갈 때 인적사항을 적고, 내려올 때도 역시 체크하여 등반객 수와 동향을 관리하고 있었다.

당초 와이나삐추(Huayna Picchu: '젊은 봉우리' / 2,720m)를 오르고 싶었으나 워낙 유명세를 타는 곳이라 몇 개월 전부터 입장권이 매진된 탓에 차선책으로몬타나(Montana) 산을 선택한 것인데, 몬타나 산행도 결코 녹록지 않았다. 시종일관 급경사 돌계단의 연속이니 가쁜 숨을 몰아쉴 수밖에 없었으나, 쉴 만한 전망 좋은 곳에서는 마추픽추 사진을 다각도로 남길 수 있어 땀 흘린 보상은 충분히 받은 셈이다. 더 나이 들어 이 산행을 시도한다면 무릎에 무리가 올 것은 뻔할 것이다. 한국에서도 산행을 거의 하지 않았는데 3,082m 몬타나 산 정상을 밟다니!

낮 12시 30분. 아구아스 깔리엔떼스로 내려와 손바닥만한 동네를 이리저리 기웃거렸는데 마을 한복판을 철로가 관통하고, 모든 시스템과 초점은 관광객에 맞춰져 있었다. 오후 3시 20분 뽀로이(Poroy 해발 3,486m)행 기차(Vistadome전망대 32)에 승차했다. 역시 기내식처럼 열차 내 식사가 제공되었고, 관광객을 위한 각종 이벤트도 진행되었으나 별 감흥은 없었다. 저녁 7시 5분 뽀로이역에 도착했으나 Pick-up서비스를 제공한다던 기사가 나타나지 않았다.

할 수 없이 택시(30솔)로 꾸스꼬 숙소로 돌아와 뜨거운 물 샤워를 하기 위해 온수를 틀었으나 이런, 고장이었다. 등반하면서 많은 땀을 흘렸고, 피곤한 몸을 위해서도 온수 샤워는 꼭 필요한 것인데 하필 이런 날 온수시스템이 고장이라니……. 냉수로 고양이 세수만 하고 피곤함을 달래기 위해 한국에서 준비해 온 소주를 마시며, 마추픽추와 몬타나를 잘 둘러보았음을 자축했다.

2014년 7월 5일(토요일) –제7일

아침 7시. 숙소 안주인이 픽업서비스 펑크에 대해 미안하다며 그쪽 회사에 지급할 돈 40불을 나에게 되돌려준다. 온수 사용 불가에 대해서도 죄송하다며 거듭 사과하고는 점심으로 드시라고 김밥까지 손에 쥐어준다. 꾸스꼬 도착해서 지금껏 잘 지내고 있었는데, 사소한 착오 정도야 No Problem!

아침 8시부터 오후 3시까지 까마(Cama)버스로 7시간 걸려 뿌노(Puno)에 도착했다. 버스터미널에서 우선 모레(7/7) 출발 볼리비아 라파스행 버스표(07:00 출발, 35솔)를 예매하고, 아르마스(Armas) 광장 옆에 숙소를 정했다. (2박 X 90솔) 내일 띠띠까까 호수 1일

투어(55솔)를 예약하고, 아르마스 광장과 리마(Lima) 거리 및 삐노(Pino) 광장을 돌아 본 후 막 해가 질 무렵 날개를 펼친 콘도르상이 있는 전망대(Mirador)에 올라 뿌노 시내와 띠띠까까(Titicaca) 호수를 한눈에 내려다보았다.

2014년 7월 6일(일요일) –제8일

잉까제국의 시조인 망꼬 까빡(Manco Capac)이 강림했다는 전설의 호수 띠띠까까(Lago Titicaca). 남미에서 가장 넓은 호수이자 인간이 살고 있는 세계에서 가장 높은 호수인 띠띠까까(해발 3,812m). 께추아어로 '띠띠'는 퓨마를, '까까'는 호수를 뜻한다고 하는데, 제주도의 1/2 크기인 8,300㎢ 호수를 페루와 볼리비아가 중앙 부근에 서국경을 나누고 있다.

1일 투어는 우로스(Uros), 따낄레(Taquile) 섬을 둘러보는 투어인데, 우로스 섬은 갈대로 만든 인공 섬으로 순수한 원주민을 만나러 간다는 환상만 버린다면 그들의 독특한 삶을 경험하는 계기가 될 것이다. 사실 나도 상업화된 우로스 섬에서는 아무런 감정을 느낄 수 없었고, 오히려 관광객에 의지해 살아가는 그들의 삶이 불쌍하기까지 했다.

우로스 섬에는 태양열 전력시스템이 들어와 있었고, 모터보트까지 몇 척 정박해 있었다. 뿌노에서 45km 떨어진 따낄레 섬은 진짜 섬이다. 고유 언어인 께추아어를 쓰는 원주민이 살고 있고, 뜨개질하는 남자들로 유명한 섬이기도 하다. 선착장에서 꼬불꼬불한 언덕길을 올라가며 섬 주위 풍광을 카메라에 담고, 중앙 마을에 도착하니 마침 미사가 있었다. 성장을 하고 줄지어 성당으로 들어가는데 남자가 먼저, 여자는 총총걸음으로 뒤를 따른다. 성당 내부 모습도 촬영하고 광장에서 한가로이 뜨개질 하는 남자들 모습도 남기고, 섬을 한 바퀴 돌아내려 올 때는 돌계단 길을 이용했는데 파노라마(panorama)처럼 펼쳐지는 호수의 아름다움을 볼 수 있었다. 우로스 섬은 상업주의의 표본이자 천민자본주의의 상징과도 같은 곳이었으나, 따낄레는 그들만의 문화와 생활 방식으로 잉까인답게 살아가고 있었다.

따낄레 섬에서 뿌노(Puno)까지는 2시간 30분이 걸렸다. 지금이 겨울이고 건기라

일교차가 매우 심한데, 아침 저녁으로는 바람도 세게 불고 매우 춥지만, 낮에는 오히려 더위를 느낄 정도였다.

2014년 7월 7일(월요일) –제9일

페루(Peru)에서 잉까(Inca)의 흔적을 찾아 떠돌던, 짧지만 알찬 일정을 끝내고 오늘은 볼리비아(Bolivia)의 수도 라빠스(La Paz)로 이동한다. 큰 일교차와 숙소에서의 따뜻하지 못한 침대 때문에 밤마다 그럭저럭 추위를 버텨왔으나 이제부터는 침낭을 매일 활용해야 한다. 해발고도 4,000m 지역에서의 밤! 한번 상상해 보라!!

아침 7시. 라빠스행 버스에 올랐다. 2시간 30분 걸려 국경에 도착하여 출국/입국 수속을 마치고 다시 버스에 승차 10시 10분 출발, 20분 만에 코파까바나(Copacabana)에 도착했다. 그곳에서 오후 1시 30분 다른 버스 편으로 라빠스로 향한다기에 2시간 동안 해변과 시내 중심

가, 성당 등을 돌아다녔다. (볼리비아와의 시차는 −13시간. 버스로 10시 30분 도착했지만, 현지 시각은 11시 30분으로 시곗바늘을 돌려야 했다.) US $200를 볼리비아노/Boliviano : Bs로 환전하니 US $1=6.8~6.9Bs/ 1Bs=한화 150원.

내가 타고온 버스는 다시 페루로 돌아가고, 라빠스행 볼리비아 버스로 이동하는데 오후 2시 20분. 띠띠까까 호수를 건너야 했다. (승객은 승객용 도선: 배 운임 2Bs/ 버스는 별도 노선으로 이동) 2시간 동안 코파까바나(Copacabana) 투어 시간이 주어지질 않나, 짧지만 호수건너까지 배 타고 이동하질 않나! 참 재미있고 독특한 이동 경로였다. 차창 밖 풍경을 보는 것만으로도 여행이다. 파노라마처럼 스쳐 지나가는 사람들의 삶의 모습과 주변 풍광들이 또 다른 여행의 즐거움을 준다.

오후 5시 10분. 볼리비아의 수도 라빠스(La Paz)에 도착했다. '평화'라는 이름의 하늘 아래 첫 수도 '라빠스'는 높이 6,402m 일리마니(Illimani) 산마저 동네 산처럼 가깝게 다가올 정도이다.

마침 버스가 장거리 터미널이 아닌 에치세리아(Hechiceria)시장 근처에 정차하기에 2블록 떨어진 호텔 후엔테스(Fuentes)를 찾아 들어가 숙박비 2박 310Bs, 내일 띠와나꾸(Tiwanaku) 투어비 55Bs, 모레 짜칼타야(Chacaltaya)투어비 70Bs 및 우유니(Uyuni)행 여행자 버스비 250Bs를 일괄 지불하고 산 프란시스꼬 광장으로 내려와 라빠스의 혼잡함과 매연, 교통체증을 다시 한 번 눈으로 확인했다.

장거리 이동에 따른 피로를 시원한 한 잔의 맥주와 볼리비아 전통 공연 관람(입장료 US $15)으로 풀었다. 우아리(Huari) 빼냐(Pena) 레스토랑에서 오후 8시부터 2시간 동안 각종 연주와 민속춤이 이어졌는데 볼만한 공연이었다.

2014년 7월 8일(화요일) –제10일

라빠스에서 71km 떨어진 고원 위의 사라진 천년 왕국 띠와나꾸(Tiwanaku)고대유적 1일 투어(투어비 55Bs/ 입장료 80Bs)를 시작했다. 이 유적은 2,000년 유네스코 세계문화유산으로 지정되었는데, 기원전부터 시작되어 북부 안데스지방 대부분 영향을 미친 거대 제국으로 후대인 잉까제국에 문화적으로 큰 영향을 주었다고 한다.

유적지에 들어가기 전 입구에는 2개의 박물관이 있었다. 깔라사사야에서 발굴한 높이 7.3m, 무게 20톤인 거대한 빠차마마(Pachamama: 고대의 어머니 신(神))석상은 매우 인상적이었다. 박물관 내부에서는 사진을 못 찍게 해서 유적들을 사진으로 남길 수는 없었다. 상당수의 석상이 영국과 미국의 박물관으로 옮겨졌고(?) 이곳에 남아있는 것은 단 2개뿐이었다. 이 고대 유적지는 깔라사사야(Kalasasaya) 지역(Area1)과 푸마푼쿠(Pumapunku) 지역(Area2)으로 조성되어 관리되고 있었는데, 거대한 하나의 바위를 깎아서 만든 태양의 문(Puerta del Sol)과 반지하 신전이 특히 인상적이었다. 땅에서 2m정도 내려간 직사각형의 벽면에는 사람과 동물의 모습이 섞인 약 200개의 얼굴 부조들이 장식되어 있었다. 깔라사사야 신전 위의 석상은 우리나라 제주도 돌하르방과 어쩌면 흡사해 보이기도 했는데, 이곳 유적지의 틈이 없는 정교한 돌 맞물림은 잉까가 석조 기술의 선조라는 사실을 극명하게 보여주고 있었다.

투어를 마치고 숙소로 돌아오는데 사람들이 월드컵 축구 응원에 한창이다. 고개를 내밀어 결과를 살펴보니 브라질이 독일에 전반에만 0:5로 대패하는 월드컵 역사상 초유의 사태가 벌어지고 있었다. 이곳 볼리비아 사람들은 브라질을 응원하며 탄성을 지르는데 절망에 가까운 표정들이었다. 얼른 숙소로 돌아와 후반전

을 보았는데 최종 결과는 브라질의 1:7 참담한 패배! 골 장면 하이라이트를 보니 짧은 시간에 수비조직이 급속히 무너져 회복불능 상태가 되어버린 것이었다. 일종의 공황상태라 할까? 아무튼, 상상치 못한 일이 벌어지고 있었다. 볼리비아 라빠스에서 이런 황당한 일을 보다니……. 사실 황당하다는 표현은 맞지 않다. 독일 월드컵팀은 가장 창의적이고 아름다운 축구를 하고 있었다.

2014년 7월 9일(수요일) –제11일

짜칼타야(Chacaltaya)는 5,450m 높이의 산이다. 라빠스 자체가 4천 미터급 고지대에 있는데 차로 오를 수 있는 한계인, 5,300m 산장까지는 승합차로 오르고, 나머지 높이 150m를 걸어 올라가는데 숨이 턱턱 막힌다. 생전에 5,450m 산을 오르리라고 누가 상상이나 했겠는가? 지난번 몬타나(3,082m) 산행에 이어 전혀 뜻하지 않은 산행이다. 짜칼타야 정상에서는 우아이나 포토시(Huaynapotosi: 6,088m) 산도 지척이다. 저 멀리 볼리비아에서 두 번째로 높다고 하는 일리마니(6,402m) 산도 보인다. 우연일까? 산 정상에서 바람을 맞으며 날개를 떨고 있는 새를 찍게 되다니! 마추픽추에서도 지척에 있는 새를 찍었었는데, 이 새들은 바람처럼 떠도는 안데스의 외로운 영혼일까?

짜칼타야 투어 후에는 달의 계곡(Valle de la Luna: Moon Valley) 투어에 나섰다. 붉은 모래 지형이 빗물에 침식된 모습이 달의 표면을 닮았다고 해서 붙여진 이름이라고 하는데, 칠레 산 뻬드로 아따까마 사막에 있는 달의 계곡과 비교하자면 여기는 상당히 아기자기한 수준이었다.

사실 라빠스 도시 자체가 계곡을 따라 형성된 곳이기에 이러한 침식 모래 지형이 달의 계곡에만 국한된 것이 아니라는 것을 금방 알게 된다.

투어가 일찍 끝나 아르헨티나와 네델란드 월드컵 준결승 경기를 숙소에서 볼 수 있었다. 용쟁호투라고 할까? 서로 최선을

다했지만 결국 승부차기까지 가서 아르헨티나가 결승에 오르는 장면을 TV로 지켜봤다. 저녁 8시. 콜택시(15Bs)로 우유니행 여행자 버스(250Bs)를 타기 위해 승차장으로 이동. 밤 9시 40분에 출발한 버스에서는 기내식처럼 식사와 물 1병, 간식이 나왔고, 밤새 비포장도로를 달려 익일 아침 8시경 고도 3,675m 우유니(Uyuni) 사막에 나를 내려주었는데 차량 내/외부 온도 차이 때문에 차창이 얼어있었다.

2014년 7월 10일(목요일) -제12일

아침 10시 30분부터 우유니 소금사막(Salar de Uyuni) 1일 투어(170Bs)를 했다. 12,000㎢ 넓이의 사막 안에 20억 톤에 달하는 소금이 있다는 우유니 소금사막. 4월~10월 건기에는 눈을 멀게 할 정도로 하얀 소금밭이 끝없이 펼쳐진다. 우기에는 투명한 물빛에 거울처럼 반사되는 푸른 하늘과 하얀 구름을 볼 수 있다는 장점 때문에 연중 관광객들이 끊이지 않는 곳이다.

우유니 사막은 소금사막뿐만 아니라 다양한 색깔의 호수와 고원지형, 플라밍

고(Flamingo)와 비규냐(Vicuna) 같은 동물들도 만날 수 있는데, 오늘은 소금사막과 일몰(Sunset) 투어까지 진행된다. 일본인 청년 5명과 한국인 1명(내 아들 성정이와 동갑[26]인 이 친구는 브라질 월드컵 한국전 3게임 모두 응원하고는 남미일주 여행 중)이 한팀이 되어 일제 중고 SUV 차량으로 소금사막을 돌아다녔다.

젊은이들답게 운전기사 겸 가이드가 연출하는 포즈를 잘 취한다. 그만큼 다양하고 재미있는 사진이 나오니 역시 경험은 대단한 것이다.

꼴차니(Colchani) 마을과 물고기 섬(물고기 모양으로 생겨서 이런 이름이 붙었다는데 어떤 물고기를 닮았는지는 모르겠다. 입장료 30Bs) 등을 둘러보고 물이 찰랑거리는 Sunset point에서는

미리 준비한 장화를 신고 다양한 포즈와 시시각각 변하는 황홀한 일몰 광경을 카메라에 담았다.

오늘 숙소는 한화 9천 원짜리(60Bs). 공동욕실을 사용하면 6천 원짜리까지 내려갈 수 있었는데 1박 9천 원짜리를 선택. 온수가 나오기는 하지만 샤워할 정도는 아니다. 물이 차서 도저히 샤워할 수 없어 머리만 감았다. '싼 게 비지떡'이란 말이 맞나 보다. 당연히 난방도 안 되어 침낭 속에서 오직 체온만으로 밤새 해발 3,700m급 추위를 견뎌냈다.

2014년 7월 11일(금요일) -제13일

소금사막은 물론 산과 호수가 어우러진 볼리비아 고원을 일주하여 칠레로 넘어가는, 우유니 사막 2박 3일 투어(700Bs)를 시작했다. 어제 하루 투어와 상당 부분 일정이 겹치지만 주어진 시간에 미처 보지 못한 것을 보거나, 다른 것을 볼 수 있다는 장점은 있었다.

꼴차니 마을을 지나 소금 호텔, 물고기 섬을 거치는 동안 운전기사 겸 가이드인 이 친구, 시종일관 스페인어만 한다. 영어를 못하는 것이다. 투어 일행 중 브라질에서 영어 선생을 하는 아가씨 타이스(Thais)가 내 통역을 자청한다. 나만 빼고 일행 5명이 모두 스페인어에 능통하니 달리

남탓할 수도 없는 입장이다.

숙소라고 산후안(San Juan)이라는 허름한 집에 도착하고 보니 침실에 달랑 침대 하나뿐인데, 바닥도 소금, 벽면도 소금, 침대까지 모두 소금으로 만들어진 집이다. 통역을 해 준 타이스가 한국을 좋아하고, 소주도 좋아한다기에 배낭 속 깊이 모셔둔 비장의 무기, 참이슬 2패트를 가지고 오니 저녁 식사에 나온 닭고기와 함께 또 다른, 화기애애한 분위기가 조성되었다.

룸메이트인 포르투갈인 로제리오(Rogerio)는 스위스항공 포르투갈 지사에 근무하는 항공기 정비사(36세/ 신트라 거주)고, 그의 친구 둘스(Dulce)는 포르투갈어 교사였다.(Maria Dulce Sousa/ 리스본 거주) 브라질에서 온 아가씨 타이스(26세)외에 세실리아(Cecilia)도 있었고, 독일 아가씨 수잔나(Susanne/ 19세)는 스페인어/영어에 능통하고 의과대학교 진학 예정이었다. 소주가 한 잔씩 들어가자 분위기가 쉽게 달아오른다. 잠자는 것 외에 달리 할 일이 없는 사막의 외진 마을에서 밤 9시가 넘도록 이야기꽃이 질 줄 모른다. K-pop, 음식, 여행 등 다양한 주제로 서로 관심사와 궁금한 것을 말하다 보니 마치 오래된 친구처럼 편해지기 시작했다.

6명이 함께하는 우유니 투어 첫날밤은 이렇게 지나가고 있었다.

2014년 7월 12일(토요일) –제14일

우유니 사막 투어 이틀째. 볼리비아의 자연 그대로를 만나는 날이다. 만년설로 뒤덮인 산과 다양한 색감의 호수들, 풍화작용으로 깎여 나간 기묘한 바위들 등. 산후안을 출발, 올라웨(Ollague) 화산을 계속 바라보면서 황량한 고원을 지나 까냐파 호수(Canapa laguna)에 도착하니 플라밍고(Flamingo) 떼가 장관을 이룬다.

여기에서는 여우도 산갈매기도 자연스러운 포즈를 취해주는데, 호수 이곳저곳을 다니며 아름다운 자연경관을 사진으로 남겼다. 에디온다(Hedionda) 호수를 거쳐, 까르꼬따(Charcota) 호수를 지나고 오늘의 종착지 꼴로라다 호수(Laguna Colorada)에 도착(국립공원 입장료 150Bs).

게스트하우스에서 우리 팀(6명) 전원이 한 방에 투숙, 내일 새벽 간헐천 투어에 나서야 하므로 모두 일찍 잠자리에 들었다.

2014년 7월 13일(일요일) –제15일

새벽 5시 기상. 마나나 간헐천(Manana Geyser) 탐방에 나섰는데, 간헐천 증기는 기온이 낮은 아침 일찍 잘 볼 수 있기에 서두르는 것이 이해되었다.

칠레 국경 근처는 화산지역으로 대지의 온도로 데워지는 온천과 간헐천을 만날 수 있다. 우리 일행이 노천온천(Aguas Termales)에 도착하자마자 기사 겸 가이드가 나에게 칠레로 넘어가기 위해서는 다른 차로 갈아타야 한다며 노천 온천욕 기회도 주지 않고 바로 출발하란다. 짧았지만 정들었던 팀원들과 작별을 고하고, 볼리비아 출국 수속(15Bs가 없어 US $1 지급)을 마치니 아침 9시.

10시 30분에 출발하는 칠레(Chile) 산 뻬드로 데 아따까마(San Pedro de Atacama)행 투어버스를 타고 국경을 넘어오자마자 칠레 쪽은 모두 포장도로이다. 30여 분을 차로 달려 아따까마 입구에 오니 칠레 출입국사무소가 있었다. 볼리비아에서는 수도 라빠스에서 최고 관광지 우유니까지 철저하게 비포장인데 반해 칠레는 사막 한가운데 도로도 모두 포장도로였고, 차들도 깨끗하며 새 차가 대부분이었다.

칠레에서 가장 오래된 마을이라는 해발 2,440m인 아따까마는 여행자들의 마을, 사막의 오아시스였다. (한국과의 시차 −13시간/ US $1=552Peso)

오후 3시부터 시작되는 달의 계곡(Valle de la Luna) 투어($10,000+입장료 $2,000)를 신청하고 Sonchek Hostel Check−in. (싱글/공동욕실 1박 $12,000 칠레 뻬소 가치는 한화 약 두 배로 보면 되는데, 칠레 물가는 비싼 편)우유니 사막투어에서 미처 씻지도 못한 몸을 뜨거운 물로 샤워하고 나니 이제야 비로소 사람다운 모습으로 돌아온다. 이 숙소는 태양열 이용으로 09:00~21:00까지 온수를 쓸 수 있었고, 전기는 낮 동안 들어오지 않았다.

달의 계곡 투어는 붉은 흙으로 이루어진 산과 계곡들뿐만 아니라 천연소금과 흙으로 이루어진 광활한 계곡 등 볼거리가 다양하다. 사구와 사암절벽 사이 좁은 길을 걷다 보면 마치 다른 별 위를 걷는 듯한 착각 때문에 '달의 계곡'이란 명칭이 붙은 것 같다. 일몰을 보여주겠다며 달의 계곡에서 빠져나와 Sunset Point에 도착하니 오후 5시 50분. 하지만 유감스럽게도 달의 계곡으로 잔영이 비쳐야 장관을 연출할 것 같았으나 반대편 산 쪽으로 긴 그림자를 드리우는 바람에 기대와는 달리 싱거운 일몰 구경이 되고 말았다. 아마 지금이 겨울이라 시기가 맞지 않은 것 같다.

2014년 7월 14일(월요일) −제16일

아침 8시. 무지개 계곡(Valle del Arcoiris: Rainbow Valley) 1/2일 투어에 나섰다. (투어비 $20,000+입장료 $2,000)

5인승 SUV 차량에 칠레 빨빠라이소 출신 아가씨 1명과 산티아고 출신 아줌마 2명이 함께 했는데, 어제 영어 가이드 없는 투어 조건으로 $5,000 할인을 받았지만 달리(Dali/ 25세/ 생명공학기술자)라는 아가씨가 영어 통역을 맡아준다. 먼저 리오 그란데(Rio Grande)를 둘러보았는데 작은 그랜드 캐년 같았다. 일행들과 같이 이곳저곳

사진을 찍었는데, 오래된 교회가 매우 인상적이었다. 무지개 계곡은 왜 그런 이름이 붙었는지 금방 알만큼 여러 색깔의 바위들로 장관을 이루고 있었다. 달리를 모델 삼아 여러 모습을 포착했는데, 소니아(Sonia) 아줌마(50세)도 제법 모델 폼을 잡아 준다. 내가 찍은 사진들을 이메일로 전송해 주겠다고 하고 메일주소를 받았다.

3,500년 전 여러 동물의 암각화가 새겨진 고대 유적지를 둘러보고는 아따까마로 되돌아왔다. 식사를 싸게 잘하는 식당이 있다는, 기사 겸 가이드의 말에 따라 점심을 아줌마들과 같이하게 되었는데 바로 내가 묵는 호스텔 옆 식당(Las Delicias de Carmen)이었다. 소고기에 감자, 옥수수, 호박 등을 곁들인 탕($6,200)에 맥주 1잔을 마시니 모처럼 식사다운 식사를 한 셈이다.

숙소로 돌아와 짐을 찾고, Hot-

shower를 하니 몸이 개운하다. 오후 4시 30분 산티아고(Santiago)행 버스 출발까지 시간이 많이 남아 호스텔 정원에서 한가롭게 새소리를 들으며 나른한 사막의 오후를 즐겼다.

2014년 7월 15일(화요일) –제17일

전날 오후 4시 30분 아따까마를 출발한 버스가 깔라마(Calama)까지 오는 1시간 30분 동안은 전부 황량한 사막이었다. 늦은 저녁 간단한 식사가 제공되었고, 아침에도 주스와 스낵이 나왔다. 까마(Cama/ 침대)버스는 우리나라 우등 고속버스와 비슷한데, Cama/ Semicama/ Ejectivo 등 버스 등급은 시설에 따라 요금이 차등 책정되었다.

무려 23시간 20분이나 걸려 오후 3시 50분 산티아고에 도착했다. 순례자들이 '산티아고 가는 길'을 찾아 떠나는 것과는 다르게, 배낭여행자인 내게 있어 '산티아고

가는 길'은 멀고도 지루한 여정이었다. 산티아고 센뜨로(Centro)인 칠레대학교 근처에 숙소를 정하고(1박 US $29 X 3), 아르헨티나 부에노스아이레스행 비행기 예약도 US $290에 마무리 지었다.

원래 항공권 가격은 US $243이지만, 아르헨티나인 ID가 있어야 편도 발권이 가능하다는 말에 수수료 외에 ID 확보 커미션까지 더해 US $290를 지불했다. 금요일(7/18) 오전 7시 15분 출발 편이라 공항까지 승합 쉐어서비스($6,200/ 새벽 03:45 전후 15분, 숙소 Pick-up)도 예약을 마쳤다. (공항까지 택시를 이용하면 $18,000 정도 들기에 1/3 가격에 서비스 신청)

2014년 7월 16일(수요일) –제18일

아침 일찍부터 산티아고 중심부인 모네다 궁전, 대성당, 아르마스 광장, 중앙시장 등을 대강 둘러보고는 와이너리 투어(Vineyards Tour)에 나섰다.

산티아고 남부 Pirque 지역에 있는 꼰차 이 또로 와이너리(Vina Concha y Toro)는 센뜨로에서 메뜨로(Metro)로 약 40분 소요되었고, 4호선 Las Mercedes역에서는 Metrobus 978번을 이용($600)하여 얼마 지나지 않아 와이너리(Winery) 입구에 도착했다. 미리 예약하지 않았기에 오후 1시 영어투어에 참여했다. (입장료 $9,000)

1시간 동안 진행되는 이 투어의 핵심은 악마의 저장고(Casillero del Diablo)에 들어가는 것인데, 지하로 내려가자마자 느껴지는 냉기는 분위기를 으스스하게 만든다. 자연적으로 80% 습도와 13℃ 온도를 유지한다고 하니 와인 저장에는 최적의 장소이다. 투어가 진행되는 동안 3종류의 와인을 시음하였는데 마시고 난 와인잔은

기념으로 들고 갈 수 있었다. 나는 와인숍(wine shop)에서 까시예로 델 디아블로(Casillero del Diablo) 까베르네 쇼비뇽(Cabernet Sauvignon) 1병($3,790)을 샀다.

여행기념으로 와인잔과 와인 1병을 가져오고 싶었으나 앞으로 남은 일정과 유리잔 보관의 어려움 때문에 숙소에서 이틀 동안 혼자 홀짝홀짝 마시며, '저렴한 가격에 최고의 와인 품질'을 즐겼다.

산티아고는 메뜨로가 잘 되어 있어 시내 이동이 상당히 편리했는데, 메뜨로 요금이 사용구간이 아니라 사용시간에 따라 달라지는 것이 특이하였다.

Metro $690(07:00~08:59/ 18:00~19:59), $580(06:00~06:29/ 20:45~23:00) 나머지 시간대 $630. 역시 출퇴근시간대 요금이 $690으로 가장 비쌌다. 사과 1kg(6개)에 $350(한화 700원이 안 된다)에 샀는데, 농산물 물가는 비싸지 않은 것 같았다. 칠레에 오래 머물지 못해 자세한 물가는 잘 모르겠지만.

MENU
MENU
$6.900

218
BEETHOVEN

2014년 7월 17일(목요일) –제19일

산티아고에서 북서쪽으로 120km 떨어진 곳에 2003년 유네스코 세계유산으로등록된 칠레 제1의 항구도시 발빠라이소(Valparaiso/ '천국과 같은 계곡')가 있다.

파스텔톤 향수가 어린 추억의 옛 항구에 둘러싸인 언덕 위에는 색색의 페인트칠을 한 집들이 빽빽하게 들어서 있다. (Historical center and the hills of Cerros Alegre and Concepcion were declared In 2003 by UNESCO as part of the World Cultural Heritage)

아침 11시 45분. 산티아고에서 1시간 45분 소요(Condor Bus/ $2,600) 발빠라이소에 도착했다. 버스터미널에서 40분 정도 걸어 쁘랏(Prat)부두로 오니오후 1시에 출발하는 유람선($3,000)이 있어 우선 해상에서 발빠라이소를 돌아보았다.

소또마요르 광장과 쁘랏 거리를 지나 아센소르 꼰셉시온(Acensor Concepcion)으로 왔다. 발빠라이소의 대표 명물인 아센소르는 만들어진지 100년도 더 된 경사형 엘리베이터이다. 특히 꼰셉시온 언덕으로 올라가는 아센소르는 나무로 되어 삐걱거리지만, 지금까지도 멀쩡히 운행(편도 $300)되고 있었다. 꼰셉시온 언덕의 집들은 예쁘게 칠해져 있는 데다 잘 꾸며져 있어 관광객들의 시선을 끌기에 충분했다.

저녁 7시. Pullman Bus($3,000)로

산티아고에 되돌아와 KFC에서 식사 겸 술안주용으로 너겟(Nugget/ $1390)을 사서 와인과 함께 했다.

2014년 7월 18일(금요일) -제20일

밤새 뒤척이며 숙면을 취하지 못하다가 결국 오전 2시에 일어나 여정을 정리하며 시간을 보내다 공항 합승 픽업서비스가 숙소로 와서(새벽 4시) 승차 후 여기저기 호텔에서 5명을 다 태운 후에야 공항에 도착했다. 당초 7시 35분 산티아고 출발이었으나 8시에 지연 출발한 LAN 439편은 오전 10시, 부에노스아이레스 국내선 공항인 아에로빠르케(Aeroparque)에 도착했다.

아르헨티나와는 시차가 1시간 있어 현지시각은 11시였다. (한국과 시차는 -12시간/ US $1=8~12 Argentina Peso[$], 1페소는 한화 100원 정도)

Tienda Leon 회사가 운영하는 공항버스를 이용($45), 레띠로(Retiro)역 근처에 있

는 전용 터미널에 도착. 오늘의 숙소 V&S Hostel을 찾아 들어가니 5인용 도미토리 1박에 US $19를 달란다. 환전을 부탁했더니 US $1=11.7$ 환전율을 제시해 US $200=2,340페소($)를 환전했다. 플로리다 거리의 수많은 암달러상에게 환율을 알아보니 대부분 US $1=12페소($)에 거래가 이루어지고 있었다. 공식환율은 US $1=8페소로 계산하기에 여기서는 정직하면 바보가 되는 셈이다.

장거리 버스터미널에 들러 내일 오후 3시 30분 출발 푸에르토 이과수 행 까마 버스표($861)를 구매한 후, 산 마르틴(San Martin) 광장을 지나 플로리다 거리를 죽 걸으며 부에노스아이레스 중심가를 돌아다녔다. 점심 겸 저녁으로 아르헨티

나 소고기($80)를 맛보았으나 우리나라 젖소 육질같은 질감에 질겨서 제대로 먹을 수 없었다. 맥주는 1l짜리($40/ Quilmes cerveza)라서 맥주로 배만 채운 셈이다. 제법 유명한 고깃집인 것 같았는데……. 플로리다 거리에 환전상은 왜 그렇게 많은지! 깜비오(환전), 깜비오(환전)!!

2014년 7월 19일(토요일) –제21일

숙소부터 걸어서 플로리다 거리를 지나 5월 광장, 대성당(내부 촬영), 대통령궁(Casa Rosada) 등을 다시 돌아보고 메뜨로 Subte E선으로 San Jose($5)에 내려, 걸어서 Constitucion역까지 간 다음 그곳에서 택시($37)로 라 보까(La Boca/ 땅고[Tango]를 잉태한 원색의 아르헨티나 최초의 항구) 까미니또(caminito) 거리까지 왔다. 이 거리에는 여행객을 반기는 아르헨티나 3대 유명인사의 인형이 있는데 바로 까를로스 가르델(Carlos Gardel: 땅고 황제), 에비타(Maria Eva Duarte de Peron), 그리고 마라도나(축구인)였다.

29번 버스($6.5)로 5월 광장에 내린 후 Subet D선 Pueyrredo역에 내려 레꼴레타(Recoleta) 묘지를 물어물어 찾아갔다. 대부분의 관광객이 이곳을 찾는 이유는 에비따(Maria Eva Duarte de Peron)의 무덤을 찾기 위해서이다.

에비따는 묘지 안내번호 88번, 묘지 왼쪽 가운데쯤 있었다. 가난한 이들 편에 서고자 했던 그녀가 가장 부유한 자들의 묘지 터에 안치되어 있다는 것은 아이러니(irony)가 아닐 수 없다.

숩테 편으로 숙소로 돌아와 배낭을 찾아 장거리 버스터미널로 향했다. 오후 3시 30분. 뿌에르또 이과수(Puerto Iguazu)행 까마버스에 승차했다. 18시간 정도 걸리는 긴 여정이지만 이미 칠레에서 24시간 가까이 이동한 경험이 있으니 이 정도는 별것 아니다. 저녁 8시에는 위스키도 한 잔 돌리고, 기내식보다 훌륭한 식사가 제공된 후 입가심으로 샴페인까지 1잔 준다. 비디오에는 최신 영화가 계속 나오고, 예쁜 승무원 아가씨가 수시로 들락거리며 사탕부터 과자까지! 정말 소문대로 장거리 버스 서비스가 끝내준다.

FAMILIA DUARTE

EVA PERON

2014년 7월 20일(일요일) –제22일

아침 10시 15분. 18시간 45분 걸려 뿌에르또 이과수에 도착했다. 버스터미널 내 여행사에서 내일 리우데자네이루행 비행기(15:05 출발) 예약부터 서둘렀는데 편도 요금이 무려 1,107R$(헤알)(=US $550=한화 567,000원)이나 된다. 물가가 아무리 비싸다 하더라도 이건 너무 심한 것 같다. 물론 여유를 가지고 미리 예매하면 장거리 버

스비 정도 가격에 항공권을 살 수도 있다고 하지만 일정이 불투명한 내 입장에서 그럴 수는 없는 노릇이고! 하여튼 남은 페소 $900(=180R$)를 주고 나머지 927R$(=US $463)은 US달러로 $503 지불하니 잔돈 $40는 브라질 헤알(Real/80R$)로 바꿔준다. (1US $=2R$로 계산) 뿌에르또 이과수 폭포(Cataratas)행 버스(왕복 $80)를 타고 30분 정도 소요되어 국립공원에 도착(입장료 $215).

높은 산책로와 낮은 산책로를 돌며 웅장한 폭포 모습을 사진으로 남겼다. 이과수 폭포의 하이라이트 '악마의 목구멍'(Garganta del Diablo)은 얼마 전 홍수로 철제 다리가 무너져 폐쇄(closed)되어 버렸다.

아르헨티나 폭포와 브라질 폭포를 한눈에 볼 수 있는 그곳을 보러 한국에서 그 먼 길을 달려왔는데 볼 수 없다니 아쉬웠다. 하지만 지난 월드컵 기간 동안 워낙 이과수 폭포 특집을 많이 해서 미리 영상으로 그 생생한 모습을 볼 수 있었기에 낙담할 정도는 아니었다.

오후 4시 20분. 브라질 포스 두 이과수(Foz do Iguacu)행 버스(4R$)를 타고 아르헨티나와 브라질 출입국사무소에서 출국/입국 수속을 마치고 다음 버스 편으로 브라

질 이과수 시내터미널로 들어오니 뉘엿뉘엿 해가 지고 있었다. 버스터미널 근처 허름한 호스텔(Catharina)을 찾아 들어가니 도미토리 6인실 1박에 30R$(한화 약 15,000원). 그런데 이건 너무 심하다! 출입문 손잡이가 떨어져 나가 문이 잠기지 않고, 침대는 부서져 삐걱거리고……. 그나마 상태 나은 침대에서 알아서 자란다. 취사할 부엌도 없고, 단지 침대만 제공한다.

근처 ATM에서 300헤알을 출금했는데 US $로는 141$(환율 US 1$=2.2R$)였다.

숙소에는 온수도 제대로 나오지 않았다. 그냥 억지로 하룻밤 보내라는 건지……. 브라질 물가가 이렇게 비싼가? 브라질로 넘어오자마자 비행기 값에 놀라고, 호스텔의 무성의와 불친절에 당황하고……. 하긴 다음날 국립공원 배낭보관소에서 또 한 번 놀라게 되는데, 배낭 보관비가 20R$(한화 1만원)!!

2014년 7월 21일(월요일) –제23일

남미를 여행하며, 일부 국가에서는 버스터미널 이용료가 있었다. 여기서도 시내버스터미널 이용료 3R$(=1,500원)을 요구한다. 공항까지는 30분이 소요되고, 이과수 국립공원 입구까지는 10여 분이 더 소요(09:20 공원 도착) 되었다. 짐 보관소에 배낭 1개를 맡기는데 무려 20R$. 하지만 숙소에 배낭을 맡기고 다시 그것을 찾으러 시내를 왕복하는 시간과 경비를 생각하면 경제성 측면에서는 수긍할 만한 수준이다.브라질 쪽 17만ha, 아르헨티나 쪽 22만ha에 달하는 이과수 국립공원(입장료 49.2R$)은 1986년 유네스코 세계자연유산으로 지정되었다. 공원 내 전용 셔틀버스를 이용, 이과수 폭포 산책로에서부

터 폭포 투어가 시작되는데 숲 하나를 지날 때마다 새로운 폭포의 모습이 드러나고, 전망 포인트에서는 관광객의 본격적인 사진 찍기가 시작된다.

긴 주둥이와 탐스러운 꼬리를 가진, 너구리처럼 생긴 꾸아띠(Quati)는 사람들이 주는 음식물에 길들여져 먹을 것을 찾아 사람들 주위를 맴돌고 있었다. 심지어는 뺏아 먹기도 한다. 자연에서 스스로 먹이 활동을 해야 하건만, 자생력을 완전히 상실하고 있었다.

폭포를 감상하며 천천히 걷다 보니 산책로 마지막 부분인 전망대와 폭포 위 철제 다리가 나타난다. 전망대 위로 올라가니 지금껏 본 폭포의 전체 모습을 조망할 수 있는 공간도 있어 이과수 폭포를 다시금 음미하였다.

푸드코트와 휴식공간이 있는 방향에서 본, 유유히 흐르는 강은 의외로 조용하다. 잠시 후 굉음을 내며 떨어지는 폭포의 모습이 전혀 상상되지 않을 정도로! 낮 12시 20분 국립공원 출발. 10분 만에 이과수 국내선 공항에 도착하여 Check-in. 오후 3시 5분 출발. JJ 3189편을 기다리며 공항 내부에서 휴식을 취했다. 기내에서는 음료수 서비스만 제공되었는데, 항공료가 US $550이니 오렌지주스 1잔 값이 567,000원인 셈이다. 너무 과장된 표현인가? 이날 내 평생 가장 단가가 비싼 음료를 마셨다.

2시간 정도 비행 끝에 히우 지 자네이루(=리우 데 자네이루: Rio de Janeiro) 공항에 도착, 이빠네마(Ipanema) 해변으로 갈 공항버스 2018번(13.5R$)을기다리는데 10~20분이면 온다는 버스가 1시간 가까이 지나서야 온다. 이빠네마 해변까지는 90분씩 이나 걸려 저녁 8시 넘어 도착했다. 대도시답게 퇴근 시간과 맞물려 러시아워(교통 체증)가 장난 아니다. 이빠네마 호스텔 골목 내 숙소를 찾아 들어가며, 마침 길 가던 청년에게 주소를 물어보니 자기가 그 호스텔에 묵고 있다며 같이 가잔다. 늦은 시간에 방향 감각도 제대로 없던 참인데 다행이었다! 덕분에 내가 원하던 호스텔(Harmonia)을 쉽게 찾아 들어와 이틀 숙박 Check-in. (70R$ X 2) 4인실 도미토리는 좁지만, 그럭저럭 지낼만하다.

4주 동안 배낭에서 잠자던 햇반 1개를 꺼내 전자레인지에 데워 고추장에 비벼 먹으니 꿀맛이다. 배낭여행에서 고추장의 역할은 대단하다. 일본식 (컵)라면에 고추장만 넣으면 한국식 매운 라면 맛과 얼큰한 국물 맛이 나니…….

2014년 7월 22일(화요일) -제24일

아침 일찍부터 이빠네마 해변으로 나가 리오 사람들의 아침을 지켜보았다.

시내버스 583번(3R$)을 타고 꼬르꼬바두(Corcovado) 언덕행 등산열차역 입구에 내렸다. 케이블식 등산열차(50R$)로 30분 정도 천천히 올라가면 690m 높이의 꼬르꼬바두 언덕 위에 약 38m나 되는 예수상이 십자가 형태로 팔을 벌리고 도시 전체를

내려다보듯 서 있다. 1931년 만들어진 이후 보수공사를 거쳐 지금의 모습으로 리우 데 자네이루를 대표하는 얼굴이 된 것이다.

센뜨로와 빵 지 아수까르, 해변, 호수 등 세계 3대 미항, 매력적인 리오(Rio)의전경이 쫙, 눈앞에 펼쳐진다.

시내버스 584번(3R$)으로 코빠까바나(Copacabana) 해변으로 나와 아침 겸 점심 식사와 생맥주 1잔(35R$)으로 원기를 회복하고, 511번 시내버스로 빵 지 아수까르(Pao de Acucar=Sugar Loaf/ 정상 396m)로 향했다. 바다 위에 솟아오른, 커다란 1개의 바위산인 이곳에서 내려다보이는 해변의 모습은 참으로 아름답다. 아까 다녀온 꼬르꼬바두 언덕의 예수상도 한눈에 들어온다. (케이블카 왕복 탑승료 62R$)

이런 돔 형태의 바위산은 우리나라의 북한산 인수봉과 비슷하다고 한다. 베르멜라(Vermelha) 해변에서 나른한 오후를 즐기다가 숙소로 되돌아왔다.

대형 슈퍼마켓에서 라면과 맥주 등을 사다가 저녁을 해결하고, 브라질에서의 마지막 밤을 보냈다.

2014년 7월 23일(수요일) –제25일

이빠네마 해변에는 비치 사정에 맞게 특화된 배구/ 족구/ 테니스 시설들이 있었다. 종목별로 레슨자들이 많이 눈에 띄었는데, 라켓은 틀리지만, 특히 테니스 비슷한 것은 처음 보는 독특한 것이었다.

리오 메뜨로(3.5R$)는 1호선/ 2호선이 있는데, 교통체증이 심한 시내 구간을 빠르게 이동할 수 있어 좋았다. 이빠네마 숙소에서 가까운 General Osorio역을 출발, Cinelandia역에 내리니 시립 극장, 깐델라리아(Candelaria) 교회, 11월 15일 광장, 빠수 임페리알(Paco Imperial), 찌라덴찌스(Tiradentes) 기념관, 지금껏 보아온 대성당과는 전혀 다른 독특한 메뜨로 뽈리따나(Catedral Metropolitana)등이 주변에 있었다.

숙소에서 배낭을 찾아 점심 겸 저녁으로 일본식 라면을 끓여 먹고는, 좀 이른시간(오후 3시 20분)이지만 공항행 버스(2018번)를 탔다. 리오(Rio)는 일방통행이 많은 곳임에도 공항까지 무려 2시간 40분이나 걸려 오후 6시 도착. 가이드북에는 공항에

서 해변 지역까지 45분 정도라고 애매하게 표현되어 있었는데, 말 그대로 가이드북은 참고사항일 뿐 믿을 것이 못 된다.

그런데 이번에는 아메리칸 항공 탑승 시스템이 문제이다. 긴 줄을 서서 내 차례가 오기까지 무려 1시간 40분이나 소요(18:30~20:10)되었는데, 몇 개 안 되는 수속 카운터에 미국행 전 승객이 대기하고 세월아 네월아……. 꼼꼼하게 처리하는 것은 좋지만, 건당 처리 시간이 너무 많이 걸렸다. 한국식 '빨리빨리' 사고방식이면 기다리다 제풀에 지쳐버릴 그런 시스템이다. 밤 9시 35분 출발 시간까지 출국장에서 기다리나, 체크인 카운터에서 기다리나 나는 문제 없지만 출발 시간이 촉박한 사람들에게는 분명 문제가 되는 그런 시스템이었다. 기내에서의 포도주 1잔이 숙면에 다소 도움이 되었다.

밤 9시 35분부터 익일 아침 6시 30분까지 11시간의 비행(AA 250)이지만 비행시간대 자체가 잠자는 시간대여서 기내식 이후 불이 꺼지자 약속이나 한 듯 모든 승객이 잠을 청했다.

2014년 7월 24일(목요일) -제26일

아침 6시 30분 미국 달라스(Dallas) 국제공항에 도착, 입국/출국/환승을 위한 절차를 밟고는 출국장에서 10시 55분 한국행(AA 281편) 출발을 기다렸다.

2014년 7월 25일(금요일) –제27일

브라질에서 달라스까지 11시간 동안 내가 앉은 통로 쪽 서비스를 담당한 승무원은 60대 할머니였다. 또 달라스에서 인천까지 거의 15시간 동안 서비스를 담당한 사람은 60대 할아버지였다. 문제는 이 분이 수전증이 있다는 것이다. 승객들에게 물이나 음료수 등을 전달할 때 손이 심하게 떨리고 있어, 보는 것만으로도 불안했다. 40대 한국인 여승무원은 파마머리를 산발한 채 다니고 있었다. 과연 우리나라 같으면 이런 분들을 승무원으로 채용할까?

인천/미국, 달라스/페루 리마_In, 브라질 리오/미국 달라스/인천_Out 직항 항공 총 운임(유류할증료 포함) 1,732,400원에 이런 분들의 서비스가 포함되어 있기에 단지 직항에 값이 싸다는 이유만으로 아메리칸 항공을 이용한 것이지 제값 주고 다시는 이런 서비스를 받고 싶지 않을 것이다.

인천 국제공항에 도착하니 아들 성정이가 마중 나와 있었다. 해외 배낭여행 14년 동안 이런 호사를 누리기는 처음이다. 아들이 군대 제대하자마자 아빠가 해외여행을 떠나버렸으니 한참만의 부자상봉이다. 김치삼겹살에 소주잔을 기울이며 서로 무사 귀국과 제대를 축하했다.

EPILOGUE

짐승을 쫓는 사람은 산을 보지 못한다. 욕심이 다른 데 있으면 앞을 내다보는 밝음이 있을 수 없다. 또 지나친 허욕은 사람을 못 쓰게 하는 법이다. 욕심만 부리는 사람에게는 만족이 없지만 스스로 만족할 줄 아는 사람에게는 약간의 부족함도 기쁨이다. '안분지족(安分知足: 제 분수를 지키며 만족함)'의 도(道)를 지키며 살기란 쉽지 않다. 행복은 어떻게 보면 헌 옷과 같다. 새 옷을 입으면 우선 기분이야 좋겠지만 뭔가 불편이 따른다. 하지만 헌 옷은 몸에 이미 편하게 맞을 뿐만 아니라 마음 역시 평온해지기에……. 바람은 바람대로 강물은 강물대로, 우리 인간도 마찬가지. 삶의 가치는 오래 사는 데 있는 것이 아니라 참되게 사는 데 있다. 우리는 우리에게 주어진 길을 걷되, 참된 길을 걸을 수 있어야 한다.

'바쁘다'는 한자 '망(忙)'은 '마음(心)이 없어진(亡)' 현상을 나타내는 글자이다. 보통 사람들은 너무 지나치게 바빠서 다망(多忙)한 나머지 양심이 없어지는 양심부재(良心不在), 마침에 중심을 잃어 인간이 자취를 감추고 사라져 버린 인간부재(人間不在)가 된다. 자신을 중심으로 해서 자신의 외부에 있는 것, 객관적으로 존재하는 것에 대해서 아는 것을 지식(知識: knowledge)이라 하고, 자기 자신 또는 자기 안에 내재하는 것, 즉 주관적 사실을 배우는 것을 지혜(智慧: wisdom)라고 한다. 우리는 이 지혜를 중심으로 인간의 정신, 자신의 마음을 바르게 인식하는 길과 방법을 풀어나가야 할 것이다.

시차(時差) 이야기

시차(時差: Time difference)는 그리니치(Greenwich) 표준시(GMT)와 특정지역 표준시의 차이 또는, 지역 사이 표준시의 차이를 말한다. 기준이 되는 지역보다 동쪽 지역은 시각이 더 빠르므로 시차는 +가 된다. 한국 표준시는 그리니치를 기준으로 한 세계시보다 9시간 빠르고 시차는 +9시이다. 또 미국 동부 표준시는 세계시에 대한 시차가 −5시이다. 따라서 미국 동부 표준시와의 시차는 −14시가 된다. 가령 한국이 오후 6시(18:00)일 때, 미국 동부지역은 같은 날 새벽 4시(04:00)이다.

우리나라를 출발하는 비행기는 지구의 자전방향(미국 동쪽 방향)으로 날아가는 경우와 그 반대인 중국 방향(서쪽)으로 날아가는 경우로 나눌 수 있는데, 특히 비행기가 지구의 동서방향으로 동일한 거리를 날아갔을 때 현지 도착시각은 많은 차이를 보인다. 이것은 도착지 나라와의 시차가 있고, 태평양 상에 날짜 변경선이 있기 때문이다. 서울(오전 9시)에서 영국 런던까지 비행기로 10시간을 간다고 가정해 보면 서울과 런던의 시차는 9시간이므로 런던 도착시각은 당일 오전 10시가 되어 1시간 만에 서울에서 런던에 간 셈이다. 반면에 서울(오전 9시)에서 미국 LA로 10시간을 날아간다고 가정해 보면 LA와의 시차는 17시간이므로 LA 도착시각은 당일 새벽 2시가 되어 비행기를 타고 동일한 목적지를 왕복할 때, 갈 때와 올 때의 시간이 다르게 나타난다. 비행시간이 지구 자전 방향인 미국 쪽으로 갈 때는 조금 덜 걸리고, 자전 반대 방향인 한국으로 올 때는 좀 더 걸린다. 이것은 극을 중심으로 서(西)에서 동(東)으로 부는 편서풍의 영향인 것으로 알려져 있다.

실제 이번 배낭여행에서 한국 인천공항부터 미국 달라스까지 비행 소요시간은 13시간 정도였고, 귀국 시 달라스에서 인천공항까지 소요시간은 15시간 정도였다. 하지만 세상에 공짜는 없는 법!! 인천공항에서 페루 리마까지 20시간 여를 날아갔음에도 리마 도착시각은 한국 출발 시각에서 얼마 지나지 않은 상태여서 하루를 번 셈이었으나, 브라질 리우 데 자네이루에서 26시간 여 걸려 인천공항에 도착했을 때는 출발 후 이틀이나 지나고 있었다. 시차가 주는 마법 같은 일이다.

2014년 남미 5개국 배낭여행 (2014.6.29~7.25)

페루 / 볼리비아 / 칠레 / 아르헨티나 / 브라질

일차	일자(요일)	지역	교통편	시간	주요일정	비고
제1일	6.29(일)	인천	AA280	16:50	인천공항 출발	한국
		달라스		16:05	달라스(Dallas) 공항 도착/환승	미국
			AA980	17:30	달라스(Dallas) 공항 출발	
제2일	6.30(월)	리마		00:25	리마(Lima) 공항 도착	페루 (Peru) 시차-14시간 S1$=$/.2.8 1S/.1=370원 [솔(Sol)]
			택시		숙소(Continental Hotel)로 이동	
			도보	오전		
			택시	오후	미라플로레스(Miraflores) 투어	
제3일	7.1(화)	리마	국내선	9:45	꾸스꼬(Cusco)로 이동	
			LA2027	11:05	꾸스꼬 도착	
		꾸스꼬	택시	오후	볼리비아(Bolivia) 비자 발급	볼리비아 (Bolivia) 시차-13시간 US1$=BS.6.9 BS.1=150원 [볼리비아노]
			도보		센뜨로(Centro)/구시가지 투어	
제4일	7.2(수)	꾸스꼬	버스	오전	모라이(Moray) 투어	
				오후	살리네라스(Salineras) 투어	
제5일	7.3(목)	꾸스꼬	버스	전일	성스러운 계곡 투어 [삐삭(Pisaq)/오얀따이땀보]	
				19:00	Ollantaytambo 역 출발	
				20:45	아구아스 깔리엔떼스 도착	
제6일	7.4(금)	마추삑추	버스	전일	마추 삑추(Machu Picchu) Tour	
			도보		몬타나[Montana/3082m] 산행	
			기차	15:20	뽀로이(Poroy)행 출발	
			택시	19:05	꾸스꼬(Cusco)로 이동/숙박	
제7일	7.5(토)	꾸스꼬	버스	8:00	뿌노(Puno)로 출발	
		뿌노	까마	15:00	뿌노 도착/시내투어	
제8일	7.6(일)	뿌노	유람선	전일	띠띠까까(Titicaca)호수 Tour [우로스(Uros)/따낄래(Taquile)]	
제9일	7.7(월)	뿌노	버스	7:00	뿌노-코빠까바나(Copacabana)-	
		라빠스		17:10	라빠스(Lapaz) 이동	
			도보	20:00	빼나 연주/민속공연 관람	
제10일	7.8(화)	라빠스	버스	전일	띠와나꾸(Tiwanaku)유적 Tour	
제11일	7.9(수)	라빠스	버스	전일	짜칼타야(Chacaltaya) 투어	
					달의 계곡(Valle de la Luna) 투어	
			버스	21:40	우유니(Uyuni)로 출발	
제12일	7.10(목)	우유니	SUV	8:00	우유니 도착	
				10:30	소금사막/Sunset 1Day 투어	

일차	일자(요일)	지역	교통편	시간	주요일정	비고
제13일	7.11(금)	우유니	SUV	전일	우유니(Uyuni) 2박3일 투어 [꼴차니/물고기섬] [산후안(San Juan) 1일차]	칠레 (Chile) 시차-13시간 US1$=$552 [빼소(Peso)]
제14일	7.12(토)	우유니	SUV	전일	[까냐파/까르꼬따/꼴로라다 호수] [2일차]	
제15일	7.13(일)	우유니	SUV	5:00	[마나나 간헐천(Geyser) 3일차]	
			버스	10:30	산 뻬드로 데 아따까마 이동	
		아따까마		11:00	아따까마(2440m) 도착	
				15:00	달의 계곡(Valle de la luna) Tour	
제16일	7.14(월)	아따까마	SUV	8:00	무지개 계곡 1/2Day 투어	
			버스 (까마)	16:30	산티아고 행 출발 산티아고(Santiago)로 이동	
제17일	7.15(화)	산티아고	버스	15:50	산티아고 도착	아르헨티나 (Argentina) 시차-12시간 US1$=12$ 1$=85원 [빼소]
				17:00	부에노스 아이레스 항공권 발권 센트로 투어	
제18일	7.16(수)	산티아고	버스	전일	와이너리(Winery) 투어	
			메뜨로		[Vina Concha Y Toro]	
제19일	7.17(목)	산티아고	버스	전일	발빠라이소(Valparaiso) 투어	
제20일	7.18(금)	산티아고	LA439	7:35	부에노스 아이레스로 이동	
				10:00	시내 투어	
제21일	7.19(토)	부에노스	버스	오전	시내(Buenos Aires) Tour [라 보까(La Boca)/레꼴레타]	
		아이레스	(까마)	15:30	뿌에르또 이구아수로 이동	
제22일	7.20(일)	이구아수		10:15	Puerto Iguazu 도착/폭포 투어	브라질 (Brasil) 시차-12시간 US1$=R$2.2 R$1=470원 [헤알(Real)]
			버스	16:20	포스 두 이구아수 이동	
제23일	7.21(월)	이구아수	버스	오전	Foz do Iguacu 폭포 투어	
			JJ3189	15:05	리오 데 자네이로 이동	
				17:10	Rio de Janeiro 도착/이빠네마 이동	
제24일	7.22(화)	리오 데 자네이로	버스	전일	시내 투어 [꼬르꼬바두/빵 지 아수까르]	
제25일	7.23(수)	리오 데 자네이로	메뜨로	전일	시내(Centro) 투어	
			AA250	21:35	리오 데 자네이로 공항 출발	
제26일	7.24(목)	달라스		06:25	달라스 공항 도착/대기/환승	미국
			AA281	10:55	달라스 공항 출발	
제27일	7.25(금)	인천		14:50	인천 공항 도착 집으로	한국

JOHN PAUL

필리핀

1개국 3개소

(2013.9.2~9.5)

보라카이/마닐라/앙헬레스

필리핀

(2013.9.2-9.5)

보라카이 · 마닐라 · 앙헬레스

7,107개의 섬으로 이루어진 필리핀(Philippines). 바다가 아름답기로는 세상에서 다섯 손가락 안에 꼽힌다는 보라카이(Boracay). 눈부신 화이트 비치(White Beach)와 에메랄드(Emerald)빛 바다는 하루 종일 무엇을 하던 행복할 수밖에 없다. 최고의 휴양지에서 이틀간 재충전의 시간을 보낸 후 국내선 편으로 이동, 필리핀에서 가장 큰 섬인 루손(Luzon)의 마닐라에서의 하루. 마닐라(Metro Manila)는 필리핀 최대 도시이자 수도인데 이곳을 마파람에 게 눈 감추듯 휘리릭 둘러보고는 한국 교민이 많이 산다는 앙헬레스(Angeles)의 코리아타운(Korea Town)에서 현지 교민들의 생활을 둘러보는, 짧지만 알찬 시간을 가졌다.

2013년 9월 2일(월요일) -제1일

아침 5시 30분. 김포 집을 나선 후 계양역에서 공항철도를 이용해 인천공항에 도착. 필리핀항공 PR 467편 체크인을 끝내고 외환은행에서 필리핀 페소를 환전하였다. (18,000페소=504,540원, 1페소=28.03원)

출국 수속을 받는 사람들이 너무 많아 면세점 둘러볼 시간도 없이 탑승 마감 시간에 쫓겨 겨우 탑승하니 기내 좌석이 상당수 비어있다. 빈자리를 찾아 여유롭게 갈 수 있겠구나 했는데 그것도 잠시뿐. 많은 승객이 늦게 탑승하는 바람에 당초 출

필리핀
이바
Iba
카바나
투안 시티
Lungsod ng
Cabanatuan
국립공원
Aurora Memorial
National Park
앙헬레스
Angeles
San Narciso
올롱가포
Lungsod ng
Olongapo
산페르난도
San Fernando
폴리로
Pulong Polillo
시티 오브
발랑가
Balanga
마닐라
Maynila
Binangonan
산타크루즈
Santa Cruz
다스마리냐스
Dasmariñas
라보
Bayan
ng Labo
다엣
Daet
Nasugbu
칼람바
Calamba
루세나
Lucena
아티모난
Atimonan
Calauag
베르드
아일랜드
패시지
Verde Island
Passage
Balayan
Gumaca
Tagkawayan
Lipa
캔델라리아
Candelaria
Liboro
시포컷
Sipocot
나가
Lungsod
ng Naga
고아
Goa
로페즈
Lopez
Laiya
바탕가스
Lungsod ng
Batangas
카타나우안
Catanauan
Mindoro Strait
Santa Cruz
칼라판
Lungsod
ng Calapan
마린두케
Marinduque
시티 오브
이리가
Iriga
타바코
Lungsod
ng Tabaco
Mamburao
샌프란시스코
San Francisco
City of Ligao
민도로 섬
Mindoro
Pinamalayan
Burias Island
Sablayan
필러
Pilar
Bongabong
롬블론
Romblon
산호세
Bayan ng
San Jose
록사스
Bayan
ng Roxas
마스베이트
시티
Lungsod
ng Masbate
테블라스 섬
Tablas Island
시부얀 섬
Pulo ng
Sibuyan
Aroroy
부수앙가 섬
Busuanga
Island
Milagros
Mandaon
Cawayan
Malay
보라카이 섬

발 예정시간(08:10)보다 15분이나 지연 출발하게 되었다.

4시간 비행 끝에 11:25 마닐라 국제공항(2터미널, 필리핀항공 전용)에 도착. (시차 -1시간) 입국 수속 후 보라카이(Boracay) 까띠끌란(Caticlan)공항행 필리핀항공 국내선(PAL Express) 탑승(13:10)을 위해 3터미널로 급히 택시를 타고(330페소) 이동하였다. 시간 여유가 있으면 공항 셔틀버스(20페소)로 이동하려고 했는데 버스 배차간격이 길고 버스를 이용한 터미널 간 거리가 상당히 멀어 어쩔 수 없이 택시를 탄 것이다.

PAL Express 체크인을 하다 보니 내가 예약한 비행편이 취소되고 새로운 비행편이 생겨 그것으로 좌석 배정을 받을 수 있었다. 필리핀 국내선은 연착과 결항으로 악명 높은데, 날씨 탓이거나 손님이 예상 수만큼 없거나 하면 자의적으로 처리한다고 널리 알려져 있다. 다행히 오늘은 우기임에도 날씨가 좋아 오후 2시 비행편을 이용할 수 있었는데 실제 탑승객 탑승권을 엿보니 11:05 비행편을 취소하고 손님 수를 불린 후 같이 묶어 처리한 것 같다. 날씨가 좋지 않을 때는 대기실에서 10시간씩 기다리다가 결국 탑승하지 못한 사례 등 연착/결항 사례가 비일비재하다고 하니 오늘 나는 그나마 운이 좋은 편이다.

지금 필리핀은 우기이고 관광 비수기이기에 결항이나 지연 운항되면 짧은 내 배낭여행 계획에 차질이 생기는데 다행스럽게도 날씨가 도와주어 여행을 계획대로 마칠 수 있었다.

오후 3시. 파나이(Panay)섬의 조그만 시골 공항인 까띠끌란(Caticlan)에 도착. 트라이시클(Trycycle/ 75P)로 5분도 안 걸려 선착장(Jetty Port)에 내리니 환경부담금 50P, 선착장 이용료 100P, 도선 비용 25P 합계 175페소 티켓을 차례로 끊는다.

그다지 멀지 않은 거리의 바다를 건너니 그 유명하다는 보라카이(Boracay)섬이다. 이 조그만 섬엔 트라이시클이 택시와 버스

역할을 하고 있는데 혼자 타면 택시이고 3~4명이 탑승하면 미니 버스 개념이 된다. 숙소가 있는 Station 2(섬 중앙 부분)까지 100P에 흥정. 다소 비싼 듯했지만 제법 먼 거리라 그 정도는 받아야 될 것 같고 거의 협정 가격인 듯했다.

Grand Boracay Resort(1박 70$)는 보라카이의 핵심 디 몰(D Mall) 정중앙에 위치해 입지 조건이 좋을 뿐만 아니라 인터넷에 나온 가격도 저렴하여 이틀 예약한 곳인데 아마 중국인이 주인인 것 같았고, 그럭저럭 지낼만한, 무난한 곳이었다.

여장을 풀고 화이트 비치(White Beach)로 나오니 말 그대로 하얀 모래 세상이다. 해변 이곳저곳을 기웃거리며, 비치 로드(Beach Road)를 따라 어슬렁어슬렁……. 구름 때문에 선명한 일몰은 볼 수 없었지만 아쉬운 대로 보라카이의 아름다운 풍광을 카메라에 담을 수 있었다.

숙소 옆 대형 마트에서 그 유명하다는 산 미구엘(San Miguel)맥주를 사, 나흘간 싱글(Single)로 독립한 나 자신을 위해 혼자만의 조촐한 술자리를 즐겼다.

San Miguel (Light/Pale Pilsen 5%, 330ml) 맥주를 40P(한화 1,120원)에 구입하였는데 식당 등급(?)에 따라 70P/ 80P/ 120P 등을 주게 된다. 뒤에 마닐라 대형 할인점에서는 32P에 구입할 수 있었다.

2013년 9월 3일(화요일) -제2일

일출을 보러 블라복 비치(Blabog Beach)로 나왔는데 구름 때문에 해가 제 모습을 보이지 않는다. 더운 곳이라 그런지 아침 6시임에도 많은 사람이 부산하게 움직인다. 학교 가는 아이들도 보이고……. 더워지기 전에 일찍 시작하여 일찍 마치는 것 같다. 다시 화이트 비치(White Beach)로 돌아와 해변을 따라 걸어 올라가며 보라카이의 여러 모습을 사진으로 남겼다. 화이트 비치의 길이는 약 3.5km로 보라카이 섬 길이 절반에 해당한다. 전통 요트인 파라우를 1시간에 500페소(14,000원)에 임대, 선상에서 보라카이의 또 다른 매력을 카메라에 담았다.

Station 3을 지나 한참 걸어가니 해변 막다른 곳이 나온다. 이번에는 산길로 돌아 나오며 현지인들의 사는 모습을 이리저리 살펴보았다. 트라이시클(40P/ 미니버스 개념)을 타고 섬 중심부인 Station 2까지 다시 나와 숙소에서 잠시 쉬다가 이번에는 섬 아래쪽 Station 1을 탐방하기 시작했다. 이제 웬만큼 보라카이가 눈에 잡힌다. 걸어서 여기저기 다니며 현지인들과 이야기를 나누다 보니 제법 익숙해진다. 최고의 해변에서 해수욕을 안 할 수는 없지!

숙소로 돌아와 수영복을 갈아입고 보라카이에서의 처음이자 마지막 수영을 즐기고는 디 몰(D Mall) 마사지샵에서 전신 마사지(1시간 30분/ 600P)로 피로를 풀었다. 일몰 무렵 다시 해변으로 나와 해넘이를 잡는데 다행스럽게도 오늘은 제대로 일몰을 볼 수 있었다. 역시 남는 것은 사진뿐인가?

혼자 저녁 늦게 해변 바(Bar)를 기웃거리기에는, 이제 나이 들었나보다. 조용히 숙소에서 산미구엘 맥주를 마시며 다시 오기 힘든 보라카이에서의 마지막 밤을 보냈다.

2013년 9월 4일(수요일) –제3일

보라카이 방문객의 대부분은 중국인과 한국인이다. 중국인들은 인해전술로 보라카이 섬을 휘젓고 다니고 있었다. 특히 한국인 신혼부부가 많아 우리나라 어느 해변에 와 있는 듯한 착각이 들 정도로 한국말이 많이 들린다. 식당 역시 주된 손님인 한국인이다 보니 한식당이 매우 많이 눈에 띈다. 덕분에 메뉴 고민할 필요없이 입맛에 맞는 한식을 즐길 수 있어 좋았다.

이른 아침을 먹은 뒤 트라이시클(100P)을 타고 선착장에 도착하니 도선료 25P, 선착장 이용료 100P 티켓을 발권했다. (환경부담

금은 없다. 왜냐하면 섬 밖으로 나가니까!)잠깐 보트를 타고 까띠끌란에 도착 후 공항까지 트라이시클(50P)로 이동했다.

PAL Express 09:05 비행편을 예약하였으나 역시 그 비행편은 취소되고 10시 편으로 발권해 준다. 1시간 만에 마닐라 3터미널에 도착 후 공항셔틀버스(20P)를 타고 파사이(Pasay) 버스터미널로 이동, 다시 LRT(경전철)를 이용 퀴리노(Quirino)역(12P)에 내려 오늘의 숙소인 쉐르빌 호텔(M Chereville Hotel: 65$)을 찾아 들어갔다.

Check-in Time(2시)까지 시간이 남아 배낭만 호텔에 맡기고 베이워크(Bay Walk)를 따라 걸으며 본 마닐라베이(Manila Bay) 주변은 태풍과 폭우가 지나간 후 거대한 쓰레기장이 되어 버려 상당한 악취를 풍기고 있었다. 한 나라의 수도 한복판이 이 정도이니 필리핀이 다시 회복하려면 모든 분야에서 환골탈태의 노력이 있어야 할 것으로 보인다.

리잘공원(Rizal Park)을 지나 '마닐라에서 만나는 스페인 도시'라는 거창한 닉네임을 가진 인트라무로스(Intramuros)를 둘러보았는데 무늬만 스페인 유적지이지 별 볼거리가 없었다. 하지만 그중 특별한 곳은 오거스틴(San Augustin) 성당으로, 1571년에 지은 이 성당은 필리핀에서 가장 오래된 성당이면서 1994년 유네스코 세계문화

유산으로 지정되었다.

차이나타운 쪽 LRT 캐리에도 역에서 퀴리노역(12P)까지 경전철로 되돌아오는데, 각 역마다 승객들로 넘쳐나고 있어 마치 우리나라 러시아워(Rush Hour) 같다. 우기라 그런지 스콜처럼 비가 내린다. 오늘은 제법 양이 많은 것 같다.

호텔에 체크인 후 좀 쉬다가 근처에서 전신 마사지(600P/ 1시간 30분 소요)로 오늘의 피로를 풀고 '고깃집'이란 한식점에서 삼겹살(280P/ 1인분)에 소주(200P)를 곁들였다.

우리나라 고기 맛과 별 차이도 없고 가격도 비싸지 않아 괜찮았던 것 같다.

2013년 9월 5일(목요일) -제4일

팍상한(Pagsanjan)으로 갈까, 마따붕까이(Matabungkay)로 갈까 하다가 정보도 부족

한 데다 거리까지 제법 멀고 우기라서 되돌아올 때 부담도 있고 해서 마닐라에서 가까운 앙헬레스(Angeles) Korea Town에 들러 우리 교민들 생활상을 보기로 했다. 숙소에서 택시로(140P) 파사이(Pasay) 버스터미널로 이동, 다우(Dau)행 완행버스(140P)에 올랐는데 우리 버스와 달리 좌석 배치가 3열/통로/2열이다. 보다 많은 사람을 태우기 위해 그런 것 같은데 보편적으로 필리피노(Pilipino)들의 체구가 작으

니 그게 가능한 모양이다. 시내를 빠져나오는 데 한참이 걸린다. 어차피 시간 많은 배낭여행객에게는 시내 구경하기는, 사람들 사는 참모습 보기에 좋은 기회이다. 2시간 정도 걸려 '다우'터미널 도착. 트라이시클(70P)을 타고 Angeles Walking Street Fields Avenue에 내려 주변을 구경하고는 Korea Town(Friendship St./ 100P)으로 갔다.

한국 교민들이 어떻게 사나 구경해 보기로 했는데 한낮이라 그런지 거리가 너무 한산하다. 도로 양쪽으로 상가가 형성되어 있는데 상상보다는 훨씬 초라한 모습이다. 미국 LA의 코리아타운처럼 번화가일 줄 알았는데 뜻밖이다. 필리핀이 선진국이 아니어서겠지만 상당한 수준 차이가 보인다.

'가야밀면' 집에 들어가 시원한 밀면(Large/ 260P)을 한 그릇 먹으니 속이 든든하다. 여기서 부산의 명물, 밀면 맛을 보게 되다니!

골프 치러 온 한량 몇몇이 한국에 비해 월등히 저렴한 밤 문화에 대해 그들의 무용담과 경험을 쏟아 놓는다. 근처 마사지샵에서 아로마 전신 마사지(600P/ 1:30 소요)를 받았는데 지금까지 받은 것 중 최고로 좋아서 100P를 팁으로 주고 나왔다.

트라이시클(150P) 편으로 다우 버스터미널로 되돌아와 마닐라 파사이행 에어컨 직행버스로 3시 40분 출발했는데 종점에는 1시간 가량 연착한 6시 40분 도착했다. 80km 정도의 거리를, 그것도 대부분 고속도로를 달려 왔는데도…….

마닐라 시내는 그야말로 교통지옥이었다. 교통 혼잡 수준이 도를 넘어선 것 같다. 시간이 많이 남아서 그렇지, 만약 촉박한 일정이었다면 발만 동동 구를 뻔했다. 파사이 터미널에서 공항셔틀버스(20P)를 이용 3터미널에 도착, 다른 셔틀버스(20P)를 이용, 2터미널(필리핀항공 전용)까지 저렴하게 이동했다. 만약 택시를 이용했다면 교통혼잡 때문에 상당히 많은 비용을 지출했어야 할 것이다. 내일 1시 출발 비행편이기에 여전히 시간 이 많이 남는다. (공항 이용료 550P) 지금껏 여행하며 공항에서 배낭여행기 작성을 완성하기는 이번이 처음이다.

2013년 9월 6일(금요일) –제5일

아침 6시 인천 국제공항에 도착했다. (4시간 소요, 시차 +1시간) 공항 내 외환은행에서 남은 4,920페소를 환전하니 111,490원(환율 22.66원)을 돌려준다. (살 때 28원, 팔 때 22원 기준가 25원인 셈이다)

김포 집으로 돌아와, 다시 강화 집으로. 그리고 근무. 휴가 끝.

EPILOGUE

필리핀항공 기간 한정(9.1~9.15) 저가 판매를 활용, 항공권(마닐라 왕복)을 120,000원+TAX/유류할증료 152,400원에 저렴하게 다녀올 수 있었고 국내선(PAL Express, 마닐라-보라카이) 역시 최저가 시간대의 항공권을 구매함으로써 경비 지출을 최소화하였다.

배낭여행자에게 정보는 곧 돈이다. 여유 있는 시간 역시 돈을 아낄 수 있다. 이번 배낭여행에서는 마닐라 공항의 특별한 구조 즉, 국내선 연결편의 시간 부족 때문에 아낄 수 있는 돈을 낭비할 수밖에 없었다. 파사이 버스터미널에서 공항까지는 셔틀버스를 두 번, 효율적으로 이용해 돈의 낭비를 막을 수 있었다. 또 지금껏 배낭 여행하며 아무 거리낌 없이 한국 음식만 먹었던 것은 처음이다. 내가 다닌 여행지가 한국인 위주이기는 하지만, 현지 음식과의 가격 경쟁력 면에서도 한식 가격과 품질이 뒤떨어지지 않았기에 주저 없이 김치찌개/라면/밀면/삼겹살 등을 즐길 수 있었다.

마사지도 3일 동안 매일 받았는데 600페소(한화 16,800원/1시간 30분)로 육신의 피로를 풀 수 있었다. 한국에서는 비슷한 질의 마사지가 6만 원(1시간)임을 감안하면 필리핀의 마사지 가격은 동남아 다른 나라들과 비교

해서도 상당히 저렴한 것이라고 생각한다.

또 필리핀에서의 미혼모 문제는 심각하다고 한다. 국민의 85%가 카톨릭을 믿고, 카톨릭에 대한 신앙심이 절대적이어서 낙태는 불가한 것이니 저소득의 미혼모 생활이 상당한 위협을 받는 것으로 보인다. 나와 얘기를 나눴던 한 미혼모는 이혼(divorced)이 아닌 별거(separated)라고 했지만, 현실은 이혼한 것이나 다름없었다.

그리고 필리핀으로의 어학연수는 심사숙고해야 할 것으로 생각한다. 물론 학교나 학원에서는 표준 영어를 가르치고 배우겠지만 내가 겪어본 현지인들의 영어 수준은 원어민과는 너무 다른, 심한 사투리가 섞인 영어라고 생각한다. 상대적으로 물가도 저렴하고, 학비도 싸서 필리핀 연수를 생각할 수 있겠지만, 나라면 다시 한 번 신중히 고려해 볼 것 같다.

Encore

미국 서부
1개국 13개소

(2013.3.18~3.29)

로스앤젤레스/바스토우/
라스베이거스/캘리코/
라플린/프레스노/
팔로알토/샌프란시스코/
버클리/Bryce/Zion/
Grand Canyon/
Yosemite NP

미국 서부

(2013.3.18-3.29)

로스앤젤레스 · 바스토우 · 라스베이거스 · 캘리코 · 라플린 ·
프레스노 · 팔로알토 · 샌프란시스코 · 버클리 ·
Bryce · Zion · Grand Canyon · Yosemite VP

미국 서부는 워낙 넓어 혼자 배낭여행 하기에는 시간과 경비가 많이 들어 비효율적이라 다국적 영어여행 전문 여행사 허클베리핀(HuckleBerry Finn)의 투어 프로그램(Trek America Western Budget Lodging Tours: $1189)을 알아보았는데, 봄철 여행기간 동안에는 젊은이들(18세~39세)만을 위한 것 밖에 없어(나이제한에 걸려…….)어쩔 수 없이 LA 공항에서부터 하나투어 패키지에 참여해(Land Join: $720) 50명이나 되는 단체 관광객과 6일 동안 함께하게 되었다. (Los Angeles→Las Vegas→San Francisco이동) 그리고 4일 동안은 혼자 샌프란시스코와 요세미티 국립공원을 탐방하였다.

아내의 아시아나항공 마일리지를 이용, 마일리지 항공권(왕복 7만 마일 공제: 유류할증료/ 공항이용료 별도 본인 부담)을 LA-in/ San Fran-out으로 발권하는 덕분에 해외 배낭여행 13년 만에 처음으로 국적기 직항편을 이용하는, 본의 아닌 호사를 누릴 수 있었다.

2013년 3월 18일(월요일) -제1일

인천 국제공항에서 오후 4시 30분 출발한 아시아나항공 OZ 202편은 날짜변경선을 통과하여 미국 로스앤젤레스에 오전 11시 도착하였다.

11시간의 장거리 비행임에도 시간은 오히려 앞당겨지는 것은 시차가 주는 마법

Portland
미네소타
미니애폴
오리건
아이다호
사우스
다코타
와이오밍
아이오와
네브래스카
네바다
덴버
Denver
미국
새크라멘토
Sacramento
유타
콜로라도
샌프란시스코
San Francisco
캔자스
산호세
San Jose
캘리포니아
라스베이거스
Las Vegas
앨버커키
Albuquerque
오클라호마
로스앤젤레스
Los Angeles
애리조나
뉴멕시코
샌디에고
San Diego
피닉스
Phoenix
시우다드
후아레즈
Juárez
댈러스
Dallas
투손
Tucson
바하칼리
포르니아
텍사스
소노라
휴스턴
Houston
샌안토니오
San Antonio
치와와
코아우일
라 주
코르테스 해
누에보 레온
몬테레이
Monterrey
바하칼리
포르니아
수르 주
시날로아
두랑고
타마울리
파스 주
멕시코
Centro
미국 서부

같은 일이다. (GMT-Greenwich Mean Time: 그리니치 표준시로 -8: LA/Las Vegas/San Francisco, GMT+9: Seoul 시차 17시간)

하지만 세상에 공짜는 없는 법! 출발 첫날은 서울보다 시간이 앞당겨졌지만, 샌프란시스코 출발일에는 오전 9시 호스텔에서 출발, 오후 1시 OZ 213편으로 13시간 비행 끝에 서울에 다음날 오후 6시 도착. 무려 이틀이 소요되는 것(비행시간+시차)이니 하루를 벌었다고 좋아할 일은 아니다.

LA 공항에서 현지 가이드를 만나 천사의 도시 LA Hollywood 반나절 투어를 시작했다. Universal Studio($110)로 이동, 170만㎢의 면적을 자랑하는 세계 최대의 영화 세트장과 놀이시설을 돌아보고 Mann's Chinese/ Kodak Theater 앞 명성의 거리(Walk of Fame/ 스타들의 손과 발 모양을 본뜸)에서 간단한 시내 관광을 하였다.

2013년 3월 19일(화요일) -제2일

LA에서 끝없이 펼쳐지는 모하비 사막을 지나 바스토우(Barstow: 교통/물류 중심지)에서 잠시 쉬고는 라스베가스(Las Vegas)로 이동했다.

PENN & TELLER
DOUBLE DIAMOND
DELUXE
5¢
$193.82

세계 최대의 카지노/휴양지인 라스베가스는 미국 최대의 관광도시이자 세계 최대의 호텔 밀집지역으로 1/3이상의 노동력이 호텔이나 카지노 같은 유흥업에 종사하고 있다고 하는데, 네바다(Nevada)주 모하비(Mohave) 사막에 신기루처럼 떠 있는 라스베가스는 세계 최고의 Entertainment & Convention 도시이기도 하다.

일몰 무렵부터 시내 중심거리인 Strip에서 야경을 카메라에 담고, 밤 9시에는 Downtown으로 이동(야경투어 $30), 천장 Laser Show가 펼쳐져(LG에서 Show 지원) 라스베가스 Night View의 진수를 볼 수 있었다.

2013년 3월 20일(수요일) -제3일

새벽 4시 30분 Wake-up Call이 울린다. 호텔에서 5시 30분 출발, 6시 조식 후 유타(Utah)주에 있는 브라이스 캐년(Bryce Canyon)으로 향했다.

오랜 시간 풍화작용으로 인해 부드러운 흙은 사라지고 단단한 암석만 남아 수만 개의 분홍색, 크림색, 갈색의 첨탑(돌기둥)들이 아름다운 전경을 자랑하는 브라이스

(人名) 캐년을 '수박 겉핥기'식으로 둘러보고는, 엄청난 크기의 사암과 바둑판처럼 생긴 바위산 등 자연의 거대함을 새삼 느끼게 하는 자이언 캐년 (Zion Canyon: 신의 정원/ 신이 우리에게 준 안식처)을 탐방했다.

저녁 무렵 라스베가스에 도착, 109층 높이(377m) 성층권(Stratosphere) Tower($30)에서 시내 야경을 감상하고, 미라지(Mirage) 호텔의 Volcano Show, 벨라지오(Bellagio) 호텔의 분수 쇼 등을 보고 스트립 거리 이곳저곳을 돌아다녔다.

밤 10시 30분 발리(Balley) 호텔에서의 쥬빌리 쇼(Julilee Show: 1시간 30분 공연/ $110/ 1981년 첫선을 보인 후 지금까지 롱런하고 있는 쇼로 Topless[가슴 노출]등이 있었지만 사진 촬영 금지)를 보고 숙소로 돌아오니 자정이 훨씬 넘어가고 있었다.

2013년 3월 21일(목요일) -제4일

몇 시간 눈 붙이지 못하고 다시 새벽 4시 30분 Wake-up Call. 무거워진 눈꺼풀을 비비며 신(神)의 최후이자 최대의 걸작이라는 그랜드 캐년(Grand Canyon)으로 향했다. 아리조나(Arizona)주 그랜드 캐년 국립공원은 미국의 광대함을 여실히 보여주는 세계적인 명성의 관광 명소이다. 빙하기에 시작해 현재에 이르는 억겁의 세월 속에 형성된 그랜드 캐년은 장구한 지구의 역사를 그대로 보여주고 있다고 해도 과언이 아니다. I-Max 영화관($15)에서 초대형 스크린으로 그랜드 캐년의 광활함과 구석구석 숨겨진 비경을 다시 한 번 체감할 수 있었다. 매더 포인트 (Mather Point)에서 캐년의 장관을 카메라에 담은 후 콜로라도(Colorado) 강변의 휴양도시 라플린(Laughlin)에 도착, 여장을 풀었다.

라플린은 네바다주 최남단에 위치한 작은 도시이지만 1년에 5백만 명이 넘는 관광객이 방문하는 카지노 도시로 'Little Las Vegas'로 불리는 곳이다. 라스베가스에서 시간에 쫓겨 해보지 못했던 Slot Machine을 호텔 카지노에서 해보았는데 1회 베팅에 25센트로 게임을 시작하니 돈 잃는 것이 순식간이다. 처음 $20가 거의 떨어질 즈음 제법 큰 것이 당첨($25)되어 본전을 찾고 $5를 땄었는데, 그냥 일어서기에는 미련이 남아 다시 시작하니 '밑 빠진 독에 물 붓기'이다. 짧은 시간에 $60(마지노선

으로 정한 금액)을 잃고 자리를 털고 일어섰다.

어느 날 라스베가스 노숙자가 행운이 겹쳐 카지노에서 백만장자가 되었다. 이를 환전하여 호텔 문밖으로 나가면 진짜 백만장자로 살 수 있는 것이다. 그런데 카지노 호텔에서 하룻밤 숙박 후 다음날 다시 도박을 하는 바람에 결국은 모두 탕진, 도로 노숙자가 되었다고 하는 이야기가 남의 일이 아니다. 게임은 즐겨야 하는데 사람 마음이 그리되기가 쉽지 않다. 승부욕을 불태우는 순간 도박이 되고 결국 승률 게임, 도박판에서 최종적으로는 질 수밖에 없는 것이다.

2013년 3월 22일(금요일) –제5일

역시 새벽 4시 30분 Wake –up Call. 서부 민속촌 격인 칼리코(Calico) 은광촌($10)은 모하비 사막에 있는 폐광된 광산마을(Ghost Town)로 미국 서부 개척사를 볼 수 있는 관광지인데, 어릴 적 주말의 명화에서 서부극을 보며 밤잠을 설쳤던 그리운 추억을 되살려주는 곳이다.

이 유령 도시는 1881년 출생, 1907년 사망, 1951년(Walter Knott에 의해) 복구, 1966년 샌 버나디노 County에 기증, 생산은 은(銀)과 붕사(硼砂). 다시 모하비 사막을 가로질러 바스토우 (Barstow)에 도착하니 점심시간. 베이커스필드를 경유, 캘리포니아 최대, 아니 미국 최대의 농업

도시인 프레스노(Presno)에 도착했다. 프레스노는 King's Canyon, Sequoia, Yosemite 등 3개의 국립공원을 지척에 두고 있는 유일한 도시이다.

2013년 3월 23일(토요일) -제6일

조금은 여유 있는 시간인 새벽 5시 30분 Wake-up Call.

미국 동부의 하버드, 서부의 스탠포드라는 말이 있듯이 세계적인 명문 사립대학 스탠포드(Stanford)는 실리콘 밸리(Silicon Valley)의 작은 도시 팔로알토(Palo Alto)에 있는데 짧은 시간 대학교 정문과 미술관(교내에 로댕 작품이 많이 전시된 것이 특이함) 주변만 둘러보고는 바로 샌프란시스코로 이동하였다.

Civic Center는 샌프란시스코 행정의 중심지로, 워싱턴DC 의사당을 모델로 하여 1915년에 완성된 시청(City Hall)을 비롯해 연방/주 정부 청사와 도서관, 극장 등

이 있었다. 이어서 샌프란시스코의 명물 케이블카(Cable Car)인 California St. Line(투어 Option 가격 $10, 원래 가격 $6)을 타고 시내 중심부를 느릿느릿 둘러보았다.

'어부들의 선창가'라는 Fisherman's Whar에서는 Pier 3과 그 주변을 어슬렁어슬렁 돌아다니며 모처럼의 자유시간을 즐겼다. Pier 3의 끝에서는 한가롭게 일광욕을 즐기는 바다사자(Sea Lion)를 카메라에 담았고, 생선튀김 샌드위치로 유명한 노점에서는 Half Fishwich($5)로 점심을 해결했다.

오후 2시 30분. Bay Cruise 유람선($26)에 승선, 금문교(Golden Gate Bridge)와 알카트래즈(Alcatraz) 섬(펠리칸 섬; 영화 'The Rock'으로 유명)을 1시간 남짓 유람하였다.

샌프란시스코의 상징 Golden Gate Bridg는 세계에서 가장 아름답다는 다리로 이 다리를 보지 않으면 샌프란시스코를 보았다고 할 수 없을 정도라 하니 'International Orange' 즉 붉은색 금문교(1937년 개통, 전체 길이 2,789m로 수면에서의 높이

CALIFORNIA REPUBLIC
6606

67m)에서 기념사진을 남겼다.

금문교 건너편 마을인 소살리토(Sausalito)는 지중해 스타일의 고급 주택지로 알려져 있는데 이곳에선 항상 맑고 화창한 햇빛을 볼 수 있다고 한다. Main Street인 Bridgeway 주변은 우아한 레스토랑과 갤러리, 상점들이 즐비해 여유있게 눈요기하기 좋았다. 오늘의 숙소는 샌프란시스코 남쪽 외곽 실리콘밸리인 산호세(San Jose)에 있는데 내일 새벽 미국 동부투어에 나서는 관광객의 항공 편의와 아침 한국으로 돌아가는 패키지 관광객 편의를 위한 것 같았다.

2013년 3월 24일(일요일) –제7일

아침 9시 30분. 패키지 관광객과 샌프란시스코 공항에서 헤어진 후 고속철도 바트(BART: Bay Area Rapid transit/ $8.25)편으로 Downtown의 중심 파웰(Powell) St.역에 내렸다. 이곳 Union Square 주변은 관광과 비즈니스의 중심이라 각종 호텔이 밀집해 있는 곳이며, 배낭여행자에게 유용한 저렴한 호스텔이 많은 곳이기도 하다. 한국에서 미리 검색해 둔 공식호스텔 세 곳을 찾아 들어가니 침대가 '모두 찼다'고 하여, 슬슬 숙소 걱정이 되기 시작했는데 다행히 한 곳의 호스텔에서 침대 하나가 있단다. 휴, 다행이다! 얼른 4일($30 X 4)을 숙박하기로 하고, 내일 요세미티 1Day Tour($141)도 예약했다. 배정받은 방으로 들어가 보니 이건 그동안 내가 묵었던 호텔 방 규모에 2인용 침대 6개를 다닥다닥 배치해 12명이 사용하게 한 닭장과 같다. 하루 사이에 천국에서 지옥으로 떨어진 기분이다. 13년 동안의 배낭여행 중 최악의 숙소라고 할 만하다. 뉴욕이나 샌프란시스코나 물가가 비싸기도 하지만 시내 중심부 숙박비는 상상을 초월 한다.

유니언 스퀘어는 1850년 이래 다운타운의 중심지이자 샌프란시스코 관광의 출발점으로 항상 사람들로 붐비는 곳이다.

북쪽 그랜트 애버뉴(Grant Ave)를 중심으로 하는 일대는 China Town으로 이곳은 미국 서해안에서 최대이자, 아시아를 제외한 세계 최대의 중국인 거리이다. 해물볶음밥($8)으로 한 끼 식사를 때우고 나서는데 팁을 달란다. 참, 미국은 팁이 생활

화되어 있지! 한국적 사고방식으로는 팁(Tip)을 안 줘도 무방하지만 여기는 최소한 서비스 가격의 10%~15%를 의무적으로 줘야 한다.

샌프란시스코의 East Bay와 Oakland를 연결하는 다리로 Bay Bridge가 있는데, 금문교 보다는 덜 알려져 있지만 1936년에 개통, 총 길이는 13.5km나 된다. Ferry Building에서 바다를 바라보며 갈매기(Seagull)와 아름다운 베이브리지 풍경을 해질 녘까지 카메라에 담았다.

2013년 3월 25일(월요일) –제8일

아침 7시. 호스텔 앞에서 Pick–up. 11명이 한팀이 되어 승합차(벤츠, 소형버스)를 이용해 요세미티(Yosemite) 국립공원 1Day Tour($141)를 시작했다.

캘리포니아 주의 중부 시에라네바다 산맥 서쪽의 요세미티는 미국에서 가장 유명한 국립공원 중의 하나이자 1890년 미국 최초의 국립공원으로 지정된 곳이다. 총면적 3,061㎢의 요세미티 국립공원 중에서 관광객이 많이 찾는 곳은 Yosemite Valley 지역이다. 우리 역시 이곳을 탐방할 것이다. 국립공원 남쪽 입구에서 기념사진을 찍고 조금 더 깊이 들어가니 산불로 인해 상당히 넓은 면적이 황폐해진 모

습이 보인다. 계속 계곡을 따라가니 돔(Dome)형의 바위를 마치 칼로 잘라놓은 듯한 하프 돔(Half Dome: 표고 2,695m)이 시야에 들어오고, 와워나 터널(Wawona Tunnel) 입구의 전망 포인트에 하차하니 요세미티의 대표적 절경이 눈에 확 띈다. 엘 캐피탄(El Capitan: 표고 2,271m, 계곡에서부터의 높이 1,078m인 세계에서 가장 큰 화강암 바위)과 Bridal Veil 폭포(189m)를 배경으로 기념사진을 남겼다.

Yosemite Lodge 앞에서 12시 30분부터 오후3시 30분까지 3시간의 자유시간이 주어져 요세미티 폭포(Yosemite Falls: 세계에서 두 번째, 미국에서 가장 긴 3단 폭포로 총 낙차는 728m)를 둘러보며 웅장한 대자연을 느낄 수 있었고, 무료인 공원 셔틀버스를 이용해 요세미티 밸리 지역 관광 포인트 순회에는 1시간 정도 소요되었는데, 불과 4~5시간의 관광 포인트 탐방으로 요세미티를 제대로 보았다고 할 수 있을까?

해발 3,000m이상에서 만년설을 안고 있는 Tuolumne 고원지대, 수령이 2,700여 년이나 되는 거목들이 늘어서 있는 Mariposa 지역 탐방은 다음 숙제로 남겨두고 샌프란시스코로 발길을 돌렸다. 1994년 캘리포니아 지역에 강진이 발생하여 큰 피해를 입었는데 베이브리지 일부가 그때 파손되어 그 옆에 새로운 다리를 건설, 오늘날까지 신•구 다리가 존재한다고 베이브리지를 지나며 드라이버가 설명한다.

숙소를 찾아 들어가니 밤 9시가 다 되고 있었다.

2013년 3월 26일(화요일) -제9일

지금까지 이른 새벽에 계속 깨어 이동하다 보니 피곤이 겹쳤었는데, 모처럼 늦게까지 자고 일어나니 다소 몸이 개운하다.

아침 10시 30분. MUNI Metro 편으로 Ocean Beach(편도 $2)까지 이동하여 태평양 바다와 해변을 카메라에 담고는 주택가 이곳저곳을 오르락내리락하며 오밀조밀한 모습을 사진으로 남겼다.

오후 2시 30분. 다시 파웰 역으로 돌아와 Bart를 타고 Berkeley Downtown(편도 $3.7)으로 향했다. 이곳은 캘리포니아대학 버클리(University of California, Berkeley: 캘리포

니아 주립대학 본교)가 유명한 곳으로, 약칭은 UC이지만 이곳 학생을 'Cal'이라고 부르는 것은 단순히 버클리 대학인이 아니라 어디까지나 캘리포니아를 대표한다는 자긍심에서 비롯된 것이라고 한다. 버클리대학은 1873년 창립되었고, 노벨상 수상자를 15명이나 배출해 낸 명문 대학 중 하나이자 1960년대 학생운동의 발생지이기도 하다.

1914년에 세워진 시계탑(Sather Tower)이 인상적이었고, 교정에서는 멀리 금문교와 샌프란시스코까지 시원하게 한눈에 들어왔다. 특히 내가 인상 깊게 보았던 영화 '졸업: 더스틴 호프만 주연'의 촬영지여서 꼭 방문해 보고 싶은 곳이었다.

2013년 3월 27일(수요일) -제10일

노브힐(Nob Hill)은 California St. 주변의 고급 주택가로, '노브'란 '부자들'에서 유래한 것이라 하는데, 골드러시 시절 철도사업이나 금광을 찾아온 사람들이 살기 시

작한 것이 이 마을의 시초라고 한다. 언덕길로 유명한 샌프란시스코를 대표하는 러시안 힐(Russian Hill)은 전에 이 주변에 러시아 선원들의 무덤이 있던 데서 유래된 것이라고 하며 이곳에서 빼놓을 수 없는 명소로 롬바드(Lombard) Street이 있다. 급경사를 커버하기 위해 1920년에 설계된 Z자 모양의 자동차 길은 영화에도 자주 등장하기도 하고, 세계에서 가장 구불구불한 언덕길로 샌프란시스코의 명물이 되고 있다.

러시안 힐에서 동쪽으로 가니 언덕 위에 우뚝 솟은 코이트(Coit) 기념탑이 나온다. 이 탑은 1933년에 완성되었는데, 탑 주변은 샌프란시스코 전망이 360도 펼쳐져, 금문교에서 베이브리지까지 다운타운의 스카이라인이 몹시 아름다웠다.

청바지의 본고장은 바로 샌프란시스코이다. 코이트 타워 근처 Battery St.에 있는 리바이 스트라우스(Levi Strauss) 본사 매장에서 내 청바지를 한 벌($106) 구입했다.

숙소 근처 Union Square Post St.에도 리바이스 스토어(Levi's Store) 본점이 있어 둘러보았는데 사이즈와 가격대가 다양한 상품들이 전시되어 있었다. 저급한 숙소 Dakota Hostel에서 미국 맥주 Miller(Genuine Draft 4.7%)를 마시며 지난 열흘간의 미국 서부 배낭여행을 되돌아보니 규격화된 관광 틀에 끼어 제대로 대자연도 깊이 느껴보지 못하고, 사람들도 만나지 못한 아쉬움이 많이 남는다.

2013년 3월 28일(목요일)~3월 29일(금요일) –제11일~12일

아침 9시. 숙소에서 Check–out 후 Bart를 타고 샌프란시스코 국제공항(SFO)으로 향했다. 오후 1시. 아시아나 OZ 213편은 13시간의 장거리 비행(기내에서 2시간짜리 영화를 5편이나 보다) 끝에 인천 국제공항에 3.29(금) 오후 6시 도착했다. 그리고 집으로…….

EPILOGUE

가지면 가질수록 삶의 무게는 무거워진다. 욕심은 배가 되고 삶은 강퍅해질 것이며 더 가지고 지키기 위해 애쓰다 보면 내 자신이 어디로 가는지조차 잊어버리게 될 것이다. 내게 주어진 하나를 버릴 때 아깝다고 생각지 말자. 버리고 나면 마음은 한결 가벼워질 것이며 그로 인해 얻는 것은 두 배가 될 것이다. 그렇다. 내 삶의 무게와 부피를 줄이는 일. 이것은 내 인생여행에 있어 가장 큰 화두(話頭)이다. 내가 짊어진 배낭의 무게는 곧 삶의 무게이다. 배낭이 가벼워야 다른 사람을 생각할 수 있는 배려의 마음을 행동으로 실천할 수 있다. 비워야 채울 수 있고, 하나를 버리면 둘이 다가올 수 있는 것이다.

이번 여행에서는 제대로 된 사람 냄새가 그리웠다. 미국 서부의 대자연과 도시를 둘러보며 '더불어/ 같이/ 함께' 살아갈 수 있는 우리나라, 우리 이웃이 너무 그리웠다. 그리고 자기 본위의 이기주의/ 개인주의의 극치를 경험하기도 하였다. 개인주의는 사회나 국가보다 개인이 우선됨을 말하며, 이기주의는 타인의 이득보다 자신의 이득을 우선시하는 것이다. 남에게 피해를 주면서까지 자기의 이득을 챙기는 이기주의와 남에게 피해를 주지 않는 한도 내에서 자신을 위하는 개인주의. 여하튼 개인을 생각하는 것을 긍정적으로 본 것이 개인주의이고, 그것을부

정적으로 본 것이 이기주의라고 할 수 있다.

자본주의의 산실 미국에서 사람을 만나기는 쉽지 않았다. 여행 환경 자체가 6일간은 한국인 패키지 관광객 50명과 함께, 그리고 나머지 4일간은 저급하고 열악한 호스텔 생활로 인해 대화조차 어려웠다. 라스베가스에서는 돈이 최우선으로 되는, 돈이 곧 인격인 자본주의의 핵심을 경험했었다. 천민자본주의라고 매도하기에 현실은 그렇게 녹록지 않았다. 거의 매일 서울–부산 거리를 투어버스로 왕복하며 관광 포인트에서 사진 1장씩을 남기고는 '왔노라 / 보았노라/ 찍었노라'식의 패키지 관광을 1주일간 경험하기도 했다. 영혼의 울림이 있어야 진정한 배낭여행이건만 이번에는 애초에 그런걸 기대할 수 없는 '수박 겉핥기식' 관광이 될 수밖에 없었다. 샌프란시스코에서의 4일간은 수준 이하의 호스텔 환경으로 인해 생각을 정리하고 충전할 만큼 느긋한 여정이 되질 못 했다. 그저 잠만 잘 수 있는 그날그날 피곤한 생존만 이어갈 뿐이었다. 역시 집 떠나면 고생이고 집과 가족, 친구가 좋다는 걸 느낀다. 지금껏 여행하며 항상 체득하는 것이지만 내 집이, 내 가족이, 내 친구가, 내 나라가 최고라는 걸 명감하며 2013년 미국 서부 배낭여행 보따리를 내려놓는다.

아프리카/중동

8개국 25개소

(2012.6.28~7.28)

케냐/탄자니아/잠비아/
짐바브웨/보츠와나/
나미비아/남아프리카/
카타르

아프리카 / 중동

(2012.6.28-7.28)

케냐 · 탄자니아 · 잠비아 · 짐바브웨 · 보츠와나 · 나미비아 · 남아프리카 · 카타르

아프리카는 종교도, 부족도 워낙 다양해서 하나로 뭉뚱그려 정의할 수 없는 대륙이다. 그럼 우리는 아프리카에 대해 어떤 이미지를 가지고 있을까? 다큐멘터리에서 보는 것처럼 여전히 야생동물 사냥과 식물 채집으로 생계를 유지하고, 귀나 턱이나 코를 뚫어 장식을 달고, 험난한 성인식을 치르는 부족들의 이미지가 먼저 떠오를 것이다. 현대 문명에 발맞추기보다는 전통을 더 중시하는 부족사회로 이루어진 것처럼……. 그런데 사실 아프리카는 이런 정적 이미지와는 다르게 첨예한 정치적, 인종적 분쟁이 이루어지고 있어 많은 이들이 극심한 고통을 겪고 있다. 아프리카는 자연경관이 뛰어나 국립공원과 사파리 투어로 유명한 몇 개국을 제외하고는 독재, 기아, 난민, 내전, 착취와 같은 단어들과 엮인 나라들이 대부분이라고 해도 과언이 아니다.

아프리카 여행의 적기는 대건기인 7, 8, 9월이다. 이때는 겨울로, 밤에는 꽤 쌀쌀해 추워서 고생할 정도이고, 푸른 초원은 아니지만, 초원이 누렇게 물든 이 시기가 야생 동물들을 보기가 더 좋다고 한다. 이번 배낭여행에서는 아프리카 진면목을 보기보다는 주마간산식, 수박 겉핥기식 유람여행이 될 것이다.

정치, 경제, 사회, 종교 면을 떠나 자연경관 위주의 한 달간의 투어는 배낭여행 전문여행사 '㈜인도로 가는 길'의 베테랑 길잡이 K3(김찬유: 010-2655-4403)와 23명

아프리카
모리타니아
누악쇼트
말리
니제르
차드
수단
제다
아라비아
홍해
오만
사나
예멘
에리트레아
아덴 만
주부티
다카르
Dakar
세네갈
바마코
Bamako
니아메
Niamey
부르키나 파소
기니
베넹
나이지리아
시에라리온
코트디부아르
토고
가나
아비장
Abidjan
아크라
Accra
라고스
Lagos
기니 만
중앙 아프리카 공화국
남수단
이디오피아
카메룬
야운데
Yaoundé
소말리아
적도 기니
우간다
케냐
가봉
콩고
콩고 민주 공화국
르완다
부룬디
브라자빌
Brazzaville
탄자니아
잔지바르
Zanzibar
루안다
Luanda
앙골라
잠비아
말라위
루사카
Lusaka
모잠비크
짐바브웨
나미비아
보츠와나
불라와요
Bulawayo
마다가스카르
프레토리아
Pretoria
스와질란드
남대서양
레소토
남아프리카
다반
Durban
케이프타운
Cape Town

의 배낭여행 팀원들과 함께 동고동락하며 아프리카의 속살을 들여다보는, 아니 살짝 엿보는 기회를 가진 것이다.

2012년 6월 28일(목요일) –제1일

밤 9시 30분. 인천공항에서 이번 아프리카 배낭여행을 함께할 팀원들을 처음으로 만났다. 전남 모 대학교 교수 5명을 포함해 전라도 팀 11명이 주축이 되고, 여러 곳에서 모인 부부 팀들과 나처럼 혼자 배낭 여행하는 사람 등 23명. 결과론적인 이야기이지만 전라도 팀의 독주식, 안하무인격 여행스타일로 인해 1달간 여행은 원활하지 못했고, 대학 교수라는 사람들 4명과는 1달 내내 제대로 된 의사소통도 못하고, 맥주 한 잔도 못한 어정쩡한 여행이 되고 말았다. 그들은 마음의 문을 닫고 그들만의 편협한 세상을 즐기고 있었는데, 옆에서 보면 심히 안쓰러울 정도로, '우물 안 개구리' 들이었다.

2012년 6월 29일(금요일) –제2일

자정을 넘긴 0시 50분 카타르(Qatar)항공 QR 883편은 10시간의 비행 끝에 카타르 도하(Doha)에 착륙했다. 현지시각 4시 50분. 시차 6시간.

2시간여 환승 시간 동안 면세점 이곳저곳을 기웃거리며 시간을 보내고 아침 7시 35분 QR 532편으로 5시간 걸려 낮 12시 35분 아프리카 동부 케냐(Kenya) 나이로비(Nairobi)에 도착했다. (카타르와 케냐의 시차는 없다)

입국비자 Fee 50$, 환전 30$= 2,400실링. (1$=80 Kenya Shilling)

케냐의 수도이며, 정치. 경제. 문화의 중심지 나이로비는 마사이어로 '차가운 물'을 의미한다고 하며, 해발 1,700m에 위치해 있어 기온도 쾌적한 편이다.

공항에서 시내방면의 교통체증은 매우 심각했다. 거리는 얼마 되지 않는데 1~2시간 걸리는 것은 기본이라고 하니……. 시내 중심부의 허름한 호텔에 여장을 풀고 아프리카 여행 첫날을 맞았다.

내 룸메이트는 전직교사 출신(68세)으로, 이 양반은 반드시 밥은 매일 챙겨 먹어야 한다며 자기만의 취사도구와 주/부식을 준비해 온 사람이다. 약간의 엉뚱함과 타인에 대한 과도한 스킨쉽으로 인해 여행 내내 파트너로서는 꽤 불편했다.

시내 곳곳에 커다란 날개를 지닌 대머리 황새가 많이 보인다.

도대체 이 황량한 도시에서 뭘 먹고 살까? 뒤에 탄자니아 모시(Moshi) YMCA 호스텔에서 쓰레기 더미를 뒤지는 대머리 황새를 촬영했었는데 아마 여기에서도 그러지 않을까 싶다.

저녁 무렵 나이로비 시내를 이곳저곳 기웃거리며 시내구경 겸 맥주 구매를 시도하는데 웬만큼 큰 슈퍼에서도 술을 팔지 않는다. 첫날부터 술 사기가 쉽지 않다. 결국 현지인의 도움으로 맥주(Tusker)를 사서 숙소에서 저녁 겸 마시는데 의외로 맛이 괜찮다. 이후 아프리카 여러 곳을 다니며 그 지방 맥주(Kilimanjaro, Serengeti, Zambezi, Tusker, Castle, Windhoek 등)를 즐겼는데 역시 케냐 맥주인 투스카(Tusker)가 가장 나았던 것 같다.

2012년 6월 30일(토요일) –제3일

보통 아프리카 하면 붉은 태양, 무더운 기온, 열사의 사막 등을 떠올리기 쉬운데 케냐 기온은 섭씨 20도 안팎으로 사파리 여행을 하기에는 더할 나위 없이 좋은 기후이다.

아침 8시. 마사이 마라(Masai Mara) 국립공원으로 출발했다. 사파리용 승합차 4대에 6명씩 나누어 타고, 3일간의 Game Drive(Safari용 차량에 탑승하여 초원을 여기저기 누비며 야생동물들을 관찰하는 Activity Program/ 120$ x 3일, 숙식포함)를 즐기기 위함이다. 이 사파리 투어에서 Big Five(사자, 표범, 코끼리, 버팔로, 코뿔소)를 만나는 것이 투어의 가장 큰 묘미이자 행운인데, 이번 투어에서는 코뿔소만 못보고 다 만났으니 80% 정도 수확은 한 셈이다. 마사이 마라 국립공원(Masai Mara National Reserve)은 초원의 푸름 속에서 생생한 야생의 모습을 그대로 느낄 수 있는 아프리카를 대표하는 사파리라고 해도 과언이 아니다.

오후 3시. 마사이 마라 캠핑장에 도착. 여장을 풀자마자 바로 Game Drive에 돌입하여, 초원 여기저기를 다니며 기린, 얼룩말, 카젤, 임팔라, 코끼리, 버팔로, 사자, 표범 등을 카메라에 담았다. (Canon 7D/ EF 70-300mm IS USM 망원렌즈 이용)

갑자기 하늘이 어둑어둑해지며 곧이어 소나기가 쏟아진다. 오늘의 사파리 투어는 이것으로 종료되었지만, 난생처음 지척에서 야생동물들을 관찰하고 촬영할 수 있었다. 캠프 사이트로 돌아오니 비는 그치고, 하늘에 초롱초롱한 별들이 나타나기 시작한다. 깊은 밤. 텐트 지퍼를 열고 밤하늘을 바라보니 별들이 쏟아지기 시작한다. 내게로 내게로……. 모닥불 가에 앉아 하염없이 하늘을 본다.

2012년 7월 1일(일요일) –제4일

Game Drive 둘째 날. 숙련된 드라이버 소이(Soy)가 Big Five를 찾아 나서고, 곧이어 야생 동물들이 발견되면 무전으로 주위의 차들을 불러 모은다. 사람들-구경꾼들이 동물들을 에워싸는 셈이다. 뚜껑을 높이 올린 승합차에서 오늘도 망원렌즈를 이용, 셔터 누르기에 여념이 없다. 특히 사자와

코끼리 무리를 자세히 관찰할 수 있었고, 탄자니아 국경 쪽 Mara River에서는 멀리에서나마 악어와 하마 무리를 볼 수 있었다. 오후 4시. 사파리를 마치고 캠핑장으로 돌아와 일행들이 마사이 부족 마을을 방문, 무성의하고 형식적 민속공연을 관람(1인당 30$)하는 사이에 나 혼자 마사이 마을 구석구석을 돌아다니며 이국적인 풍경을 카메라에 담았다.

그런데 관광지의 마사이족은 완전히 돈에 미쳐 있었다. 건물 간판만 찍으려 해도 돈을 내라 하고, 가축들을 찍으려 해도 돈을 내라 하고, 돈, 돈……. 인간미는 어디로 가고 모두 돈의 노예가 되어 있었다. 심지어 길가는 꼬마도 돈을 요구한다. 하지만 그들의 열악한 주거환경을 보면 안쓰럽기 그지없다. 특히 물 문제는 심각하다. 황톳빛 웅덩이 물을 마시기도 하고, 빨래도 하니까…….

저녁 무렵이 되자 어제 이어 소나기가 또 한바탕 쏟아진다. 마사이족의 씁쓸한 모습이 오버랩되어, 오늘 따라 마시는 투스카 맥주 맛도 괜히 씁쓸한 것 같다.

2012년 7월 2일(월요일) –제5일

새벽 5시. 동물들이 가장 활발하게 활동한다는 마사이 마라의 새벽을 보기 위해 일찍 기상했다. 마지막 Game Drive에 참가, 일출을 보며 야생 동물들을 쫓았지만, 하이에나는커녕 아무런 동물들도 찾을 수 없다. 잠이 덜 깬 자칼 한 마리만 겨우 카메라에 담고는 사파리 투어를 종료했다.

아침 식사 후 나이로비로 귀환하는 길고 긴 이동이 시작됐다. 비포장도로를 4시간 달리고, 포장도로를 3시간 달려 나이로비에 있는 카렌블릭센(덴마크인으로 'Out of Africa'의 저자) 박물관(Karen Blixen Museum)에 도착했으나, 입장료가 만만치 않아 외부에서 구경만 하고는 시내로 이동했다.

사실 위의 '길고 긴'이란 표현은 앞으로의 여정에서 보면 아무것도 아니다. 보통 이동에 하루 종일은 기본이고, 이틀. 사흘씩 걸리는 경우도 있었으니! 길벗 K3 덕분에 사파리 여행사 사장이 주관하는 Dinner Party를 즐길 수 있었는데 나이로비에서도 빈부 격차는 하늘과 땅만큼 심했다.

2012년 7월 3일(화요일) –제6일

아침 8시. 킬리만자로 산으로 통하는 관문도시 모시(Moshi)로 향했다. 오전 11시 30분. 탄자니아 국경(Namanga Boarder)에서 비자 Fee 50$를 지불하고 탄자니아(Tanzania)에 입국 후 두 시간 여 달려 탄자니아 제2의 도시 아루사(Arusha)에서 환전을 했다. 100$ = 157,000Tsh(Tanzania Shilling)

나는 100$만 환전하고 그 자리에서 확인해 모자람이 없었는데, 교묘한 환전 사기가 있었다. 200$나 250$를 환전한 사람의 경우 계산이 다소 복잡함을 이용, 1만 실링씩 빼고 환전해 준 것이다. 일행 중 서너 명이 당해서 다시 1만 실링을 돌려달라고 하자 의외로 순순히 돌려준다. 들키면 돌려주고 아니면 떼어먹는, 죄책감이라고는 찾아볼 수 없다. 이런 환전 사기를 잠비아 국경 밤 열차 안에서도 당했으니…….모시에 가까워지면서 킬리만자로 산의 만년설이 선명하게 보인다. K3에

MT. KILIMANJARO
해발 5895m, 아프리카대륙 최고봉
세계 최대, 최고의 휴화산

의하면 킬리만자로 산을 이렇게 뚜렷이 볼 수 있는 것은 극히 드문 일이라고 하는데, 차가 멈추어 서자 팀원들 모두 킬리만자로 산을 카메라에 담기 바빴다.

오후 4시. 해발 800m의 작고 아름다운 도시인 모시에 도착했다. 오늘의 숙소인 YMCA Hostel에 여장을 풀고, 시내 여기저기를 기웃거렸다. 저녁 무렵 Tusker Beer 전문 바에서 맥주(1병 2,000실링)를 한 병 마시고 현지인들과 같이 호흡하며, 낯선 곳에서의 색다른 분위기에 빠져들었다.

2012년 7월 4일(수요일) –제7일

만다라 산장(Mandara Camp: 해발 2,700m)까지 갔다 오는 킬리만자로(Kilimanjaro) 1일 투어/ 미니 트레킹(110$)을 했다. 아프리카 최고봉 킬리만자로 산은 해발 5,895m(Kibo Peak). 스와힐리어로 '빛나는 언덕'이라고 불린다. 만다라 산장까지 킬리만자로 열대 우림을 체험하는 이 트레킹(Trekking)은 왕복 6시간 정도 걸렸는데, 킬리만자로 정상까지 등반하려면 4~5일은 걸려 별도의 일정으로 도전해야 한다. 기회를 만들어 다음에 한번 등반해 보자고 다짐하며, 오늘은 살짝 열대 우림 맛만 보는 킬리만자로 체험을 했다.

Kilimanjaro Reception Counter에 매력적인 눈을 가진 아가씨가 앉아 있어 양해를 구하고 사진을 찍었는데, 볼수록 매혹적인 눈이다.

울창한 산림을 걸어 올라가며 무거운 짐을 진 포터와 이야기하고 올라갈 기회가 있었다. 서로 이런저런 말을 주고받으며 올라가니 덜 힘들다. 테오필(Theophil: 29세)이란 친구는 7남매의 장남으로 가족들을 부양해야 한단다. 하루 10$를 버는데 3Days go up to peak, 2Days go down. 그런데 짊어진 짐 무게가 장난이 아니다. 등반자들은 포터들에게 짐을 맡기고, 자신들은 빈 몸으로 올라간다. 물론 적잖은 돈을 지급하겠지만, 중간에서 가로채고 정작 포터에게는 극히 일부만 돌아간다. 그나마 포터로라도 일할 수 있는 것이 다행이라고 한다. 아마 네팔 같은 곳에서도 마찬가지일 것이다. 포터 희망자는 넘쳐나고, 적정 임금은 받기 어렵고…….

저녁. 숙소인 YMCA Hostel Bar에서 시원한 맥주를 즐겼다. 한 병에 1,900실링(한화 1,430원)으로 아프리카에서 제일 저렴하게 맥주를 마신 셈이다. 사실 아프리카 물가에 비해 맥주 가격은 상당히 비싼데, 나는 밥값보다 술값이 더 많이 나가는 Heavy Drinker라 어쩔 수 없었다. 여행 한 달 내내 거의 맥주를 마시고 다녔으니 술값 지출도 만만치 않았다.

2012년 7월 5일(목요일) -제8일

다르에스살람(Dar es salaam)으로 이동하는 날이다. 아침 9시 30분 출발, 밤 8시 30분 도착했으니 11시간이나 버스를 타고 간 셈이다.

버스 내 비디오 프로그램은 처음에는 색다른 이국적 음악과 화면이라 호기심이 동했지만 계속 Rewind를 반복하다 보니 점점 지겨워지기 시작하고, 다르에스살람에 거의 다 와서 극심한 교통체증에 시달릴 때는 소음에 가까워 짜증스럽고 신경이 날카로워진다. 좁은 공간에서 제대로 움직이지도 못하고 11시간이나 달려왔으니까. 숙소 주변은 무슬림 지역이라 맥주를 팔지 않는다. 인도의 탄두리 치킨처럼 숯불구이 치킨과 꼬치를 파는데 음료수만 제공하지 술은 없다. 하는 수 없이 이리저리 빙빙 돌아 중국 레스토랑에서 볶음밥(7,500실링), 사파리맥주(500ml 3,000실링),

빈툭맥주(330ml 3,500실링)를 마실 수 있었는데 YMCA Bar에서의 맥주값 1,900실링은 상대적으로 정말 싼 것이었다.

2012년 7월 6일(금요일) -제9일

다르에스살람은 탄자니아의 정치, 경제 중심지이자 무역항으로 아랍어로는 '평화의 항구'를 뜻한다고 하며, 아랍인들이 건설하여 인도양의 향신료와 노예의 집산지 무역항으로 번영을 누렸던 곳이다.

아침 일찍 어시장(Fish Market)을 찾았다. 우리나라 어시장과 마찬가지로 사람 사는 모습을 제대로 볼 수 있는 곳인데, 도시화 속에서도 어촌의 모습이 그대로 남아있어 묘한 매력을 풍기고 있었다. 이곳에서도 한국(부산 공동 어시장)에서 수입한 생선(냉동 고등어)을 팔고 있어 교역의 세계화를 실감할 수 있었다. 잔지바르행 페리는 2시간 걸리는 고속(30$)과 3시간 걸리는 저속(20$)이 있는데 들어갈 때는 저속 페리, 나올 때는 고속 페리를 이용, 양쪽 다 경험할 수 있었다.

인도양의 흑진주, 아프리카의 지상낙원 잔지바르(Zanzibar)는 페르시아어 잔지(Zanzi: 흑인)와 바르(Bar: 사주 해안)의 복합어로 '검은 해안'을 뜻한다고 한다.

잔지바르는 1964년까지 잔지바르 공화국이라는 독립국가였으나 탕가니카 공국과 병합하여 국호가 탄자니아(Tanzania) 연방공화국이 되었다. 그래서 그런지 무비

자지만 입국심사(입국카드에 원하는 체류 일자 기재)를 다시 받아야 했고, 황열병 예방접종 증명도 확인하는 등 독자적 출입국 체계를 갖추고 있었다.

이 섬은 아프리카보다는 아랍이나 인도 분위기를 물씬 풍긴다. 파란 바다, 하늘, 산호초와 녹음이 우거진 아름다운 섬으로 옛날 아랍 지배자의 궁전과 노예 무역 시대의 유적이 섬 전체에 널려있는 평화로운 곳이다.

숙소에 짐을 풀고, 19세기 초반 지배자였던 아랍인들이 만든 미로 같은 스톤 타운(Stone Town)을 이리저리 헤집고 다녔는데, 돌집들 사이로 난 골목길에는 수많은 상점과 모스크 등이 있어 상당한 볼거리를 제공하고 있었다.

그리고 옛 노예 문화를 상징하는 노예시장(Old Slave Market) 유적도 둘러보았다. 옛날 백인들은 동부 아프리카 전역에서 생포한 아프리카인을 이 섬에 데려와 아랍, 유럽, 미국 등으로 팔았는데, 15세기 중반부터 19세기 중반까지 약 4백 년 간 아프리카에서 잡혀간 노예 수는 최소한 천만 명이었다고 하니……. 해 질 무렵 바닷가 옛 성채(Old Port) 앞에는 Seafood market이 들어섰다. 이 노점에는 다양한 해산물 꼬치를 비롯해 먹는 재미를 맘껏 누릴 수 있었는데 흠이라면 가격이 다소 비싸다(조개

KAZI KWENU MAHA MIMI NADUN

꼬치 4천 실링)는 점이다.

2012년 7월 7일(토요일) –제10일

아침 9시 30분. 다라자니 마켓 앞에 있는 달라달라 Bus station에서 파제 비치(Paje Beach)행 미니버스(3천 실링)를 탔다. Local Bus를 케냐에서는 '마타투'라고 했지만, 이곳에서는 '달라달라'라고 하는 것이다.

1시간 30분을 달려 파제에 도착, 해변으로 나가보니 썰물 때인가 보다! 물이 많이 빠져 수평선으로 끝없이 걸어나가야 하얀 파도가 치는 것이 보인다. 맨발로 한 발 한 발 바다 깊이 걸어가며 파제 해변의 아름다운 풍광을 카메라에 담았다. (Canon 7D/ EFS 18-200mm IS) 귀로에 꼬마 아이들이 축구 하는 것이 보여 다가갔더니 '같이 하자'고 한다. 맹랑한 녀석들! 나도 한때는 제법 축구를 잘했는데…….

아이들과 크로스와 헤딩으로 자리를 바꿔가며 Set Play를 하는데, 나는 영 시원찮다. 모래 위에서 킥을 하려니 제대로 맞지도 않고 엉뚱한 방향으로 공이 날아가 버린다. 애들에게 미안하다고 하기를 여러 번! 어느 정도 모래 운동장에 익숙해지니 Crossing이 정확해졌다. 아이들과 땀 흘리며 같이 호흡하기도 잠시, 나이가 들었나보다. 벌써 호흡이 가쁘고 체력이 달린다. 아이들과 작별하고 잔지바르행 미니 버스에 몸을 실었다.

한 시간 여를 달려 거의 잔지바르에 닿을 무렵 갑자기 완행 트럭버스로 바꿔 타란다. 종점이 가깝고 트럭버스도 색다른 경험이라 옮겨 타기는 했지만, 이 사람들 정말 제멋대로다! 비좁은 트럭버스의 기다란 의자에

차도르를 걸친 뚱뚱한 현지 아줌마들과 이방인인 내가 샌드위치 되어 이리저리 흔들렸다. 이윽고, 버스 종점! 휴……. 다라자니 시장을 꼼꼼히 둘러보고, 숙소로 향하는 길에 민속공연이 Old Port 공원에서 펼쳐지기에 인상적인 몇 장의 사진을 찍은 후, 숙소에서 샤워기로 축구하느라 온몸에 잔뜩 묻은 모래부터 털털 털어내었다.

Old Port에서는 잔지바르 국제영화제(2012.7.7~7.15)를 알리는 ROCK밴드 공연이 있었다. 낮부터 다채로운 아프리카 음악을 연주하는 흥겨운 무대였는데, 무슬림 사회에서 공개적으로 맥주 파는 상설 노점이 설치되다니! 이건 모두 국제영화제 덕분이다. 모든 종류의 맥주가 3천 실링! Heavy Drinker인 나는 완전히 물 만난 고기가 된다.

오후 6시. 숙소로 돌아가려니 많은 이야기를 나눈 맥주 노점 스탭인 패트릭(Patrick Donasian 27세/ 관광전공)이 한번 나가면 다시 들어올 때에는 10$ 입장료가 있다고 계속 버티고 있으라고 해서, 현지 아가씨 마리앤과 이런저런 이야기도 하며 맥주도 마시고 정식 공연을 기다리는데 3시간이나 지나도 음악공연은 시작되지 않는다. 영화제 Opening행사가 끝나고 이쪽 무대로 옮겨와야 음악 공연이 시작될 터

인데 도무지 끝날 기미가 보이지 않는다. 밤 10시. 결국, 공연 관람을 포기하고 숙소로 돌아왔다.

영화제를 관람한 한의사 이기웅(햇님쉼터 한의원)님에 따르면, 영화 수준은 별 볼 일 없는 데다가 무슨 인사 말씀은 그리 많은지 알맹이 없는 속 빈 강정이었다고 한다. 그도 결국 밤 10시 30분에 돌아왔다고. 정작 음악 공연은 밤 11시 넘어 한밤중인 1시까지도 계속되고 있었는데, 숙소에서도 그 음악 소리가 크게 들려 안면을 방해하는 소음이 되고 있었다.

2012년 7월 8일(일요일) –제11일

잔지바르에서 가장 잘 알려진 해변인 능귀 비치(Nungwi Beach)로 이동했다.

지상 최고의 해변이라는 수식어가 부끄럽지 않을 정도의 새하얀 백사장에는 고급 리조트에서부터 저렴한 방갈로까지 휴양을 위해 잘 준비되어 있었지만 사람이 거의 없다. 지금이 겨울이어서 한가롭기 그지없지만 조금만 지나면 수상 레포츠를 즐기는 관광객들로 넘쳐날 것이다.

능귀 비치 구석구석을 다니며 다채로운 모습을 카메라에 담았다. 특히, 해넘이

사진은 인상적이어서 향후 내 포토북을 화려하게 장식할 수 있었다.

2012년 7월 9일(월요일) -제12일

오전에는 잔지바르의 정취와 맛을 즐기는 스파이스 투어(Spice Tour)를 했다. 잔지바르가 세계적인 향료 생산지였던 만큼 잘 가꾸어진 농장을 방문하여 신기한 과일과 향신료 나무들을 볼 수 있었는데, 실로 그것들은 숲 속의 보물이라 해도 과언이 아닐 것이다. 오후에는 고속 페리 편으로 2시간 걸려 다르에스살람으로 돌아와 느긋한 하루를 보냈다.

2012년 7월 10일(화요일) -제13일

며칠 전에 방문했던 어시장(Fish Market)을 다시 찾았는데(08:30~10:30), 예전보다 사람들이 덜 붐비고, 거래도 뜸하고 한산하다. 바닷물도 많이 올라와 모래사장이 거의 보이지 않을 정도이다. 이상하다! 그때는 왜 그렇게 붐볐지?

오후 1시. 잠비아 루사카(Lusaka)로 이동하기 위해 낡은 버스로 30여 분 걸려 기차역에 도착하니 3시 출발 예정이지만 의외로 사람들이 거의 없다. 길잡이 K3가 급히 알아보고 오더니 낙담 섞인 한마디를 던진다. 잠비아 쪽에서 탈선사고 때문에 탄자니아로 올라오는 기차가 이르면 내일 낮에, 늦으면 밤에 도착한단다. 어쩔 수 없이 숙소(Econo Lodge Hotel)로 다시 돌아오니 우리 일행을 수용할 객실이 상당히 부족하다. 누군가 양보하여 다른 숙소로 옮겨야 하는데 누구 선뜻 쉽게 양보하겠다 현 숙소에서 제법 걸어가야 하고, 호텔에서 호스텔로 옮기는 것 때문이다. 대학교수팀은 11명이란 기득권을 내세우며 분리될 기미가 전혀 없고, 부부팀 역시 마찬가지고……. 결국 내가 손을 들어 나가겠다고 하자 젊은 친구 몇 명과 양식있는 사람들이 따라 나선다.

YMCA 다르에스살람 Hostel은 의외로 괜찮은 숙소이다. 여기가 Muslim 지역이라 맥주 마시기가 쉽지 않은데, 여러 종류의 맥주를 저렴(2,000실링)하게 마실 수 있는 것과 식비(3,600실링)에 비해 식사 질이 훌륭하다는 것이다. 물론 호텔보다 안락하지 못한 잠자리지만 다른 쪽에서 보상받은 셈이다. 내일은 제대로 출발할 수 있을까? 길잡이 K3에 따르면 잠비아(Zambia) 루사카까지 2박 3일은 기본, 3박 4일도 예사고, 심지어 얼마나 걸릴지도 모른단다. 그래! 여기는 아프리카니까! 다르에스살람에서 주 2회(화, 금) 출발하는데 그나마 화요일 기차가 빠르단다. 앞으로 얼마나 걸릴지, 어떻게 될지는 아무도 모른다. 이것이 아프리카 여행의 매력이라고 하니, 이걸 어떻게 해석해야 할까?

2012년 7월 11일(수요일) –제14일

아침 식사 때 탄자니아 교민 송광주님을 만났다. 아프리카 여행 중 어려운 일이 있으면 연락하라고 전화번호(+255 783 541 815)를 주며, 튀는 행동을 자제하고 소지품 주의할 것을 당부하며 특히 말라리아에 유의하라고 한다. 말라리아 증세는 목이 뻣뻣하고, 머리가 아프고 열나며, 관절이 마비되고, 구토, 설사 순으로 진행된다고 하는데 스트레스받지 말고 즐겁게, 건강하게 여행하면 말라리아모기에 물리더라도 문제없다며 '즐기라(Enjoy)'고 조언한다. 편히 쉬고, 과일 많이 먹고, 물 많이 마시면 된다고…….오후 1시. 다르에스살람 기차역으로 다시 왔다. 언제 떠날지 모르는 기차를 기다리며 하염없이 역에서 기다리고 있는데, 마침내 오후 6시에 출

발한단다. 원래 어제 오후 3시에 출발 예정이었으나 만 하루 이상을 연착한 것이다. 4인실 Sleeper에서 2박 3일간 1,860km의 긴 여정(Tanzania–Zambia)이 시작되었다. (해발고도 DSM 36m, Mbeya 1,667m, Mpika 1,327m, New Kapiri Mposhi 1,275m) 이 구간은 야생동물이 많이 사는 국립공원을 가로지르기 때문에 창밖으로 동물들을 직접 볼 수 있다고 하는데 겨울이라 그런지 한 번도 야생동물을 볼 수 없었다.

2012년 7월 12일(목요일) –제15일

밤 12시경 잠비아 국경에 기차가 멈춰 섰다. 탄자니아 출국 Stamp를 받고 곧이어 잠비아측 환전상들이 몰려왔다. 100달러 환전을 높은 환율로 받기에 compartment 4명의 돈을 모아 백 달러를 환전(1$=4,800ZMK)했다.

48만 콰차(Kwacha)를 받아야 하는데, 잠도 덜 깨고 처음 보는 잠비아 돈 개념도 부족해 주는 대로 받고 뒤에 세어보니 407,500콰차로 72,500콰차(15$)가 빈다. 환전상은 이미 도망가 버리고, 얼렁뚱땅 15$나 떼어 먹힌 것이다. 아루사(Arusha)에서의 환전 사기가 남의 일이려니 생각했었는데 내가 직접 당하고 보니 창피하기도 하고 어이가 없다.

잠비아에서는 시차가 한국과 –7시간이다. 지금까지 케냐, 탄자니아에서 시차가 –6시간이었기에 시곗바늘을 한 시간 뒤로 돌렸다.

2012년 7월 13일(금요일) –제16일

만 이틀간의 긴 여정 끝에 오후 6시 30분 카피리 음포시(Kapiri Mposhi)역에 도착했다. 다시 버스를 타고 3시간 여를 달려 잠비아의 수도 루사카(Lusaka)에 도착. 숙소를 찾아 들어가니 밤 11시. 6인실 도미토리에 짐을 풀고, 모처럼 따뜻한 물로 샤워 후 Bar에서 잠비아 맥주 1병으로 칼칼한 목을 축였다.

2012년 7월 14일(토요일) –제17일

잠베지(Zambezi) 강에서 붙여진 국명이 잠비아(Zambia).

잠비아는 광물자원이 풍부하며, 특히 구리의 생산은 세계적 규모라고 한다. 아침 8시. 버스터미널로 이동, 9시 출발하는 리빙스톤(Livingstone)행 버스에 몸을 실었다. 6시간여 걸려 리빙스톤에 도착하자마자 빅토리아 폭포(잠비아 쪽) 투어에 나섰다. 아프리카 남부 잠비아와 짐바브웨 국경을 가르며 인도양으로 흘러가는 잠베지 강 중류에는 폭 1,676m, 최대낙차 108m로 세계에서 가장 긴 빅토리아 폭포(Victoria Falls)가 있다. 멀리서는 치솟는 물보라만 보이고 굉음 밖에 들리지 않기 때문에 원주민인 콜로로 족은 '천둥 치는 연기'라는 뜻의 '모시오아 툰야(Mosioa Tunya)'라고 불렀다. 그래서 잠비아 쪽은 '모시오아 툰야' 국립공원이라고 부르고, 짐바브웨 쪽에서는 '빅토리아' 국립공원으로 부른다.

빅토리아 폭포는 그 규모가 엄청나기 때문에 어느 전망대에서도 폭포 전체 모습을 감상할 수 없어, 경비행기를 이용해야 하늘에서 제대로 볼 수 있다. 1시간여 잠비아 쪽에서 폭포를 둘러보는데, 물보라가 얼마나 심한지 완전히 물에 빠진 생쥐 모습이었고 정상적인 폭포 사진을 찍는데도 애로사항이 많았다.

오후 6시 30분. 짐바브웨(Zimbabwe) 국경을 통과(비자Fee 30$)하여 'Shoestring(신발끈)'이란 도미토리에 여장을 풀었다. 이곳은 늦게까지 춤과 음악이 있는 곳이라, 시끌벅적한 분위기에 젖어 맘껏 맥주를 마시며 아프리카 여행을 무사히 이어가고

있는 나 자신을 자축하는 밤을 보냈다.

2012년 7월 15일(일요일) –제18일

아침 일찍 짐바브웨 쪽 빅토리아 폭포 탐방에 나섰다. 먼저 잠베지(Zambezi) 강에 놓인 철교 쪽에서 빅토리아 폭포 모습을 촬영했는데 여기는 번지 점프로 유명한 곳이기도 하다. 국립공원 입장료를 내고 폭포에 다가서니 잠비아 쪽에서 느껴보지 못한 색다른 웅장함에 계속 카메라 셔터만 눌러대었다. Devil's Cataract, Main Falls, Horseshoe Falls, Rainbow Cataract, Armchair Falls, Eastern Cataract 의 6개 부문으로 폭포가 나누어져 있고 각각의 View Point가 설치되어 있어 관광객의 편의를 도모하고 있었는데, 빅토리아 폭포는 1989년 유네스코 세계 자연유산으로 지정되었다.

빅토리아 폭포는 보름달 밤, 달빛으로 무지개가 걸린다고 해서 다소 색다른 체험을 하고 싶어하는 여행객들은 날짜를 맞춰 야간에 폭포를 감상하기도 한다. 작년 여름 나이아가라 폭포를 둘러보았고, 오늘 빅토리아 폭포를 경험했으니 이제 남은 것은 이과수(Iguacu) 폭포[브라질과 아르헨티나 국경] 탐방이다. 세계 3대 폭포를 둘러보는 내 오랜 꿈도 이과수 폭포 하나로 좁혀지고 있다.

2012년 7월 16일(월요일) –제19일

아침 8시. 보츠와나(Botswana) 마운(Maun)으로 향했다. 9시 30분 짐바브웨 국경을 통과, 그런데 보츠와나는 방역에 상당히 신경을 쓴다. 신발 방역은 기본이고 과일 등의 반입도 금지되어 있었다. 오카방고(Okavango) 델타(Delta) 투어 시 자국 내에서도 경계 지역에는 신발 방역을 실시하는 등 세심한 관리를 하고 있었다.

보츠와나는 다이아몬드 생산지로서 풍요로운 경제력을 가진 나라이다. (인구 2백만 명, 1인당 GDP 17,000$로 아프리카에서는 선진국, 1$=7.4 풀라/ Pula) 남서부에는 건조한 칼

라하리 사막이 펼쳐지지만, 북부는 동식물의 낙원이라는 오카방고 델타와 초베(Chobe) 국립공원이 있어 자연 혜택도 풍족하다.

출발 후 11시간 소요된 밤 7시 마운 아우디(Audi) 캠프에 여장을 풀었다.

2012년 7월 17일(화요일) –제20일

오카방고 델타 1Day Tour(106$)를 했다.

사실 오카방고 삼각주 지대는 워낙 광대해(면적 15,000km², 400종 이상 야생동물이 서식) 오늘은 살짝 맛보기만 하는 것이다. Mokoro라는 쪽배를 이용, 2인 한 조가 되어 삼각주 초입에서 몇 시간 구경하고 돌아오는 투어라서, Western처럼 며칠씩 이동하며 자연을 느끼는 투어와는 질적으로 비교되지 않는다. 길이 1,430km의 오카방고 강의 수원(水源)은 앙골라 산속에 있는데 보츠와나에 들어가면 칼라하리 사막에 흡입되어 내륙 델타를 형성, 바다로 나가지 않는 강이다.

저녁이 되어 모처럼 바비큐와 맥주 파티를 벌였는데, 각자 지금까지 남은 고추장 등 비장의 무기들을 내놓으며 화기애애한 친목의 시간을 가졌다.

2012년 7월 18일(수요일) –제21일

오늘은 나미비아(Namibia)의 수도 빈툭(Windhoek)까지 800km를 달려가야 한다. 아침 8시에 출발, 오후 6시 20분 빈툭에 도착하니 Winter Time제 때문에 보츠와나보다 1시간 앞당겨진다.

현대적 시가지와 깨끗한 거리, 그러나 치안에 문제가 있었다. 저녁 7시만 넘으면 거의 인적이 끊기고 부유한 집에서는 경비원과 Electric Fence에 의지해 외출을 삼가는, 어쩌면 낮에는 천국, 밤에는 지옥으로 바뀌는 것이다.

빈툭은 나미비아 중앙부 건조한 고원지대에 위치하며 기후도 좋은데, 1892년 독일령 남서아프리카의 수도가 되었고 1차 세계대전 중에는 남아프리카공화국군에 점령되어 전후 위임통치령의 행정 중심지가 된 곳이다.

나미비아는 영토의 대부분이 사막이며, 세계 3위의 다이아몬드 생산국이지만 남아프리카공화국의 수탈로 인해 경제가 피폐하였고 독립한 뒤에도 남아공에 대한 종속이 별로 개선되고 있지 않다고 한다. (1$=7.9 NAD/ 나미비아 달러, 남아공 랜드/Rand와는 1:1로 교환됨)

시내 중심가의 도미토리에 숙소를 정했는데, 한 방에 이층 침대가 5개인 10인실에서 이틀을 지내게 되었다.

2012년 7월 19일(목요일) –제22일

느긋하게 빈툭 시내를 돌아다녔다. 독일인에 의해 건설된, 오래된 요새 알테 페스테(Alte Feste)는 현재 박물관으로 쓰이고 있었고, 독일 루터교회인 그리스도 교회(Christuskirche)도 인상적이었다.

원주민 중 기독교 선교사가 들어 왔을 때 교화(敎化)된 이를 헤레로(Herero), 교화

되지 않은 이를 힘바(Himba)라 부른다. 헤레로는 빅토리아풍 의상에 사각형의 천을 덮은 모자를 쓰는데 시내 은행에서 환전하면서 한 헤레로 여인이 보이기에 촬영 양해를 구했더니 나름 우아한 포즈를 취해 주었다.

힘바는 주로 반라(半裸)에 황적색 흙을 몸에 바르고 있는데, 기념품을 파는 힘바를 찍으려 하니 돈을 요구한다. 아니면 기념품을 사라고 하며 자기 몸을 장사에 최대한 활용하기에 사진으로 남기지는 않았다.

2012년 7월 20일(금요일) -제23일

나미비아라면 역시 사막이다. 그중에서도 넓이 23,000km²를 자랑하는 Namib-Naukluft Park은 세계에서 가장 오래된 사막 중 하나이다. 300m나 되는 높이를 지닌 세계 최대의 모래 언덕(Dune)들이 잇달아 이어지는 모습은 실로 장관이다. 소수스브레이(Sossusvlei)의 기지

가 되는 곳은 세스림(Sesriem)인데 Dune 45는 세스림에서 45km 떨어진 곳에 있어 붙여진 이름이고, 그림엽서에 자주 등장하는 아름다운 사구이며 일출을 보는 장소로 유명하다.

세스림 캠프에서 쏟아지는 별빛 아래 캠핑을 했는데, 자칼이 텐트 주변을 어슬렁거리며 음식 찌꺼기를 주워 먹기도 하고 때로는 날카로운 소리로 밤공기를 가르기도 해서 늦은 밤까지 쭈뼛쭈뼛하게 만들었다.

2012년 7월 21일(토요일) -제24일

새벽부터 Dune 45 투어에 나섰다. 주로 붉은색으로 표현되는 모래 언덕은 시시각각 색깔을 달리했고, 빛의 가감에 따라 오묘한 색으로 변하곤 했다. 새벽 공기는 싸늘했고 코끝이 찡할 정도였는데, 시간이 지날수록 온도가 높아져 사막의 밤과 낮 기온 차를 실감할 수 있었다. 사막의 무늬는 바람이 만든 예술품으로, 빨갛고 하얗게 색이 바뀌는 이유는 모래의 무게 차이 때문이라고 한다.

과거 물이 흘렀던 곳으로 메마른 호수가 되어 버린 데드브레이(Deadvlei)에서는 황량함이 무엇인지를 제대로 보여주고 있었고, 빗물에 의해 생긴 웅덩이는 마치

오아시스처럼 아름다운 사구를 물빛에 반사하고 있었다.

오후 1시. 스와콥문트(Swakopmund)로 이동했다. 끝없는 사막과 황무지를 5시간 30분이나 달려 오후 6시 40분 드디어 무사히 도착.

도중에 승합차 짐칸(캐리어)이 떨어져 나가는 어처구니없는 일과 또 다른 승합차는 앞바퀴가 터져 버리는 황당한 일을 겪은 뒤, 어떻게 잘 수습하여 사막에서 잘 빠져나왔기에 '드디어'란 표현을 쓴 것이다. 자칫 큰 사고로 이어질 수 있었는데 천만다행이었다. 그래서 '무사히'란 표현도…….

스와콥 강 하구에 위치한 나미비아 제2의 도시이자, 여행객에게는 나미브 사막(Namib Desert)으로 가는 기점 도시인 스와콥문트는 독일의 작은 도시를 통째로 옮겨 놓은 듯하다. 독일 식민지 시절 빈툭보다 2년 뒤인 1892년 독일령 남서아프리카의 주요 항구로 건설되었고, 빈툭과 철도로 연결되어 식민지 통치와 수탈의 양대 축으로 발전한 곳이다.

오늘의 숙소는 백패커즈 도미토리(4인실)인데, 근사한 Bar가 있어 독일 생맥주 Hansa Draught Beer(1잔 15N$)를 마음껏 마실 수 있었다.

2012년 7월 22일(일요일) -제25일

스와콥문트는 도시 자체가 대서양을 따라 만들어진 해변 휴양도시이다.

도로에는 야자수가 늘어서 있고 해변을 향해 뻗어 있다. 조그만 도심은 금방 휙 둘러볼 정도인데, 백인이 대부분이고 흑인은 백인을 위한 부속품처럼 보였다. 천천히 느긋하게 해변을 따라 걸으며 모처럼 사색에 빠져본다. 여기도 반라의 힘바(Himba)가 가슴을 내어 놓고 기념품을 팔고 있는데, 사진을 찍으려면 기념품을 사던지 돈을 내놓으란다. 돈 주고 촬영한 그녀의 모습은 순수하지 않은 분위기가 느껴질 것 같아 포기했다.

여기 대형 슈퍼마켓 주류 매장은 주말에는 술을 팔지 않는다. 저녁에는, 내가 혼자이다 보니 부부나 그룹인 팀원들에게 얹혀서 식사한 경우가 많아 미안함과 고

마음의 표시로 숙소 Bar에서 생맥주를 한잔 대접하니, 가는 정(情)이 있으면 오는 정(情)도 있는 법. 답례로 또 다량의 생맥주가 돌아온다. 모처럼 거나하고 기분 좋게 취해 화기애애한 밤이 깊어갔다.

2012년 7월 23일(월요일) –제26일

빈툭은행에서 나미비아 달러를 남아공 랜드(Rand)로 바꾸는데, 수수료 없이 1:1로 환전해 준다. 이틀에 걸쳐 남아프리카공화국 케이프타운(Cape town)으로 떠난다. 아침 10시 30분 스와콥문트를 떠나 오후 3시 20분 빈툭 도착. 국제 버스로 오후 5시 30분 빈툭 출발, 다음날 오후 케이프타운 도착 여정이다.

2012년 7월 24일(화요일) –제27일

깊은 밤 오전 3시. 나미비아 국경 도착, 출국 수속 후 남아프리카공화국(South Africa) 입국은 (1) 입국심사 (2) 세관 (3) 경찰. 3단계 입국 절차를 걸친다. 나미비아 Winter Time(오전 4시)은 끝나고 다시 1시간 빨라져 남아공시각 오전 5시이다. 오후 2시 40분. 마침내 케이프타운에 도착했다.

케냐 나이로비에서 시작하여 남아공 케이프타운까지, 7개국을 26일 만에 주파하였으니 가히 '주마간산, 수박 겉핥기'라고 표현해도 무방할 것이다.

케이프타운은 영국 BBC 선정 '죽기 전에 꼭 봐야 할 5곳' 중의 한 곳이라고 하며 세계에서 가장 아름다운 해안선을 가진 곳이라고 한다.

이번 배낭여행 최고의 숙소인 Ritz Hotel에 여장을 풀고, 혼자 3 Anchor Bay를 지나 Mouille Point(Lighthouse)를 거쳐 그 유명한 V&A 워터프론트(Water Front)를 둘러보았다. 책에는 '유럽에 온 착각이 들 정도로 이름다운 미항'이라며 호들갑을 떨고 소개하고 있지만 내가 느끼기에는 그 정도까지는 아닌 것 같다.

세계 7대 자연경관 중 하나이자 남아프리카공화국의 상징. 해발 1,087m 높이로 정상 부분이 테이블처럼 평평하다고 해서 붙여진 이름의 테이블 마운틴(Table Mountain)은 8월 6일까지 케이블카(360도 회전) 운행이 중지되어 올라갈 수 없었는데,

좋은 사진 남길 기회를 잃어 정말 아쉬웠다.

아프리카 최남단의 케이프타운은 온대의 지중해성 기후로 겨울에도 날씨가 온화하고, 유럽식 건물과 현대식 고층건물이 어우러진 이국적 분위기를 풍겨 많은 관광객으로부터 인기를 얻고 있는 곳이다.

리츠호텔 21층에는 Revolving Restaurant이 있어 식당이 회전하게 되어 있는데 배낭여행객 형편에 호사스럽게 식사할 수는 없고, 그 바로 아래 Bar에서 맥주만 마시며 케이프타운의 야경을 즐겼다.

2012년 7월 25일(수요일) –제28일

희망봉(Cape of Good hope)과 케이프(Cape)반도 투어(130 Rand)를 했다. 희망봉은 케이프타운에서 남쪽으로 약 50km 떨어진 곳에 있는, 아프리카대륙 최남단 케이프반도의 맨 끝이다.

1488년 포르투갈 항해자 '바르톨로메우 디아스'가 발견해 당시에는 '폭풍의 곶(Cape of Storms)'으로 불렸고, 1497년 '바스코다가마'가 이 곶을 통과하여 인도로 가는 항로를 개척한 데서 연유하여 '희망의 곶'이라고 개칭하였다고 한다. Look out point 전망대에서는 반도의 최남단인 Cape point가 내려다보였다. 케이프반도 남

단부는 자연보호지구(1939)로 지정되어 많은 동식물이 보호하고 있었다. 아프리칸 투어 가이드에 따르면, 희망봉이 오늘처럼 이렇게 쾌청한 적은 거의 없다고 하며 당신들은 복 받은 것 같다고 축하해 주었다. 물개(Seal)섬 투어도 인상적이었고, 타조농장도 방문하여 망중한을 즐기기도 했다.

아프리카에도 펭귄이 있다. 볼더스 비치(Boulders Beach)에서는 남아공에서만 서식한다는 자카스 펭귄(Jackass Penguin)들이 떼를 지어 몰려 있는 모습을 카메라에 담을 수 있었다.

리츠 호텔에서의 아프리카 마지막 밤. 한 달 동안 정겹게 지내던 사람들과 조촐한 파티를 열었다. 케냐에서부터 남아공까지 4주간의 여정이 주마등처럼 스쳐 지나갔다.

2012년 7월 26일(목요일) –제29일

오전에 걸어서 케이프타운 중심부를 이리저리 어슬렁거렸다. 시청, 시의회, 기차역, 버스터미널을 거쳐 오래된 고성(Castle of Good Hope)을 탐방했다. 성루에서 케이프타운 여기저기를 카메라에 담고, 다시 워터프론트를 돌아보고는 Cape Town Stadium 옆 해변을 따라 리츠 호텔로 돌아왔다.

공항에서 우리 배낭여행팀을 위해 애써준 길벗 K3(김찬유)와 아쉬운 작별을 했다. 그는 바로 다음 여행팀을 인솔하기 위해 케냐 나이로비로 다시 돌아가야 한다.

오후 6시 50분 QR 583편은 케이프타운을 출발, 요하네스버그에 도착. 승객을 태운 뒤 다시 카타르(Qatar) 도하(Doha) 향발(向發) 다음 날 아침 6시에 착륙했다.

2012년 7월 27일(금요일) –제30일

도하 국제공항에서 카타르 비자(비자 Fee=100 카타르 리얄(약 30$, 신용카드 결제)를 받고 공항 대합실로 나오니, 오늘 1Day Qatar Tour(US 85$)를 위한 가이드 송병건 님이 대기하고 있었다. 지긋한 나이의 그는 도하 게스트하우스'한강'(전화+44184116 모바일+55216836 http://www.dohahouse.co.kr)을 운영하고 있는 분으로, 그분 덕분에 점심은 그의 게스트하우스에서 푸짐한 한식으로, 저녁은 인도 레스토랑에서 만족스러운 식사와 투어를 즐길 수 있었다. 사실 금요일은 무슬림 휴일이고 또 라마단(Ramadan) 기간(2012.7.20~8.20)이라 혼자 다녔으면 여러 애로사항이 많았을 것인데 덕분에 효율적으로 여행할 수 있었다.

이색적인 카타르 해변, 도하 내에서는 The Pearl–Qatar, Katara Beach, Doha City Center Mall, 도하 전통시장 등에서 알찬 시간을 보냈다.

2012년 7월 28일(토요일) –제31일

한밤중인 1시 55분 QR 882편으로 카타르 도하를 출발하여 오후 4시 30분 인천국제공항에 도착했다. 한 달 동안 동고동락한 팀원들과 재회를 약속하며 그리운 가족이 기다리고 있는 집으로 발걸음을 돌렸다.

EPILOGUE

이번 배낭여행은 아프리카 유명 관광지 위주로 다녔기에 아프리카 원주민의 진면목을 볼 수는 없었다. 애초부터 단체 배낭여행의 한계가 있었기에 이를 감수하고 넘어가야 할 부분이기도 하다. 나름대로는 현지인들과 대화하며 그들의 진솔한 모습을 카메라에 담기 위해 많이 노력했다고 자부한다. 다음 아프리카 배낭여행에서는 킬리만자로 산행을 포함하여 혼자만의 아프리카를 느끼고 싶다. 사실 아프리카를 혼자 여행한다는 것은 그리 쉬운 일이 아니지만…….

도시에서는 온갖 종류의 음식뿐만 아니라 생필품을 구하기도 쉽지만 조금만 시골로 들어가면 아마 모든 편의를 포기해야 될지 모른다. 우리가 근대화되기 전에 그랬듯이 대다수 아프리카인들은 급하지 않았다. 예를 들어 아프리카 교통은 어떠한가? 예외는 있지만 대개 정해진 출발시각은 소용없다. 사람을 다 채워야 출발하므로, 버스 안에 우두커니 앉아 한두 시간 정도 기다리는 것은 기본. 가끔 염소나 닭, 그리고 엄청난 짐을 갖고 탄 사람들로 인해 혼잡하기 그지없다. 그런데 이들은 몇 시간을 기다려도 '아쿠나 마타타(AKUNA MATATA)'다. '아쿠나 마타타'는 스와힐리어로 '괜찮아'라는 뜻이다. 그리고, 또 이들은 '폴레 폴레(POLLE

POLLE)'를 자주 쓴다. '천천히 천천히'란 뜻이다.

탄자니아 잔지바르 섬은 아프리카를 여행하다 열악한 환경에 지친 여행객들이 '폴레 폴레' 쉴 수 있고 세상만사 '아쿠나 마타타' 할 수 있는 휴식의 섬이자 가히 지상낙원이라고도 할 수 있다.

한국에 살고있는 우리 역시 마음속에 그런 섬을 가져야 하지 않을까?

한 달간 동행한 한의사 이기웅님의 '어설픔'처럼 좀 어설프게, 느리게 살면 어떨까? 세상은 조금 어설퍼도 느슨해도 살아진다. 권규학 시인의 詩처럼 '지는 것도 인생'이기에……. 문제를 바로 알아야 제대로 된 답도 나온다. 타인이 아닌 나부터, 지금부터 한번 어설프게, 느리게 –'폴레 폴레' 살아볼 일이다.

아마 괜찮겠지! '아쿠나 마타타.'

MES SQUARE
NYC
IMPORTED FROM DETROIT
ON BROADWAY
MOTOWN
THE MUSICAL
YSLER 300 MOTOWN EDITION
Motow TheMusical.com
Avenue Q
PIPPIN
THE BROADWAY MUSICAL
STOCK INDICES
DJIA
Morgan Stanley
CNN
57°
Roxy
DELICATESSEN
Reese's

북아메리카

2개국 16개소

(2011.6.28~7.16)

캐나다/미국

북아메리카 I

(2011.6.28-7.16)

캐나다 · 미국

사실 나는 미국인을 별로 좋아하지 않는다. 그들의 패권주의, 오만함과 무례함 등등. 그럼에도 미국행을 택한 것은 어차피 한두 번은 가봐야 할 곳이고, 캐나다 몬트리올로 가기 위한 저렴한 항공권을 물색하다 보니 아메리칸항공(AA) 뉴욕 In-Out을 택하게 된 것이다.

이번 배낭여행의 주 목적은 3년 전 미얀마 배낭여행지에서 만났던 마크(Marc)를 몬트리올에서 다시 만나기 위함이고, 나이아가라 폭포를 보기 위함이었다. 내게 있어 배낭여행은 뭔가 새로운 것과의 만남이자, 사람과의 만남이다. 여행지에서 좋은 사람들을 만나기가 쉽지 않은 법인데, 역시 마크(Marc)는 좋은 사람이었다.

이제 지난 배낭여행 여정에 대한 이야기 보따리를 풀어본다.

2011년 6월 28일(화요일) -제1일

일본항공(JL 954)편으로 13:35 인천공항을 출발하여 15:55 도쿄 나리타 공항에 도착, 2시간 정도 공항에서 대기 후 17:50 아메리칸항공(AA 168)을 통해 뉴욕으로 날아갔다.

AA 168편 기내에서는 뚱뚱한 아줌마 승무원들이 그리 친절하지 않은 서비스를 제공한다. 특히 맥주는 6$ 유료이기에 어쩔 수 없이 13시간 비행 동안 간을 위해

노스웨스트 준주
허드슨 만
캐나다
앨버타
매니토바
에드먼턴
Edmonton
서스캐처원
뉴펀들랜드 래브라도
캘거리
Calgary
온타리오
퀘벡
위니펙
Winnipeg
밴쿠버
Vancouver
세인트 로렌스 만
워싱턴
몬태나
노스다코타
미네소타
몬트리올
Montréal
뉴브런즈윅
프린스 에드워드 아일랜드
노바스코샤
사우스 다코타
위스콘신
메인
오리건
아이다호
와이오밍
미시간
버몬트
뉴욕
뉴햄프셔
시카고
Chicago
아이오와
네브래스카
일리노이
펜실베이니아
오하이오
로드 아일랜드
네바다
유타
콜로라도
미국
캔자스
미주리
웨스트 버지니아
필라델피아
Philadelphia
코네티컷
캘리포니아
켄터키
버지니아
뉴저지
라스베이거스
Las Vegas
로스앤젤레스
Los Angeles
오클라호마
테네시
노스 캐롤라이나
델라웨어
애리조나
아칸소
메릴랜드
뉴멕시코
댈러스
Dallas
미시시피
사우스 캐롤라이나
워싱턴 DC
피닉스
Phoenix
샌디에고
San Diego
앨라배마
조지아
텍사스
루이지애나
샌안토니오
San Antonio
휴스턴
Houston
플로리다
코르테스 해
몬테레이
Monterrey
멕시코 만
캐나다/미국 동부

모처럼 금주하게 되었으니 이런 걸 전화위복이라고 해야 할까?

뉴욕 JFK공항에 도착하니 17:50. 비행시간 13시간과 시차 13시간이 맞물려 동일한 시간을 살 수 있는 여행의 묘한 매력을 느낀다.

공항 앞에서 NY Express Bus(공항버스)를 이용하려는데 안내표시판도 없고 버스도 오질않아 길 건너편에서 시내의 호텔까지 이동하는 Shuttle Bus(18.5$)를 타고 펜(Penn)역까지 들어오는데, 내 아내가 타고 다니는 포드 이스케이프(Escape)가 이곳 뉴욕에서는 SUV형 노란택시(Yellow Cab)의 대부분을 차지하고 있음을 보고 포드(Ford)의 본고장 미국에 왔음을 실감했다.

펜역에서 걸어서 첼시(Chelsea)호스텔을 찾아 왔으나 4인실 제일 싼 침대가 65$나 하기에 너무 비싸서 숙박을 포기하고 가이드북에 나와 있는 Hostelling International NY을 찾아 지하철(C선/ 2.5$)을 이용하여 103번가 역에 내려 Check-in을 시도했으나 침대가 없단다. 근처 호스텔을 뒤져보아도 여유 침대가 없어 어쩔 수 없이 다시 첼시(Chelsea)호스텔로 되돌아와 투숙을 결정했다. (1박 65$ X 3일+Key보증금 10$)

여기는 맨해튼(Manhattan) 첼시지구에 위치해 있어 관광과 이동에 편리한 곳이라 비싼 숙박비도 감수할만하다. 그리고 가이드북 자료는 단지 참고일 뿐 실제 현지 정보와 커다란 차이를 보여 너무 믿어서는 안 된다. 근처 대형 편의점에서 물과 맥주를 샀는데 Self Check-out System이라 계산대에서 물건 바코드를 찍고 현금이나 카드로 계산하는 방식이다. 어떻게든 인력을 줄이려는 눈물겨운 의도가 미국답다.

2011년 6월 29일(수요일) –제2일

아침 일찍부터 뉴욕(New York) 탐방에 나섰다. 맨해튼의 미드타운(Midtown)은 미국 문화의 중심지라해도 과언이 아니다. 뉴욕의 대명사인 5번가(Fifth Avenue)를 중심으로 미드타운 이스트(East)에는 타임스 스퀘어와 록펠러 센터, 뮤지컬의 메카인 브로드웨이(Broadway), 현대미술관 등이 있다.

높이 381m, 102층의 엠파이어 스테이트 빌딩(Empire State Building)은 또 다른 미국의 상징이다. 86층 전망대(22$)에서는 뉴욕 전체가 한눈에 내려다보여 다들 사진 찍기에 분주한데 한 아가씨만 스케치를 하고 있는 모습이 이채로웠다.

'뉴욕 타임스'의 사옥이 있었기에 붙여진 이름인 타임스 스퀘어(Times Square) 주변에는 수많은 뮤지컬 극장과 영화관, 상품 매장, 바(Bar) 등이 있어 언제나 사람들로 넘쳐난다.

맨해튼 최남단지역인 로어(Lower) 맨해튼의 최대 볼거리는 역시 자유의 여신상이다. 이 밖에도 마천루의 대협곡을 이루는 금융가(월 스트리트, 증권거래소, 세계금융센터 등)와 시청을 비롯한 고풍스러운 건물들도 있었다.

배터리 파크(Battery Park)에서 출발하는 페리 편(13$)으로 자유의 여신상(Statue of

Liberty)을 둘러볼 수 있었는데, 이 여신상은 1886년 미국독립 100주년을 기념하여 프랑스에서 기증했으며 높이는 92m, 검지의 길이만도 2.4m나 되는데 프랑스의 조각가 바르톨디가 자신의 어머니를 모델로 만들었다고 한다.

2001년 9월 11일 테러로 인해 붕괴된 세계무역센터 자리 건너편에는 Ground Zero Memorial이 있어 많은 추모객과 관광객들로 넘쳐나고 있었다. (911테러 당시 나는 프랑스 파리에서 배낭여행 중이었는데 세계무역센터와 펜타곤 테러사실을 CNN으로 확인했었고, 9월 15일 런던에서 귀국시에는 테러에 따른 엄격한 보안때문에 1시간 30분이나 항공기 출발이 지연되었던 기억이 있다)

제17부두(Pier 17) 주변에는 Fish Market도 있고, Food Court도 있어 브루클린 다리를 배경으로 멋진 풍경과 식도락을 즐길 수 있는 곳이었다.

저녁에 숙소에서 뉴욕 맥주인 Brooklyn Lager Beer(6병, 8.99$)를 마셨는데 맛이 썩 좋지는 않았다. 미국에서는 버드와이저(6병, 6.99$)가 저렴하고 대중적인 맥주여서 여행 내내 마셨다. (1Bottle Deposit 0.05$, TAX 8.875%)

2011년 6월 30일(목요일) –제3일

펜역(Pennsylvania Station)에서 내일 아침 07:15 나이아가라 폭포여행 기차표 예매를 시도하였으나 토요일 오후만 가능하다기에 어쩔 수 없이 버스터미널(Port Authority)

로 가서 Ticket을 발권(7.1/ AM 11:45 출발 PM 10:00 도착)하였는데 눈이 나쁜 흑인 할머니가 내가 학생처럼 보였는지 학생 할인표(15% 할인, 편도 67$)를 끊어준다.

이 나이에 학생 할인이라니! 두 달 전 처음으로 머리 염색한 것이 그렇게까지 젊게 보였던 걸까?타임스 스퀘어를 다시 돌아보고, 55St 6Ave에 위치한 'LOVE' 간판을 찾았는데 이 조각상(3.66m, 1966년)은 미국의 팝 아티스트 Robert Indiana가 만

든 것이라고 한다. (2010년 3월 31일 일본 배낭여행 중 도쿄 신주쿠에서 이' LOVE' 간판을 찍은 적이 있었는데 뉴욕이 원조인 줄은 처음 알았다. 열흘 뒤 필라델피아에서도 이것보다 규모가 작은 'LOVE' 간판을 찍을 수 있었다.)

뉴욕공립도서관은 워싱턴DC의 국회도서관 다음가는 미국 제2의 도서관이자, 소장 도서가 가장 많은 세계 5대 도서관 중 하나라고 한다. 더운 날씨 탓에 열기도 식힐 겸 3층 열람실에서 1시간 정도 휴식하며 뉴요커들과 공간을 함께 했다.

뉴욕의 관문으로 이용되는 Grand Central역을 지나, 미드타운의 동쪽 이스트 강변의 유엔본부(반기문 사무총장이 한국인이라 더욱 자랑스럽다)를 돌아보고 지하철 A선으로 브루클린 Rockaway Park Beach에 도착, 대서양을 바라보며 해수욕장에서 갈매기 사진을 찍는 등 느긋한 뉴욕에서의 시간과 공간을 즐겼다.

숙소에서 BBQ Grill Chicken 2조각(8$)과 브루클린 맥주로 저녁 식사 겸 적당히 먹었는데 Brooklyn Lager Beer(5.2% ALC)에 있는 정부 경고문을 보면 다음과 같다.

Government Warning:

(1) According to the surgeon general, women should not drink alcoholic beverages during pregnancy because of the risk of birth defects.

(2) Consumption of alcoholic beverages impairs your ability to drive a car or operate machinery, and may cause health problems.

네델란드 수입맥주인 하이네켄(Heineken)에도 위의 정부 경고문은 예외없이 인쇄되어 있었는데, 우리나라의 경우는 어떨까? 우리 경고문은 아래와 같다.

경고: 지나친 음주는 간경화나 간암을 일으키며 운전이나 작업중 사고 발생율을 높입니다. 또한 알코올 중독을 유발할 수 있습니다. (19세미만 청소년에게 판매금지)

2011년 7월 1일(금요일) –제4일

아침 일찍 센트럴 파크(Central Park) 테니스센터를 찾았다. 20여 면의 인조잔디 코트에 회원들은 단식게임만 하고 있었는데 내가 속한 풍년 테니스회원의 평균 수준보다 훨씬 못미치는 초급자 수준이 대부분이었다.

센트럴 파크에서 멀지 않은 곳에 있는 컬럼비아(Columbia)대학교를 방문했다. 1754년 창립한 이 대학은 동북부의 명문대학 모임인 아이비(IVY)리그 8개교[harvard, Princeton, Yale, Columbia, Stanford, Pennsylvania, Dartmouth, Brown, Cornell]중의 하나인데, 하버드와 달리 관광지화 되지 않아 무척 조용하고 아담하였다. (참고로, 2011년 미국 대학순위 [by U.S.News Rank]는 다음과 같다.)

(1)Harvard (2)Princeton (3)Yale (4)Columbia (5)Stanford (6)Pennsylvania (7) Caltech(California Institute of Technology) (8)MIT (9)Dartmouth (10)Duke (11)Chicago (12)Northwestern (13)Johns Hopkins (14)Washington(in St.Louis) (15)Brown (16) Cornell

그레이하운드(Greyhound) 버스로 시라큐스, 로체스터를 거쳐 버팔로에 도착, 다시 버스를 갈아타고 나이가가라 미국폭포 다운타운에 도착하니 밤 10시. 거의 하

루종일 이동한 셈인데 인포(Info)에서 추천해 준 호스텔을 찾아가니 침대 여유가 없다며 친절한 흑인 스탭이 이리저리 연락해본 끝에 겨우 허름한 곳을 소개해 주었다. 늦은 시간 잠잘 공간을 확보하지 못하면 낭패다. 낡은 내부 시설이지만 다행스럽게 10인실 도미토리에 침대 하나를 배정받아(23$) 잠깐 눈만 붙이고는 다음날 이른 아침 나이아가라 폭포 탐방에 나섰다. 배낭여행에서 숙박 해결이 제일 큰 문제이고, 그다음이 원활한 교통편 확보라고 생각하는데 아직까지는 별문제 없이 잘 다니고 있는 편이다.

2011년 7월 2일(토요일) –제5일

매년 1,400만명이나 찾아온다는 세계에서 가장 유명한 폭포.

나이아가라(Niagara) 폭포에 다가서면 천둥 같은 소리가 귓전을 때린다. 원주민어로 '나이아가라'가 바로 '천둥소리'인데, 이 거대하고 장엄한 자연의 물결 앞에 서

면 인간은 아무것도 아니라는 생각이 들것이다. Niagara Falls는 동쪽의 미국 폭포(Bridal Veil Falls: 아름다운 신부의 면사포 모양으로 우아하게 떨어지는 폭포/ 낙차 56m, 너비 320m)와 서쪽의 웅장한 캐나다 폭포(Horseshoe Falls: 말발굽 모양/ 낙차 54m, 너비 675m)로 나뉜다.

이른 아침이라 햇살 유무에 따라 짧은 시간 무지개가 나타났다 사라지기를 반복하는데, 무지개를 좇아 이리저리 카메라 앵글을 들이대느라 바쁘게 돌아다녔지만 괜찮은 사진은 몇 장 건지지 못했다. 레인보우(Rainbow) 다리를 건너 캐나다로 입국했다.

안개 아가씨(Maid of the Mist)호 투어는 파란 레인코트를 입고 폭포의 바로 밑까지 가서 스릴 넘치는 물보라 샤워를 즐길 수 있는 상당히 멋진 관광선 투어인데 나이아가라 폭포의 하이라이트(highlight)라고 할 수 있다.

오후 2시. 다운타운에서 제법 먼거리의 Old Town VIA 기차역까지 걸어서 도착하였는데 운 좋게도 2시 6분발 토론토(Toronto)행 기차가 대기중이라 바로 승차할 수

있었다. 2시간 걸려 캐나다 제1의 도시, 금융과 비지니스의 중심지 토론토에 도착하였다. 여기까지는 좋았는데……. 공식 유스호스텔인 HI Toronto를 찾아 들어갔으나 침대가 없단다. 다운타운의 모든 호스텔을 돌아다니며 침대 있느냐니까 돌아오는 대답은 Full, No vacancy, Not available. 왜냐하면 어제가 캐나다 독립기념일이고, 3일 연휴의 가운데 날인 오늘 내가 도착한 데다가 Toronto Jazz Festival까지 열리고 있었으니……. 4시간 정도 무거운 배낭을 메고 돌아다니다 결국은 중심가의 중급 호텔(Bond Place)에 숙박할 수 밖에 없었는데 아침식사 제외하고도 무려 157C$. 온종일 걸어 다니느라 거의 못 먹은 상태에서 숙소를 찾아 헤매다 보니 토론토 전경이 눈에 들어올 리 없고 토론토가 좋게 보일 리 없는 정말 힘들고 긴 하루였다. 모처럼 비즈니스 호텔에 묵으니 좋기는 하지만, 배낭여행자에게 좋은 숙소는 별 의미가 없다. 침대 하나와 온수 샤워만 있으면 오십보백보인 것이다.

(어제 나이아가라 호스텔의 US 23$, 오늘 호텔의 157C$, 캐나다 환전 시 US $=C$/ 1:1, 한국에서 환전[2011.6.17] 시 US 1$=₩1,106, CAD 1$=₩1,127)

2011년 7월 3일(일요일) –제6일

아침 일찍부터 토론토(Toronto) 다운타운을 돌아다녔다.

토론토는 옛날 인디언 말로 '만나는 곳'이란 의미인 만큼 인종의 모자이크라는 말이 실감 나는 곳이라는데 오늘은 일요일 이른 아침이어서 그런지 다니는 사람들이 거의 없다.

이튼 센터(Eaton Center), 시청, 몬트리오 주 의사당, 토론토 대학교를 거쳐 지하철(3$) 편으로 유니언(Union)역에 도착, 하버 프런트(Harbour Front)를 돌아보고 11시에 Hotel Check–out 후 11:30 그레이하운드 버스로 오타와(Ottawa)로 향했다. (여기서도 학생 할인을 받았는데/ 54.8$, 이날 이후 할인의 행운은 없었다)

16:30 캐나다의 수도 오타와에 도착했다. 오타와는 영국계로 대표되는 토론토와 프랑스계로 대표되는 몬트리올의 중간에 자리하고 있는데, 오타와의 Highlight/Symbol은 단연 국회의사당(Parliament Building)이다.

버스터미널에서 가까운 YMCA에 숙소(64$)를 정하고 스팍스 스트리트(Sparks Street: 보행자 전용거리), 국회의사당 등 다운타운을 둘러보고 한국식당 '서울하우스'가 있기에 모처럼 김치찌개(10$)와 캐나다 맥주(4.5$)로 행복한 저녁 시간을 보냈다.

2011년 7월 4일(월요일) –제7일

아침 7시. 청록색 지붕을 가진 화려한 건물인 국회의사당은 팔리아먼트 힐(Hill)에 근엄하고 위풍당당하게 자리 잡고 있는데, 동관과 서관은 1860년 에 고딕양식으로 지어졌다고 하며 중앙관은 1916년에 일어난 화재로 인해 현재의 모습으로 다시 지어졌다고 한다.

국회의사당과 국립미술관 주변을 둘러보고 위병(Guard) 교대식까지 지켜본 후 11시 30분 오타와를 출발, 오후 1시 25분 '북미의 파리'라 불리는 몬트리올(Montreal)에 도착했다. 몬트리올은 프랑스어를 사용하는 도시로는 파리(Paris) 다음으로 큰 도시이자, 캐나다 제2의 도시이다. 먼저 다름 광장, 시청, 노트르담 대성

당, 자크 카르티에 광장/부두, 시계부두 등 Old Town을 둘러보고 지하철 캐디락(Cadilac) 역(3C$)에 내려 마크(Marc)의 집(6127 Bossuet)을 찾아 들어가니, 마크가 기다리고 있었다며 환한 얼굴로 반겨준다. 마크가 차려준 정성스런 저녁을 먹고, 마크와 함께 몬트리올 국제 Jazz Festival 마지막 공연을 보기 위해 다운타운 예술광장(Place des Arts)으로 나갔지만 많은 인파로 인해 공연은 못 보고, 시내 야경만 보고는 집으로 되돌아오니 자정이 다되어가고 있었다.

2011년 7월 5일(화요일) -제8일

오늘은 몬트리올 다운타운을 느긋하게 돌아보기로 했다. 마크가 차려준 아침 식사 후 지하철(1호선 Green)을 이용, 맥길(McGill)역에 내려 Underground City 탐방에 나섰다. 강추위로 유명한 몬트리올의 겨울은 지하에 또 다른 세계를 만들게 했는데 도심 고층 건물들의 지하와 지하철에 길을 뚫어 연결하는 방법으로 만든 것이 언더그라운드 시티이고, 이 지하 도시는 캐나다 대부분의 대도시에서 볼 수 있는 명물 중 하나이다. 특히 이튼(Eaton) 센터에서 마리 렌 뒤 몽드(Marie Reine du Monde) 대성당 밑으로 쭉 뻗은 프롬나드 드 라 카테드랄(Promenade de la Cathedrale)엔 넓은 중앙 홀이 있어 다양한 문화행사가 열린다고 한다.

몬트리올의 '예술의 전당'이나 다름없는 예술광장(플라스 데자르: Place des Arts)은 미술관, 콘서트홀, 극장 등이 있고 다양한 야외공연이 펼쳐지기도 하는데 지하는 언더그라운드 시티와 연결되며 지하철 플라스 데자르역과도 연결되었다.

언더그라운드 시티는 불어를 모르는 나에게 마치 미로 같다. 모든 안내 표시가 불어로 되어 있으니 가뜩이나 복잡하고 헷갈리는데 길 찾기가 여간 어려운 게 아니다. 하지만 오히려 길을 잃고 헤매는 것을 즐겼다. 시간에 구애받지 않고 발길 닿는 대로 다니는 유랑자가 되어 몬트리올을 헤집고 다니는 것이다.

늦은 오후. 마크 집 근처에 테니스장이 있었다. 무려 12면이나 되는 인조 잔디 코트에 사람은 거의 없고 회원들 실력은 초보자 수준인데 주변 환경은 운동하기에 정말 쾌적하다. 바로 옆에는 천연 잔디구장인 축구장과 소프트볼 구장이 있다. 이런 조그만 동네에 넓은 녹지를 보유한 최적의 운동시설이라니 그저 부러울 따름이다.

저녁 시간. 마크가 나를 위해 Something Special을 준비했다며 며칠 전 자기가 직접 잡아온 송어구이에 감자와 야채를 곁들인 전채와 새우요리를 내어온다. 거기에 퀘벡의 명물인 Ice Apple Wine을 곁들이며 담소를 나누다 보니 고급 레스토랑 이상의 분위기가 조성된다.

마크 보셔(Marc Boucher)는 전직 몬트리올시청 Top Manager(시 국장급) 출신, 1953년

생, 딸 둘, 아들 하나. 첫딸은 결혼하여 8살 된 손자 알렉시를 가끔 돌보는 일. 태국 치앙마이에 부동산 임대업을 아들과 함께 개업을 고려 중. 고전음악, Jazz 등 음악과 미술을 좋아함. 미얀마만 3번 방문한 친아시아통. 올해는 베트남/태국/인도네시아/중국을 5개월간 여행. 내년엔 필리핀 여행예정.

그의 아내 실비(Sylvie)는 현직 몬트리올 시 공무원. 마크보다 8살 연하여서 퇴직까지 5~6년 남았다고……. 16살난 늙은 고양이와 1살난 어린 고양이를 키우고, 알파인 스키 강사로 수준급 스키 실력 보유. 인터넷에서 'Good Night'을 한글로 번역하여 침대 머리맡에 놓아두는 센스있는 여자. 영어가 서툴러 내가 영어로 얘기하면 자기들끼리 다시 불어로 통역할 정도. 아기자기하고 부드러운 집 꾸미기를 좋아하는 여자.

2011년 7월 6일(수요일) –제9일

아침 8시. 마크의 집에서 1시간여 자동차로 이동한 곳은 퀘벡시티와 몬트리올

의 중간쯤인 조용하고 자그마한 도시 트르와 리비에 (Trois Rivieres: '3개의 강이 합쳐지는 곳'). 캐나다에서 퀘벡시티 다음으로 오래된 유서 깊은 도시인 이곳에는 아담하고 예쁜 집들이 많아 마치 한 폭의 풍경화를 보는 듯했다. 다시 1시간여 차를 몰아 마치 유럽처럼 고풍스러운 멋을 지닌 퀘벡시티(Quebec City)에 도착.

마크가 Old Town Guide를 시작한다. 이곳 구시가지는 1985년 유네스코 세계문화유산으로 지정된 곳이다. 불어로 된 안내판을 영어로 통역해 주며, 거기에 자기의 지식을 보태 쉽고 자세하게 설명해주니 퀘벡 역사와 문화에 대한 이해가 빨리 된다. 대서양과 오대호를 이으며 세인트로렌스 강이 내려다보이는 절벽 위에 우뚝 서 있는 퀘벡시는, 북미 역사의 한 획을 그은 역사적 명소 중 하나다.

인디언 말로 '강이 좁아지는 곳'이란 뜻을 가진 북미 프랑스 문명의 요람, 퀘벡시는 캐나다 무역항/ 서비스업과 학술연구의 중심지/ 문화의 요충지이다. 100년 넘도록 지배한 프랑스의 영향으로 인구의 85% 이상이 프랑스어를 사용하는 도시인 퀘벡은 프랑스 본국에 뒤지지 않는 옛 문화와 전통이 살아있는 유서 깊은 도시였다. 실제 마크는 퀘벡 출신으로 어릴적부터 성당에서 공부해 왔고, 공무원 생활도 상당기간 퀘벡에서 근무해 왔다고 한다. 한편 퀘벡 사람들의 모습을 실물 크기로 그린 루아얄광장 주변의 벽화(La Fresque des Quebecois)는 매우 유명하여, 내 카메라에도 담았는데 Best Wall-Painting이라 할만한 것이었다.

하늘이 어둑어둑해지더니 금방 장대비가 쏟아진다. 프렌치 레스토랑에서 점심식사도 하며 굵은 비도 피하고 있다가 가랑비가 되자 자리에서 일어나 퀘벡 근교에 있는 몽모랑시(Montmorency) 폭포를 찾았다. 높이 83m의 이 폭포는 높이만으로 볼 때 나이아가라 폭포보다 1.5배 정도 높으나 폭은 좁다. 다시 굵은 비가 내리는 불순한 날씨 탓에 선명한 폭포 사진은 건지지 못해 아쉽지만, 만약 혼자 다녔으면 올 수 없었을 그런 곳이기에 마크가 고마울 따름이다.

오를레앙 섬은 과일농장이 많을 뿐 아니라 프랑스식 농가와 오래된 교회 등이

많아 멋진 풍경을 선사하는 곳이자 평화로운 전원 휴양지이다. 길가 와인판매점에서 마크는 아이스 애플와인(Domaine Orleans: ALC 18.5%)을 사서 내게 선물이라며 아내와 함께 마셔보란다. Thank you very much! Marc!!

마크의 친구 실바인(Sylvain)은 화가이자 음악가이다. 진짜 예술가인 셈이다. 금년 6월부터 9월까지 퀘벡 18인 회화전에 출품하고 있는 저명인사이기도 하다.

그의 부인이 자기 동생이 직접 운영하고 있는 농장에서 추출한 메이플(Maple: 단풍나무) 시럽을 선물로 주길래 미리 준비해 간 하회탈과 부채를 답례로 주었더니 너무 좋아하며 그림들로 가득한 벽의 여백을 찾아 바로 못질을 해서 부착한다. 한국 전통의 미(美)가 그들에게도 제대로 통하는 것 같았다.

프랑스식 저녁 식사와 와인(레드/ 화이트/ 아이스), 맥주를 골고루 마시며 이런저런 이야기를 하다

보니 시간 가는 줄 모르겠다. 그리고는 밤 10시부터 50분간 퀘벡의 역사를 조명하는 대형 레이져 빔 쇼가 있다며 내 손목을 끌고 다운타운으로 내려간다. 세인트 로렌스 강변의 대형 창고를 스크린 삼아 역동적인 쇼(Show)를 펼쳤는데 처음 접해 보는 독특한 문화적 경험이었고 실로 장관이었다.

2011년 7월 7일(목요일) -제10일

아침 8시. 실바인 부부에게 작별을 고하고 퀘벡 북쪽으로 차를 몰았다. 베이 생 폴(Baie St. PauL)을 지나, 고성을 개조한 호텔이 인상적인 라 말베이(La Malbaie)를 둘러 보고 생 시메옹(Saint Simeon)에서 고래 관찰(Whaching) 투어(62$)를 했다. 오후 1시에 출발하여 2시간 30분 정도 고래를 관찰하고 되돌아오는 투어인데 흰 고래(Beluga Whale: 마치 돌고래 같은 크기)를 멀리서 바라보는 바람에 내 렌즈가 18-200mm IS임에도 좋은 사진을 건지지 못했다.

거의 5시간 걸려 몬트리올로 되돌아와서 마크가 마지막 저녁을 준비한다. 내가 Heavy Beer/High Alcoholic Beverages를 좋아한다니까 특별히

9%짜리 맥주를 가게에서 사온다. 그런데 '이 세상 끝까지(the end of the world)'란 이름이 재미있다. 이 맥주를 마시고 '뽕' 가라는 이야기인가?

마크의 주된 취미가 낚시이어서 저녁 식사 후 낚시에 관한 많은 얘기를 나눴는데 특히 플라잉(Flying) 낚시에 쓰이는 수많은 미끼(bait)들을 보여주며 낚시에 대한 그의 열정을 드러낸다. 자정이 다되어 이야기를 마무리하고 침실로 돌아왔다. 캐나다 몬트리올에서의 마지막 밤이 깊어만 간다.

내일은 아침 10:45 그레이하운드 버스(73$)를 타고 미국 보스턴으로 이동한다.

2011년 7월 8일(금요일) –제11일

실비에게 작별을 고하니 다음에는 불어를 배워 몬트리올에 다시 오라며 숙제를 내준다. 나도 아내와 다시 한 번 꼭 오고 싶다고 인사하고, 기회가 되면 마크 부부도 한국을 꼭 방문해 달라고 그때는 내가 당신들에게 도움이 될 수 있을 거라고……. 마크가 버스 터미널까지 차로 배웅해줘서 캐나다에 마지막까지 편하게 있을 수 있었다.

Thanks Marc! I really appreciate your kindness! See you again!

북아메리카 II

(2011.6.28-7.16)

캐나다 · 미국

2011년 7월 8일(금요일) -제11일

몬트리올 버스터미널에서 남은 캐나다달러 215$를 환전했는데 US $와 CAD $는 1:1로 취급한다. 취급수수료 3$를 빼고 212$를 받았는데 한국에서 CAD $가 20원 정도 비싼 것을 감안하면 제법 손실을 본 셈이다.

10시 45분 몬트리올 출발, 1시간여를 달리니 미국 국경에서 입국심사를 한다.모든 승객이 내려 일일이 꼼꼼하게 심사를 받으니 시간이 상당히 지체된다. Burlington을 지나, White River Junction을 거쳐 땅거미가 질 무렵 보스턴(Boston)에

도착하니 이슬비가 내린다. 보스턴 서쪽에 자리한 백베이(Back Bay)는 우아한 교회와 고층 빌딩이 어우러져 있는 지역인데, 백베이 지하철역에 내려 40 Berkeley Hostel을 찾아 들어가니 침대가 없고 더블룸만 사용 가능하단다. 밖에 비는 내리고, 벌써 어두워져 숙소를 다시 찾아 나가기가 상당히 난감하다. 다소 비싸지만(135$) 어쩔 수 없이 Check-in을 하고 편의점을 찾으니 바로 길 건너편 웅장한 건물 1층에 7-Eleven이 있는데 미국 건국 200년의 역사를 고스란히 간직하고 있는 도시답게 고풍스럽다.

IN THIS TEMPLE
AS IN THE HEARTS OF THE PEOPLE
FOR WHOM HE SAVED THE UNION
THE MEMORY OF ABRAHAM LINCOLN
IS ENSHRINED FOREVER

2011년 7월 9일(토요일) –제12일

매사추세츠 주의 주도(州都)인 보스턴 관광은 크게 세 코스로 나눌 수 있는데, 프리덤 트레일(자유의 길: Freedom Trail)을 따라 역사적인 건축물을 돌아보는 것과 보스턴 미술관을 시작으로 하는 미술관과 박물관 관람. 그리고 하버드대학과 MIT가 있는 케임브리지(Cambridge) 관광이다.

보스턴 지하철(MBTA)은 4개 노선이 있고, Government Center를 중심으로 방사선으로 뻗어 있는데 거번먼트센터역으로 향하는 열차는 Inbound, 반대는 Outbound로 방향을 표시하고 우리 교통카드와 같은 찰리(Charlie)카드가 사용된다.

보스턴 방문의 주목적이 하버드 대학과 MIT 탐방이므로 아침 일찍부터 길을 나섰다. 하버드(Harvard)는 1636년에 창립된 미국 최고(最古)의 대학이자 최고(最高: 1위)의 대학이다. 케네디를 비롯한 6명의 대통령과 33명의 노벨상 수상자 등 각계에서 뛰어난 인물들을 배출해 낸 곳이다. 1,500㎢의 부지에 400개 이상의 건물이 있는 이곳 주요 명소는 하버드 야드라고 불리는 캠퍼스(Campus).

18~19세기에 세워져 역사적, 건축적으로 유명한 건물들이 모여 있는 곳이다.

이리저리 둘러보고 하버드 스퀘어로 나와 기념으로 하버드 T셔츠(60$)를 하나 샀다. 내 아들 성정이를 위한 것인데, 하버드에 안 다니면 어떤가! 건강하고 건전하게 잘 자라준 것에 대한 고마움의 표시로 귀국하면 꼭 안아주고 싶다.

메사추세츠 공과대학(Massachusetts Institute of Technology: MIT)은 1861년 창립이래 공학, 이학, 건축학, 인문과학 등 분야에서 수많은 공적을 쌓았으며 유능한 과학자들을 배출해 낸 세계 제일의 대학이다. 동(東)과 서(西)로 나뉜 캠퍼스 총면적은 546㎢로, 80개에 달하는 현대식 건물에서 1만여 학생들이 공부하고 있는 곳이다. 마침 점심시간이어서 이곳 구내식당을 찾아 저렴하게 한 끼를 해결할 수 있었다.

'자유의 길'이라고 불리는 프리덤 트레일은 미국 건국 사적을 돌아보는 역사 산책코스. 보스턴 코먼(Boston Common: 가장 오래된 국립공원)을 시작으로 보도에 새겨진 붉은 라인을 따라 걸으며 다운타운의 역사적인 명소들을 느긋하게 둘러볼 수 있었다. 파뉴일 홀(Faneuil Hall: 1742년 당시 독립 운동의 집회 장소로 이용) 바로 옆에는 퀸시마켓과 South/North마켓이 늘어선 시장거리가

있고, 항구도시답게 어패류 취급 레스토랑과 델리가 많은데 분위기도 상당히 세련되어 언제나 많은 사람이 찾는다. 한 블록 떨어진 곳에는 전통 재래시장이 있어 퀸시마켓과는 다른 활기와 소박함이 느껴지는 보스턴의 모습을 즐길 수 있었다.

오후 5시. 백베이 역에서 뉴욕 펜(Penn)역으로 가는 앰트랙 열차(68$)에 올랐다.

부담스러운 숙박비 때문에, 또 어차피 필라델피아로 이동하려면 뉴욕을 거쳐야 하기에 맨해튼 첼시 호스텔(2 Person with bath: 70$)을 다시 찾았다.

2011년 7월 10일(일요일) -제13일

앰트랙 열차로 1시간 20분 만에(09:10 뉴욕 펜역 출발, 10:30 도착, 49$) 필라델피아 앰트랙 30번가 역에 도착했다. 1776년 7월 4일 영국으로부터 독립한 미합중국이 탄생한 곳이자 최초의 수도였던 필라델피아(Philadelphia)는 미국 역사의 시발점이자 중심이라 할 수 있고, 박물관과 미술관도 유명한 곳이다.

역내 짐 보관소에 배낭을 맡기고(3$), 역에서 다운타운까지 천천히 걸어서 이동하는데 여기에도 'LOVE' 간판이 있어 많은 사람이 기념 촬영하느라 분주하다. 일본 도쿄의 'LOVE'와 뉴욕과 필라델피아의 'LOVE'. 모두 느낌과 분위기가 달랐

다. 필라델피아 관광의 중심이며 미국 독립과 관련된 건물, 서류, 유물들이 총집합해 있는 곳인 Independence National Historical Park를 찾았다.

Independence Square & Hall, Liverty Bell Pavilion, Congress Hall 등을 둘러보고, 델라웨어(Delaware) 강변으로 나가니 Spanish Festival이 열리고 있어 한참을 구경하고, 목도 축일 겸 휴식도 할 겸 Pub에서 맥주 2잔(12$)을 마시며 시간을 보냈다.

오후 5시 30분. 앰트랙(Amtrak) 열차를 타고 워싱턴DC(92$)로 향했다. Hostelling International DC는 공식 유스호스텔로 최소한 48시간 전에 전화예약을 해야 한다기에 여기는 포기하고 지하철 Red Line 타코마(Takoma)역 앞에 있는 Hilltop Hostel을 찾았다. 다행스럽게도 도미토리에 침대 하나가 비어있어 3일간 투숙(1박 24$ X 3일)할

수 있었다. 호스텔 바로 앞에는 7-Eleven이 있어 신라면(컵)으로 저녁을 대신할 수 있어 매우 좋았다.

사실 이번 배낭여행을 위해 한국유스호스텔 연맹에 1년치 가입비를 내고 공식 호스텔링 할인 카드를 발급받았으나 한번 써보지도 못하고 돈 몇만 원만 날린 셈이 됐다. 하지만 일정이 정해진 경우나 미리 예약할 경우 공식 유스호스텔을 이용하여 분명히 본전은 찾을 수 있는, 유용한 카드임은 분명하다.

2011년 7월 11일(월요일) -제14일

미합중국의 수도 워싱턴DC는 세계 정치와 외교의 중심지이다. 당당한 국회의사당의 위용과 광대한 내셔널 몰, 정연하게 줄지어 있는 각 관청과 박물관 등을 보려는 방문객들의 발길이 끊이지 않는 아름답고 흥미로운 도시이다. 또 워싱턴DC 하면 백악관(White House)을 떠올리지 않을 수 없다. 많은 역사적 외교, 정치 결단이 행해진 백악관은 약 200년간 미국 대통령의 관저이자 집무실이다.

워싱턴 기념탑과 링컨 기념관 등의 관광명소가 집중되어 있고, 세계 최대의 미술관. 박물관 단지를 무료로 관람할 수 있는 내서널 몰(National Mall) 주변은 녹음의 산책로라 할만한 광대한 공원지대이다.

워싱턴 기념탑(Monument)은 높이 169m의 탑으로, 세계에서 가장 높은 완전 석조 구조물로 초대 대통령인 조지 워싱턴을 기념하기 위해 세운 이 기념탑의 기석이 만들어진 것은 1848년, 완성까지는 37년이 걸렸다고 한다. 1899년 이후 이 탑보다 높은 건물을 짓는 것이 금지되었기 때문에 이곳은 워싱턴DC에서 가장 전망 좋은 장소로 손꼽힌다.

내셔널 몰 서쪽 끝에 세워져 있는 링컨 기념관(Lincoln Memorial)은 파르테논 신전을 본뜬 장엄한 건물로 중앙에는 대니얼 프렌치가 1922년 완성한 제16대 대통령 에이브러햄링컨의 거대한 대리석 좌상이 있다. 좌상 왼쪽 벽에는 '국민의, 국민에 의한, 국민을 위한 정치'라는 유명한 게티스버그 연설이, 오른쪽 벽에는 링컨의 제2

회 취임 연설이 조각되어 있다.

링컨기념관 가는 길에는 한국전쟁(Korean War) 추모공원(Veterans)이 있는데, 한국 전쟁에 참여한 전사자들을 기리는, 우리에게는 더욱 의미가 깊은 곳이다. 공원 벽에 새겨진 이름과 글, 그림들 중 가장 눈에 띄는 것은 바로 'Freedom is not Free'라는 문구. 포토맥(Potomac) 강을 따라 수많은 항공기들이 이/착륙하기에 살펴보니 Ronald Reagan 국제공항이 근처에 있어 저렴한 국내선 항공기들을 Zoom-in 할 수 있었다.

국립자연사박물관(National Museum of Natural History)은 자연 그대로의 세트 안에 지구 초창기부터 현대까지 아우르는 동. 식. 광물의 거대 전시장이다. 하이라이트는 공룡화석과 44.5캐럿에 이르는 세계 최대 블루 다이어몬드 '호프'. 1층 중앙 홀에는 세계 최대의 '아프리카코끼리' 박제가 있고, 소장품의 수는 무려 1억 2,400만 점이 넘는다고 한다. 2007년 6월 한국의 역사와 생활을 주제로 하는 한국관이 문을 열었는데, 박물관 내 단일 국가로는 유일한 전시장이라는 사실은 자랑스럽지만, 연간 600만 명 이상의 방문자가 찾는 자연사 박물관 속에 상설 전시장으로 자리 잡은 한국관의 모습은 '텅 비어 있음' 그 자체이다.

수많은 관람객들이 '한국관'은 본체만체하며 바로 옆 '사진 전시장'으로 이동한다. 한참을 지켜보았는데 역시 그냥 지나친다. 왜일까? 무엇이 문제일까?

'과거가 항상 현재이며 전통이 미래에 영감을 주는 한국관에 오신 것을 환영합니다.' (Welcome to Korea where the past is always present, and traditions inspire the future.)

스미스소니언 연구소 앞 넓은 광장에서는 Smithsonian 2011 Folklife Festival이 열리고 있었는데(2011.6.30~7.11) 오늘이 마지막 공연이었다. Rhythm and Blues/ Peace Corps 공연을 한참 지켜보며 현지인들과 열기를 같이한 후 국회의사당(The Capitol) 쪽으로 발걸음을 돌렸다.

워싱턴DC의 상징인 국회의사당이 세워진 일대를 캐피틀 힐(Hill)이라고 하는데, 정작 이 일대에는 언덕(Hill)이 없다는 사실이 재미있다.

2011년 7월 12일(화요일) –제15일

아침 일찍부터 조지워싱턴 대학을 둘러보았는데, 조지타운 대학이 명문임에 비애 이곳은 정치/ 행정 분야에 강점을 가진 대학이었다.

포토맥 강의 서쪽, 존 F. 케네디의 묘가 있는 알링턴(Arlington) 국립묘지는 현재 버지니아 주에 속해 있다. 20만 명에 이르는 전몰자가 잠들어 있는 이곳에는 한국전쟁 전사자 묘역도 따로 있었고, 무명용사의 묘역은 해병대 병사가 위병근무를 하

고 있는데 마침 위병 교대식이 있어 이 장면을 카메라에 담을 수 있었다.

워싱턴DC에서 남쪽으로 약 10km 떨어진 곳에 있는 1749년에 세워진 알렉산드리아(Alexandria)는 워싱턴DC보다 오랜 역사를 자랑하며, 식민지 시대에는 상업, 사회, 정치의 중심지로 번영을 누렸던 곳이다. 이곳은 버스나 지하철 등 대중교통으로 쉽게 갈 수 있는 곳으로, 거리에는 당시의 모습을 보여주는 유서 깊은 건물들이 많이 남아 있고 아기자기한 예쁜 상점들도 있어 많은 관광객이 찾는 곳이다.

주류판매점(Liquor Store)에서 버드와이저 맥주를 사와 숙소에서 무사히 잘 여행하고 있는 나 자신을 자축하며 워싱턴DC에서의 마지막 밤을 보냈다. 사실 이번 여행에서는 주류 접근이 어려워 생각처럼 쉽게 술을 마실 수 없었다. 뉴욕을 제외하고는 편의점에서 술을 팔지 않았고, 또 주류판매점 찾기가 너무 어려웠고, 게다가 레스토랑에서는 비싼 맥주 가격 때문에 양껏 마실 수도 없었다.

2011년 7월 13일(수요일) -제16일

아침 7시 30분. 숙소 앞 편의점 ATM에서 200$를 인출하여 남은 여정에 대한 재원을 확보하였다. 앰트랙 열차로(08:40 출발, 111$) 뉴욕을 향해 가는데 출발 후 몇 분 지나지 않아 다시 열차가 Back Home하고 있었다. 기관차 문제로 다른 기관차로 교체 후 떠난단다. 35분 지연되어 워싱턴DC를 출발한 열차는 4시간 정도 걸려 뉴욕 펜역에 도착했다. 여행 마지막 날 뉴욕 AA항공 JFK공항에서도 1시간 30분 출발이 지연되었는데 지연에 대한 정중한 사과나 미안함은 찾아볼 수 없었다. 잘난 체하는 미국도 이 모양인데 우리나라의 경우는 정말 대단하다. 정시 출발, 정시 도착이 지켜지고 모든 일 처리가 완벽에 가까우니 말이다.

첼시 호스텔에 다시 숙소를 정하고(2 Person without bath: 60$ X 2박, Deposit 10$) 낮 동안은 쉬다가 저녁 무렵 브루클린(Brooklyn)에서 가장 남쪽에 있는 코니(Coney) 아일랜드(Island)로 향했다.

지하철로 바로 연결되는 접근 용이성 때문에 뉴요커들이 유원지와 해변 휴양지로 즐겨 찾는 곳인데, 마침 소나기가 지나간 뒤라서 색감 좋은 몇 장의 사진을 건질 수 있었다. 넓게 펼쳐진 모래사장을 따라 한가로이 거닐며 석양과 야경을 촬영할 수 있었는데 낚시꾼이 잡은 생선을 보니 우리나라 '메기'같은 것도 있었다.

2011년 7월 14일(목요일) -제17일

맨해튼의 북동쪽 할렘 강을 경계로 펼쳐진 브롱크스(Bronx)는 뉴욕에서 유일하게 육지와 이어진 지역인데, 뉴욕 양키스의 홈그라운드인 양키 스타디움(Yankee Stadium)을 찾았다. 지금은 아침이라 인적이 드물었지만, 야구 시즌, 경기가 있는

오후/밤에는 광적인 야구팬들로 가득 찰 것이다.

지하철을 이용 그랜드 센트럴(Grand Central)역에 도착, 42 Street를 따라 걸으며 다시 한 번 미드타운(Midtown)을 돌아다니다 세계 최대의 매장 면적을 자랑하는 뉴욕의 대표 백화점 메이시스(Macy's)에 들어갔다. 서민적인 백화점이란 평을 듣는 이곳의 명물은 나무로 만들어진 에스컬레이터이다. 지하층 스포츠 의류매장에서 테니스복 상의를 샀는데(Adidas/45$) 한국과 비교해도 비싸지 않은 적정한 가격인 것 같다. 전문상설 할인매장인 T.J.MAXX도 둘러보았는데 현지인을 위한 이월 제품만을 파는 곳이라 그런지 맞는 사이즈의 옷도 거의 없었고, 상품 구색도 다양하지 못했다.

한낮에는 숙소에서 휴식을 취하다가 늦은 오후에 브루클린(Brooklyn) 다리로 향했

다. 이 다리는 맨해튼과 브루클린을 연결하는 약 2.7km 길이, 1883년 완공된, 최초로 철 케이블을 사용한 19세기 기계공학 업적물의 하나라고 한다. 저녁 무렵 브루클린 쪽에서 나무 보도를 따라 다리를 건너면서 감상하는 맨해튼 마천루의 아름다운 실루엣은 뉴욕 관광의 최대 Highlight라고 했다. 하지만 지금은 석양까지 기다릴 수 없어 그냥 다리를 건너며 풍경 사진을 찍었는데 색감과 구도가 좋은 몇 장의 사진을 건질 수 있었다.

편의점에서 버드와이저 맥주를 사, 숙소에서 여행 마지막 날 밤을 자축했다. 내일이면 그리운 가족과 친구, 지인이 있는 한국으로 돌아간다. 현지에 익숙해질 만하면 떠나고, 새로운 다른 곳에서 생소함에 다소 쭈뼛거리다 익숙해지면 또 떠나야 하고, 지금까지의 내 배낭여행 스타일은 이렇다. 아마 모든 배낭여행자도 다 나처럼 그런 심정 아닐까? 그렇지 않을까?

2011년 7월 15일(금요일) –제18일

밤새 뒤척이다 새벽 3시 30분에 일어났다. 미리 예약한 공항행 셔틀버스(21$)를 타고 존 F. 케네디공항(American Airlines Terminal)으로 가서 출국 수속을 마치고 AA 167편 8시 30분 출발을 기다리는데, 1시간이 지나도록 꿈쩍도 하지 않는다. 화물칸 문제라는 단 한 번의 기내방송 후, 마냥 기다리고 있는 것이다.

2011년 7월 16일(토요일) –제19일

결국 1시간 30분 지연 출발한 항공기는 14시간 정도 걸려 12:30 도쿄 나리타 공항에 도착. 환승 절차를 거쳐 대한항공 환승 후 1 터미널로 이동, 탑승 수속(KE 704)을 마치니 13:30. 면세점 둘러볼 시간도 없이 13:55 도쿄 나리타를 출발, 16:20 인천공항(2시간 25분 소요)에 무사히 도착했다.

EPILOGUE

세계 3대 폭포(나이아가라, 이구아수, 빅토리아 폭포)를 탐방하는 것은 내 오랜 꿈이었다.

이구아수 폭포(Iguazu Falls)는 브라질과 아르헨티나에 걸쳐 있는 세계에서 가장 폭이 넓은 폭포이다. (너비 4.5km, 평균낙차 70m)

빅토리아 폭포(Victoria Falls)는 아프리카 남쪽 잠비아(Zambia)와 짐바브웨(Zimbabwe)의 경계를 흐르는 잠베지 강에 있는 대규모 폭포이다. (너비 1.5km, 낙차 110~150m)

이번에 나이아가라 폭포를 다녀왔으니, 남은 내 배낭여행의 목표는 남아메리카와 아프리카 여행이다. 이곳은 혼자 다니기에는 경비가 많이 들어 단체배낭 여행으로 멀지 않은 미래에 다녀올 것이다. 배낭여행에서 만남이 없다면, 떠남은 무의미하다. 미얀마 그리고 몬트리올에서 다시 만난 마크(Marc) 같은 좋은 친구를 언제 어디서 또 만날지 모르지만 분명한 것은 내가 먼저 마음을 열고, 내려놓고 비워야 한다는 것이다.

법정(法頂) 스님이 우리에게 '아름다운 마무리'에 대해 이야기하시길 "삶은 순간순간이 아름다운 마무리이며, 새로운 시작이어야 한다."고 했다.

새로운 친구를 만날 수 있고, 새로운 나를 만날 수 있는 것, 또 나답게 자주적으로 새로운 내 인생을 살아가는 것. 나의 배낭여행은 앞으로도 계속된다.

유럽/일본

10개국 51개소

(2010.3.2~4.2)

이탈리아/크로아티아/
몬테네그로/보스니아/
세르비아/바티칸시티/
슬로베니아/프랑스/
모나코/일본

유럽 / 일본 I

(2010.3.2-4.2)

이탈리아 · 크로아티아 · 몬테네그로 · 보스니아 · 세르비아 · 바티칸시티 · 슬로베니아 · 프랑스 · 모나코 · 일본

역사(歷史)는 과거를 통해 오늘을 비추는 거울이라고 한다. 그리고 현재(現在)란 실은 과거의 수많은 사건이 유기적으로 축적되어 만들어진 결과가 아닌가?

이번 혼자만의 배낭여행의 컨셉(CONCEPT)은 바다와 자연환경(自然環境), 전통(傳統)과 역사(歷史)와 문화유산(文化遺産)이다.

올해 내 나이 '쉰셋'이지만 아직은 청춘(靑春)이고 싶다. 앞만 보며 그 무엇을 찾아 쉼 없이 달려왔었던 나의 삶. 수많은 사연이 내 가슴을 아련히 적셔온다.

내 인생(人生)은 나만의 역사이고 결코 남을 위한 역사가 되지 못한다. 아직 난 남긴 것이 아무것도 없고 무엇을 남길 것인지 아무것도 모른다. 지금 나는 내 남은 인생에 대해 더 깊이 생각하는 기회를 가지며 아드리아 해(Adriatic Sea) 푸른 바다와 청정한 자연환경에 기대어 잠시나마 편히 쉴 수 있는 마음의 안식처를 찾고자 한다. 인정하기 싫지만 어쩌면, 볼품없이 시들어가는 육체의 슬픔으로 서 있는 듯한, 말하고 싶지 않은 나이가 중년의 이 나이. 지금의 내가 아닐까? 그러나 난 아직은, 아니 오랫동안 청춘(靑春)이고 싶다. 자 떠나자! 지중해(地中海)로. 쪽빛 아드리아 해(海)로…….

고대부터 '모든 길은 로마로 통한다'고 했는데 한 달간의 이탈리아/ 발칸반도(서부)/프랑스(남부) In Out은 세계사의 중심 '로마'이다. 2010년 내 배낭여행의 화두(話

런던
London
네덜란드
라이프치히
Leipzig
Poznań
브로츠와프
Wrocław
바르샤바
Warszawa
벨기에
쾰른
Köln
독일
프라하
Praha
크라쿠프
Kraków
프랑크푸르트
Frankfurt am Main
파리
Paris
체코 공화국
뮌헨
München
브라티슬라바
Bratislava
슬로바키아
코시체
Košice
부다페스트
Budapest
취리히
Zürich
바두츠
Vaduz
오스트리아
헝가리
프랑스
스위스
리옹
Lyon
제네바
Genève
밀라노
Milano
베니스
Venezia
슬로베니아
튜린
Torino
제노아
Genova
볼로냐
Bologna
크로아티아
보스니아
헤르체고비나
세르비아
툴루즈
Toulouse
마르세유
Marseille
모나코
이탈리아
안도라
로마
Roma
몬테네그로
코소보
나폴리
Napoli
바리
Bari
마케도니아
알바니아
바르셀로나
Barcelona
발렌시아
València
티레니아 해
그리스
팔마
Palma
팔레르모
Palermo
아테네
Αθήνα
알제
الجزائر
튀니스
تونس
카타니아
Catania
오랑
وهران
몰타
이탈리아/발칸반도(서부)

頭)는 어느 '시각장애우'의 말처럼 '세상이 보이지 않는 건 불편하지만 꿈이 보이지 않은 건 불행이다'라는 것과, 내일에 대한 대망의 꿈을 안고 새로운 꿈을 열어 보자는 '꿈은 꾸는 자에게 열린다'이다.

2010년 3월 2일 (화요일) -제1일

아침 8시 도쿄행 비행기(JL 950)라 밤새 잠을 설치고는 새벽 4시 52분 인천공항행 308번 첫차를 탔다. 5시 45분 인천공항에 도착, 5시 50분부터 Check-in 수속이 시작되어 일찍 자리를 배정(10A)받는 바람에 본의 아니게 이코노미 크래스(Economy Class) 승객이 프레스티지(Prestige Class)에 앉아가는 행운을 잡았다. 생전 처음으로 이 등석에 앉아 보았으니 내 나이 오십 평생 남들처럼 호사스럽지는 않았던 셈이다.

기내에서 일본 후지산(3,776m)을 촬영할 수 있었다. 1시간 40분 정도의 실제 비행시간 후 10시에 도쿄 나리타 국제공항에 도착, 이탈리아 로마행 환승을 위해 2시간 정도 대기 후 정오에 로마(JL 409)로 출발, 12시간 40분이나 소요되어 현지시각 오후 4시 40분 피우미치노(Fiumicino: 레오나르도 다빈치) 국제공항에 도착했다. (한국과의 시차 8시간)

공항에서 로마 테르미니역까지는 직행열차 레오나르도 익스프레스(Leonardo Express)를 이용(12€), 30여 분 만에 도착할 수 있었다.

내일 저녁 크로아티아 두브로브닉으로 이동해야 하므로 먼저 바리(Bari)행 쿠셋(Couchettes)부터 예약해야 했는데 밤 11시 58분 간이침대(Comfort) 칸을 58.8€(1€=1,600원, 94,080원)에 신용카드로 구입. 테르미니(Termini)역에서 열차 출발까지 한참 남은 시간을 보내고 있었다.

2010년 3월 3일(수요일) -제2일

오랜 비행시간과 시차, 이동대기에 따른 피곤함으로 밤새 뒤척거리다가 아침 6시 35분 바리(Bari)역에 도착했다. 이탈리아의 남부, 즉 장화 모양 반도의 뒤축에 해당하는 풀리아(Puglia) 주의 얼굴 격인 바리는 발칸반도로 넘어가는 페리(Ferry)를 탈 수 있는 교통의 요충지이다.

TV 만화 프로그램 중에 '개구쟁이 스머프'라는 것이 있었는데, 스머프들이 사는 집이 고깔 지붕으로 예쁘게 지어졌던 것이 기억난다. 바리에서 60km 정도 떨어진 곳에 트룰로(Trullo)라는 전통 가옥들이 모여있는 마을이 있는데 그곳이 바로 알베로벨로(Albero Bello)이다. (알베로벨로는 '아름다운 나무'라는 뜻을 가지고 있다)

국영철도가 아닌 사철(FSE)을 타고(7시 15분 출발, 4€) 8시 45분 도착한 이곳은 유네스코 세계문화유산으로 지정된 곳이다. 트룰로는 '작은 탑'을 의미하는 라틴어에서 유래되었는데 이 트룰로의 특징은 목

재나 접착제 등을 사용하지 않고 100% 오리지널 돌로만 지어진 것이다. 이런 이유로 몇백 년이 지난 지금까지도 그 형태를 잘 유지하고 있었다. 트룰로는 하나의 방에 지붕 한 개, 탑 모양들이 여러 개 모여서 하나의 트룰로를 완성한다고 하는데 여기에는 아직도 현지인들이 거주하고 몇몇 곳은 호텔과 레스토랑, 기념품점 등으로 이용되고 있었다.

오후 바리 중앙역으로 되돌아와 포트(Port)행 버스(20/ 0.8€, 40분 간격)를 타고 바리 페리터미널로 가서는 크로아티아 두브로브닉(Dubrovnik)행 선표를 알아보는데, 이게 웬일인가? 오늘 출항해야 할 선사(船社)의 티켓 오피스는 닫혀있고, 'Bari–Dubrovnik company Jadrolinija is momentary suspended until 24th April 2010'이란 안내문만 붙여져 있다. 두브로브닉은 매주 수요일 1회만 출항하는 것으로 되어 있어 발칸반도 여행일정을 이번 수요일(3월 3일)에 맞춰 로마에서 무리하게 이동하였는데, 순간 당황스러웠었다. 하지만 계획은 언제든지 바뀔 수 있는 법. 유연하게 대처해 나가는 것이 혼자만의 자유 배낭여행의 장점 아닌가? 그리고 특히 배낭여행자에게는 융통성(유연성: Flexibility)이 필요한 것이다.

당초 계획은 두브로브닉에서 몬테네그로 투어를 생각했었으나 오늘 밤 10시에 몬테네그로 바(Bar)로 출항하는 배가 있으니 전화위복이 된 셈이고, 실제 여행 경로상에서도 처음 생각보다는 훨씬 효율적이었다. 창문이 없는 4인실을 68€(108,800원)에 발권하고 승선 예정시간 (밤 8시)까지 시간이 많이 남아 아기자기한 바리 구시가지(Old Town) 골목골목을 돌아다녔다. 싼 게 비지떡이라고 페리에 승선해서 침실을 찾아 들어가니 정말 밀폐되고 냄새나는 공간에 2층 침대만 달랑 2개 놓여 있었다. 다행히 승객이 거의 없어 나 혼자 그 캐빈을 쓰기는 했었지만 거센 바람과 풍랑으로 밤새 심하게 출렁거렸고 소음도 장난이 아니었다.

2010년 3월 4일(목요일) –제3일

아침 7시. 몬테네그로 바(Bar) 항구에 도착했다. 몬테네그로(Montenegro)는 'Black Mountain'이란 뜻인데, 정말 이름 그대로 황량하고 척박한, 검은 바위산들을 여행 내내 볼 수 있었다. 디나르 알프스 산맥의 경사면에 가려 어두운 산지가 많기때문에 국호가 붙여졌다고 하는데 신유고연방(세르비아)로부터 2006년 6월 3일 독립한 신흥 국가로서 미국 등 선진국의 자본 유치와 부동산 개발에 노력 중이었고 아직은 아드리아 연안의 관광업이 수입원의 상당한 비중을 차지하는 것 같았다.

쉬엄쉬엄 걸어서 버스터미널로 이동, 8시 30분 부드바(Budva)행 버스(4€)로 1시간 정도를 달려 부드바 터미널에 도착하기는 했지만 심한 비바람으로 2시간을 꼼짝없이 갇혀 있었다. (터미널식당 맥주 1.5€, 햄버거 3€/ 편의점에서는 맥주 500ml, 물 1.5l 모두 0.55€로 물가는 비교적 저렴한 편이었다.)

잠시 비가 약해지자 구시가지(Old Town)를 둘러보았다. 부드바는 몬테네그로 최고의 휴양지답게 많은 편의 시설이 갖추어져 있었지만, 지금은 비바람과 비수기 탓에 인적이 끊겨 상당히 썰렁한 상태였다. 하지만 여름에는 북적이는 인파에 발 디딜 틈조차 없다고 한다.

오후 2시. 코토르(Kotor)로 이동하였다. (45분 소요) 내일 크로아티아 두브로브닉행 버스(14:44, 14€)를 예약하고 구시가지(Old

Town)으로 내려와 저렴한 숙소를 찾는데 마땅한 것이 없다. 내가 준비해 간 영문판 가이드북[Western Balkans] Lonely planet에도 Hostel 정보가 없어 오락가락하는 빗속에서 발품을 많이 팔아 겨우 구한 저렴한 호텔이 30€짜리 랑데부호텔이었는데 이번 배낭여행 내내 30€ 이상에서는 잔 적이 없어 숙소 선정의 자체 가격 기준이 되었다.

코토르 구시가(Old Town: Stari grad)는 유네스코 세계문화유산(The world Heritage)으로 지정되어 있는데 12세기에서 19세기에 이르는 즐비한 교회, 궁전, 공공시설물들이 고색창연하였고, 특히 1166년의 St. Ttyphon`s Cathedral(with Bishop's Palace&Treasury)와 1195년에 세워진 St. Lucas`s Church는 매우 인상적이었다.

이리저리 구시가를 둘러본 후 대형마켓에 들러 저녁과 아침거리를 준비하였다. (5.6€: 빵, 요구르트, 물, 맥주)

2010년 3월 5일(금요일) -제4일

코토르 구시가를 아침 내내 천천히 다시 둘러보았다. 특히 시장에서 사람들 생활모습을 지켜보았는데 세계 어디나 사람 사는 것은 다 똑같다. 우리네 사는 것과 별반 다르지 않은 것이다. 두브로브닉행 버스터미널에서 배낭여행 중인 일본 학생과 이런저런 이야기를 나누다가 저렴한 호스텔(1박 11€)을 소개받았다고 해서 나도 함께 투숙하기로 했다.

오후 4시 45분. 2시간 걸려 크로아티아(Croatia) 두브로브닉에 도착하니 민박집(Begovic Boarding House) 주인인 베고비치 영감이 마중 나와 있었다. 구시가 외곽(LAPAD 지역)에 있는 이 집(민박=SOBE)은 Lonely Planet에도 소개된 깨끗하고 아담한 곳이었다. 숙소에 짐을 풀고 베고비치(74세) 영감의 승용차 편으로 먼저 환전

(250€=1,798Kunas, 1유로=7.2쿠나)을 하고, 일몰 시간이 되어 적당한 Sunset point에 내려주길래 해지는 모습을 카메라에 담고는 구시가지(Old Town) 이리 저리를 돌아다니다가 버스(6번, 1€)를 타고 숙소로 되돌아왔다. 같이 투숙한 일본인들은 고바야시 유스케(24세/ 도쿄대 법학과 졸업, 대학원 휴학 중/ 요코야마 고향)와 스즈키 게이스케(21세/ 요코하마시립대 경제학 전공/ 휴학 중)인데 귀국길에 내가 일본 요코하마와 도쿄를 둘러볼 예정이어서 이들과의 만남도 상당한 인연이란 생각이 들었다.

2010년 3월 6일(토요일)-제5일

크로아티아(Croatia)는 국토의 7.5%가 세계 자연 문화유산일 정도로 아름다운 나라인데 관광객이 연간 850만 명 정도로 인구의 두 배나 된다고 한다. 그리고 관광산업 성장 속도가 8.5%로 유럽에서 가장 높은 관광대국이라 할 수 있다. 사실 이번 배낭여행의 주목적지는 두브로브닉이고, 다음이 플리트비체 국립공원이었다.

여행경로를 탐색하던 중 이탈리아 로마부터 시작하여 아드리아 해(海)를 원형으로 돌아오는 것이 가장 무난하다고 판단되어 로마 In Out이 결정되었고, 저렴한 항공권을 찾다 보니 일본항공(JAL)을 이용(도쿄 Stop Over 1회, TAX 포함 883,800원)하게 된 것이다. (서울-도쿄 왕복이 43만 원 정도이니 도쿄 경유 항공을 최대한 활용한 셈이다)

시인 릴케는 두브로브닉(Dubrovnik)을 '아드리아 해(海)의 보석'이라고 불렀다. 7세기에 도시가 형성된 이곳은 이탈리아의 베네치아와 함께 아드리아 해안에서 가장 중요한 해상 무역도시로서 명성을 날렸었고 그 유적들이 고스란히 보존되어 있어 1979년 유네스코 세계 문화유산으로 등록된 것이다.

필레 게이트(Pile Gate)를 지나니 대리석으로 만든 300m 보행자 전용거리인 플라카(Placa)거리의 스투라둔(Stradun)대로는 관광객들로 넘쳐나고, 렉터(Rector)궁전은 단아한 아름다움을 간직하고 있었다.

70쿠나(15,400원)를 내고 입장한 2km 성벽 산책로에서 바라보는 경치는 매우 아름다워서 두브로브닉의 진면목을 카메라에 담기에 바빴다. 지난 며칠간 계속 흐리고 비 오고 했는데 이번 여행의 주 목적지가 이곳이라는 걸 하늘도 아는지 날씨까지 청명해 내 마음도 새털처럼 가벼웠던 하루였다.

2010년 3월 7일(일요일) -제6일

아침 8시, 보스니아&헤르체고비나 모스타르(Mostar)로 이동하였다. (79쿠나=17,380원, 3시간 10분 소요, 짐값 별도 1€=7쿠나)

네레트바(Neretva) 강을 끼고 크리스챤(Christian)과 무슬림(Muslim)이 공존 공생하는 독특한 도시인 모스타르에서 가장 유명한 곳은 스타리 모스트(Stari Most: Old Bridge)인데 이 다리는 1566년 완공된 오래된 유서 깊은 곳이지만 1993년 유고 내전으로 인해 완전히 부서졌다가 유네스코 등의 지원으로 2004년 재건된 다리이다.

구시가에는 유고내전 당시 전쟁의 상흔이 아직도 고스란히 남아 있었는데 전쟁의 참상을 알리려고 일부러 방치해 두고 있었다. 내일 아침 7시 크로아티아 스프

릿(Split)행 버스 예약(27KM, 21,600원) 때문에 ATM에서 50마르카를 출금하여 남은 돈으로는 슈퍼마켓에서 이것저것 내일 먹거리를 장만했다.

베고비치 영감이 추천해준 민박집(12.5€: 20€를 주니 잔돈 15KM(마르카: Maraka=Kai-em)를 주는데 현지에서는 2KM=1€로 통용된다. 숙소는 이번 배낭여행 중 값에 비해 최고의 시설과 쾌적함을 제공해준 곳이었고, 구시가 한 조그만 레스토랑에서는 단돈 10마르카(8천 원/ 닭다리살 바비큐와 촉촉한 빵, 야채샐러드, 맥주 2병/ 4KM=2€: 사라예보 0.33L, 모스타르 0.5L)에 가장 저렴하고 푸짐하게 먹고 마실 수 있어서 스타리 모스트와 함께 기억에 오래 남을 것 같았다. 저녁 예배시간이 되자 무슬림(Muslim) 기도시간을 알리는 확성기 방송이 나온다. 동시에 강 건너편에서는 교회 종소리가 일제히 들려온다. 지금은 자연스럽게 두 종교가 공존하는데 1993년 유고내전 당시에는 왜 그랬을까?

저녁 시간이 조금 깊어지자 구시가 상점들은 거의 철시상태이다. 추운 날씨 탓이기도 하지만 관광객은 거의 없고 시민들 왕래조차 없어 너무 한적했다. 내일 아침 일찍 이동해야 하므로 빨리 잠자리에 들어야지!

2010년 3월 8일(월요일) -제7일

크로아티아 아드리아 연안의 최대 도시로 달마티아(Dalmatia) 지방 심장부인 스플릿(Split)에 10시 45분 도착했다. (7시 출발, 3시간 45분 소요)

버스터미널에 웬 할머니가 마중 나와 있었는데 베고비치 영감이 내가 오늘 아침 도착한다는 정보를 준 것이었다. 민박집(120쿠나)에 짐을 풀고는 되짚어 정오부터 소린(Solin) 유적지 탐방(버스/ 12쿠나)을 시작했다.

소린(=살로나Salona)은 고대 로마 시대 달마티아의 수도이어서 아직도 옛날 유적들이 많이 남아있었다. 아무도 없는 유적지를 호젓이 돌아다니고 있는데 가이드를 자청하는 개(Dog)가 앞서거니 뒤서거니 하며 내 주변에서 왔다 갔다 한다. 외로운 내 마음을 알았을까? 동반자 역할을 충실히 수행한 착한 녀석이었다.

37번 시티버스(16쿠나)는 45분 만에 트로길(Trogir)에 나를 내려 주었는데 트로길은 1997년 유네스코 세계 문화 유산지(World Heritage Site)에 등록된 오래된 도시이다. 이곳은 13세기~15세기 도

시를 감싸는 성벽 안에서 발전하였는데 성 로렌스(St. Lawrence) 대성당의 정교함이 특히 눈길을 끌었다.

일몰 무렵 다시 스프릿으로 돌아와 Sunset 장면을 여러 각도에서 카메라에 담고는 디오클레티안(Diocletian) 궁전 주변을 돌아다녔다. 이 궁전은 1979년 유네스코 세계문화유산으로 지정되어 있는데 주변은 큰 시장이 둘러싸고 있었고 내부도 일부를 제외하고는 상점들이 입점해 있어 문화유산이라기보다는 커다란 쇼핑몰 같은 느낌을 주었다. 궁전 내부의 그럴듯한 레스토랑에서 모처럼 폼나게 식사다운 식사를 했는데 이번 여행 중 가장 비싼 식비를 지출했다. (125쿠나=27,500원/ 비프스테이크와 샐러드, 맥주 500CC)

2010년 3월 9일(화요일) –제8일

아침 8시. 로마 황제 디오클레티안이 남은 여생을 보내기 위해 295년부터 10여년에 걸쳐 건설된 거대하고 웅장한 3만㎡에 이르는 디오클레티안 궁전은 로마제국 건축기술을 잘 보여주고 있는데 아드리아 연안에 남아있는 최대의 로마 유적지로 군사요새의 형태를 이루고 있다고 한다. 아침에 보는 궁전은 어제 밤과는 또 다른 색다른 모습을 하고 있었다.

과거 달마티안의 수도였던 항구도시 자다르(Zadar)에 12시 30분에 도착했다. (116쿠나/ 9시 출발, 3시간 30분 소요) 터미널 매표소에서 플리트비치 국립공원행(뮤킨예) 출발 시간을 물어보니 오후 2시 30분, 단 1회 밖에 없단다. 버스표를 구입(89쿠나)하고 1

시간짜리 주마간산 구시가(Old Town) 탐방에 나섰다. 2번 시티 버스(8쿠나)로 불과 5분 정도만에 구시가 종점에 도착하여 성 도나트(St. Donatus)성당, 성 아나스타샤(St. Anastasia) 성당과 자다르항구 주변을 둘러보고는 2시에 다시 버스터미널로 향했는데 아까는 5분밖에 안 걸리던 버스가 이번에는 좀 이상하다.

골목골목 빙글빙글 이곳저곳을 돌아다니는 것이다. 버스 터미널행 맞느냐고 하니 물론 맞다고 한다. 단지 좀 돌아가는 것뿐이라고……. 2시 30분 버스를 놓치면 하루를 여기서 더 머물러야 하니 입술이 바짝바짝 마른다. 2시 20분! 놀란 가슴을 쓸어안고 터미널에 도착 후 안도의 한숨. 휴.

지금까지는 아드리아 해(海)를 끼고 해안선을 따라 여행했지만, 이제는 내륙으로 들어간다. 슬로베니아(Slovenia) 피란(Piran)에 갈 때까지 당분간 바다를 볼 수 없는 것이다. 플리트비체(Plitvice) 국립공원이 있는 뮤킨예(Mukinje)까지는 2시간 소요되는 거리이나 오늘은 정말 이상하다. 30분 정도 자그레브(뮤킨예) 방면으로 잘 가던 버스가 갑자기 자다르로 되돌아와서는 어떤 이유에서인지 다른 길로 우회하는 것이다. 진행 방향의 길이 막혔다는 것을 눈치로 알아차렸다.

눈 싸인 높은 산을 오르락내리락, 눈발을 헤쳐가며 뮤킨예 마을에 도착하니 어느덧 어둑어둑해지고 있었다. 주변에는 많은 눈이 쌓여있고 눈도 거세지고 있는데 인적도 없고 불조차 켜져 있지 않아 눈길을 이리저리 헤맨 끝에 불 켜진 한 민박집(SOBE 49)을 찾아 눈에 흠뻑 젖어 들어갔더니 고맙게도 숙박을 허락하고 난로에 몸을 녹이라고 한다. 휴. 천만다행이다.

노부부(보스니아 출신 72세 남, 역시 보스니아 출신 70세 여)는 숙박비로 150쿠나(33,000원)를 얘기했으나 폭설로 미니슈퍼도 문을 닫았다고 해서 저녁 식사까지 합쳐 200쿠나를 지불했다.

삼겹살 눌린 것(겨울 식량이라고 함)과 계란후라이, 빵과 샐러드까지 조촐하지만 알뜰한 식사를 하고는 영어가 통하는 할머니와 주로 이야기를 나누었는데, 이곳은 도시와 멀리 떨어져 있고 내륙 산악지역이라 생필품 구입에 애로사항이 많아 따라서 물가도 비싸다는 점. 보스니아(Bosnia) 국경이 오히려 가까우므로(27km) 그곳 마을에서 가끔 쇼핑하기도 한다는 것. (양국 간 왕래는 자유로움) 두 아들과 세 손자는 보스니아에 살고 있다는 등 한참을 이야기하였다. 내일 일기는 더욱 좋지 않을 것이라 예보되었기에 국립공원 탐방은 포기하라고 한다. 겨울시즌에는 눈과 얼음 때문에 탐방로를 개방하지 않는다고 하며……. 3월인데 설마 입장하지 못할까 했던 한국에서의 내 예상이 보기 좋게 빗나가 버린 것이다. 크로아티아 방문 두 번째 주 목적지가 이곳이었는데 아쉽다!

잠자리에 들었다. 그런데 옷을 두껍게 입고 담요를 뒤집어쓰고 체온으로 버텨도 난방이 잘 되지 않는 방에는 냉기가 돌아 춥다. 정말 춥다.

2010년 3월 10일(수요일) -제9일

플리트비체 국립공원은 '크로아티아의 영광' 또는 '대자연의 전시관'이라고 불리는, 유럽에서 가장 아름다운 자연적 가치를 지닌 곳이다. 이곳 주변에는 높은 산들과 계단식 구조로 된 16개의 신비로운 호수, 92개의 폭포가 있는데 물빛은 투명한 파란색에서 초록색까지 물의 깊이에 따라 다양하게 변한다. 탄산석회가 호수의 바닥과 둑에 쌓여서 물빛을 변화시키는 것이다. 아름다운 자연과 이곳의 독특한 자연의 진행과정, 특이한 동/식물군의 분포로 인한 높은 보존가치의 중요성 때문에 1949년 국립공원으로 지정되었고, 1979년 유네스코 자연유산에 등록된 것이다.

아침에도 여전히 많은 눈이 내리고 있었다. 따뜻한 홍차와 계란 후라이, 토스트로 식사를 든든히 하고 몇 번이나 고맙다고 인사하며 민박집을 나서려는데 점심 때 먹으라고 토스트와 사과까지 챙겨준다. 혹시 버스가 안 다니면 다시 집으로 되돌아오라며 걱정 어린 눈빛과 말로 먼 곳에서 온 나그네에게 따뜻한 마음과 정(情)을 건넨다.

9시 30분 민박집을 나와 플리트비체 출입구인 Entrance 2로 2km 정도를 걸어갈 때까지, 이후 우체국에 들러 그림엽서 2장(2.5쿠나 X 2)을 사고 몸을 녹일 때까지는 좋았다. 10시 20분이 되어 눈발이 더욱 거세어지자 우체국 문을 잠가야 한다며 나더러 나가 달란다. 안 그래도 11시에 자그레브행 버스가 있다는 말을 들었기에 길로 다시 나왔다. 문제는 버스 정류장이라는 것이 조그만 간이정류장인데 눈이 너무 많이 쌓여(1m 정도) 들어갈 수가 없다는 것이다. 꼼짝없이 길에서 눈보라를 맞으며, 발을 동동 구르고 버스가 오기를 기다리는데 왕래하는 차들이 거의 없다. 가끔 제설작업을 하는 트럭만 지나갈 뿐. 나 혼자다. 높은 산 중턱 길에 나 혼자 내동댕이쳐 있는 것이다.

오후 1시가 될 때까지 양방향으로 버스 한 대도 지나지 않았다. 내심 불안 초조한 마음으로 동태처럼 떨며, 이러다 민박집으로 다시 가야 하는 것 아냐? 하는 생각을 했다. 1시 30분. 드디어 버스가 한 대 지나간다. 무조건 세워 가는 데까지 가보자고 우선 승차부터 했다. 아무도 없는 빈 차를 타고 스루냐(Sljna)까지 가서 자그레브(Zagreb) 행(89쿠나)으로 갈아탈 수 있었다. 4시간 정도를 길에서 눈보라를 맞으

며, 준엄한 자연의 꾸지람 앞에 왜소한 나는 그저 오그라들고만 있었다. 고립된 원시 상태에서 문명 세상으로의 돌아옴!

조그만 마을 스루냐의 카페에서 몸을 녹이며 주민들과의 눈 맞춤. 더불어 같이 살아가고 있음에 고마움을 느꼈다. '먹을 수 있는 힘만 있어도 주님의 은총'이라는 음성 꽃동네 식구들의 말이 아니라도, 살아서 무사히 귀환한다는 것 자체가 정말 고마운 그런 하루였다.

두 시간여를 버스로 달려 크로아티아의 수도 자그레브(Zagreb)에 도착하니 저녁 시간이 다 되어가고 있었다. 여기도 여전히 눈보라가 심하다. 한인민박(사무엘민박)에 가면 따뜻한 밥과 국물을 먹을 수 있을 것이라는 생각에 단지 주소(zinke kunc 4)만 가지고 집을 찾기 시작했다. 처음에는 쉬울 줄 알았는데 갈수록 어려워지고 있었다. 친절한 어느 아주머니의 도움으로(그녀는 은행 일을 보러 가던 중 내 요청을 받고 적극적이고 집요한 집 찾기에 나섰는데 결국은 자기 일을 내일로 연기해야 했었다) 가까스로 민박집을 찾았다. (주소만으로는 아파트 10층 제일 구석이라 집을 판별할 수 없는 어려움이 있었다) 초인종을 누르니

한국 아줌마가 '누구냐?'고 묻는다. 하룻밤 묵을 수 있느냐니까 예약 없이 와서 안 된다며 돌아가란다. 안주인 태도가 바깥 날씨처럼 냉랭하다. 눈보라를 뚫고 어렵게 찾아온 성의를 봐서 따뜻한 물 한잔이라도 주며 몸이라도 좀 녹였다 가라고 했으면 좋으련만, 이건 완전히 문전박대다. 인터넷에는 시설이 그럴듯하게 되어 있고 전화만 주면 픽업해 준다고 되어 있는데 비수기라 손님이 없을 것으로 생각하고 예약하지 않은 내 잘못이기는 하지만 크로아티아 아줌마와 오버랩되며 매우 서운한 마음을 금할 수 없었다.

트램을 이용하여 자그레브 중앙역으로 돌아와 호스텔(Omladinski, 6인실/ 102쿠나)을 찾아 들어갔다. 나름 깨끗하고 괜찮은 유스호스텔인데 가격도 저렴하다. 호스텔링 국제카드도 만들어 주며 10% 할인까지 해주니 애초에 이곳으로 왔으면 눈보라 속에 고생은 하지 않았을 텐데. 그 '따뜻한 밥' 욕심 때문에! 크로아티아 사람들이 친절하다는 말은 많이 들었지만 오늘, 그리고 며칠동안 내가 실제로 겪어보니 그들의 친절함과 정(情)이 정말 가슴에 와 닿는다.

2010년 3월 11일(목요일) –제10일

아침 일찍부터 서둘러 자그레브(Zagreb) 구시가지(Old Town)를 탐방했다. 어제 눈이 많이 내려 설경을 보기는 좋았으나 이동은 상당히 불편하였다.

자그레브는 사바 강변에 위치한 인구 백만의 도시이며, 1557년부터 크로아티아의 수도가 되어 발전했다. 역사 깊은 두 개의 언덕인 그라덱(Gradec)과 캅톨(Kaptol), 자그레브 대성당(성모마리아 승천교회)은 시내 어디서나 볼 수 있어 자그레브를 대표하는 건물이다.

옐라치차(Jelacica) 광장은 최고 중심지로 구시가지와 신시가지를 연결하는, 자그레브 여행의 기점이 되는 곳이다. 활기넘치는 재래시장을 거쳐 성 마르코 성당, 성 캐서린 교회 등을 휙 둘러보고 남은 돈(쿠나)를 다시 유로로 환전하니 15€이었다. 10시 58분 기차로 세르비아(Serbia)의 수도 베오그라드(Beograd)로 향했다. 오후 5시 45분 도착. 역에서 50€를 디나르(Dinar: DIN)로 환전하니 4,900디나르를 준다. (1유로=98디나르) 내일 밤 슬로베니아 류블라냐행 기차(21:40 출발/ 쿠셋: 4,342디나르, 카드로 계산)를 예약하고 역 맞은편 호스텔(City Center, 6인실/ 1100 DIN)에 여장을 풀었다.

2010년 3월 12일(금요일) –제11일

세르비아는 Eurovision Song Contest와 테니스(안나 이바노비치, 모니카 세레스, 노박 조코비치, 예레나 얀코비치 등)이 유명하다.

베오그라드(Belgrade)는 'White City'를 의미하는데 눈 때문에 오늘은 이름 그대로이다. 아침 9시. 트램 2번(42 DIN)을 타고 베오그라드의 상징 카레메그단 성(Kalemegdan Citadel)으로 향했다.

사바(Sava)강과 다뉴브(Danube)강이 만나는 지점의 천연 요새이자 성(城)인 이곳은 과거 이민족간 수많은 전투가 치뤄졌던 역사 깊은 곳이다. 요새 구석구석을 돌아다니며 설경을 카메라에 담았는데 여기에도 테니스장이 4면이나 있었다. 눈에 싸여 그라운드는 어떤 종류인지 확인 못했는데, 문득 우리 풍년테니스에서 코트에 쌓인 눈을 치우던, 최근 일들이 주마등처럼 스쳐 지나간다. 엷은 미소를 지으며 테니스장 모습도 촬영해 두었다.

구시가 중심지인 Knez Mihailova 를 거쳐 기차역까지 쉬엄쉬엄 어슬렁거리며 돌아다녔는데 여유시간이 많아 오후 1시 30분 기차(216 DIN)로 베오그라드 인근도시(87km)인 노비사드(Novi Sad)로 향했다. Lonely Planet에는 버스(11A)를 타고 조금만 가면 Petrovaradin 성(城)으로 갈 수 있다고 나와 있었는데 실제 버스는 시내를 40분간 원형으로 한바퀴 돌아 다시 역으로 돌아왔다. 노비사드는 조그만 줄 알았는데 의외로 큰 도시였다.

가이드북 정보는 말 그대로 참고 사항일 뿐, 유동성이 많다는 것은 명심해야 한다. Lonely Planet에서 'don`t believe us'라고 밝혔듯이.

차창 너머로 다뉴브 강과 치타델(Citadel: 城)을 보았었는데 다시 한 번 찾아가기에는 시간이 넉넉지 않을 뿐만 아니라 그렇게 매력적으로 보이지도 않아 포기하

는 것이 나을 것 같아 5시 10분 출발 버스(605DIN, 1시간 30분 소요)로 베오그라드로 되돌아왔다. 3번이나 찾아가 매 끼니를 해결했던 숙소 근처 햄버거집은 닭고기 순살 꼬치를 그릴(Grill)로 구워주는 곳이어서 식사와 술안주로 적당했었다. 햄버거 140~170디나르에 맥주(300ml) 70디나르로 한화 4천 원 정도면 푸짐하게 한 끼니를 대신할 수 있었다. 역시 이탈리아, 등 유럽에 비하면 아직 옛 유고연방 쪽 물가는 싼 편이었다.

2010년 3월 13일(토요일) -제12일

밤새 기차는 세르비아/크로아티아 국경을 넘어 아침 7시 25분 슬로베니아(Slovenia)의 수도 류블랴나(Ljubljana)에 나를 내려 주었다.

기차의 간이침대칸인 쿠셋의 장점은 이동과 숙박의 경제성인데 국경에서의 여권검사 때문에 잠을 제대로 잘 수 없었다. (세르비아 출국 01:00/ 크로아티아 입국 01:25/ 크

Welcome to
Ljubljana
the capital city of Slovenia

로아티아 출국 05:20/ 슬로베니아 입국 05:45)슬로베니아는 1992년 옛 유고슬라비아 사회주의 연방으로부터 독립, 2004년 유럽연합(EU)에 가입, 경제 사회적으로 개방이 빠르게 이루어져 옛 유고연방 중에서 가장 발전되고 잘 사는 나라이다.

류블랴나는 슬로베니아의 수도로 '슬라브(Slav)의 알프스'로 불리는, 아름다운 도시이자 '사랑스럽다'는 뜻을 가진 로맨틱한 도시이다. 기원전 15년에 로마제국이 이곳에 에모나(Emona)를 건설, 500년 동안 유지되었으나 훈족이 에모나를 파괴, 6

세기에 슬라브 민족인 슬로베니아인이 정착해 1144년에 류블랴나 성이 건설되었다고 한다. 시내는 매우 작아서 걸어서 2시간 정도면 어지간한 것은 다 볼 수 있었다.

성 니콜라스(St. Nicholas) 대성당이 가장 눈에 띄었고, 연한 분홍색의 프란체스코 성당은 또 하나의 류블랴나의 상징이었다. 시민들의 휴식처이자 만남의 광장인 프레세렌(Preseren) 광장 주변에는 바로크(Baroque), 르네상스(Renaissance), 아르누보(Art Nouveau) 등 다양한 양식의 건축물들이 늘어서 있었는데 류블랴니차(Ljubljanica) 강 위에 놓인 3개의 작은 다리는 트로모스토비예(Tromostovje)로 불리며 신시가와 구시가를 연결하는 역할을 하고 있었다.

아침 이른 시간 임에도 시장에는 많은 사람으로 북적였는데 여기에서도 순무를 찾을 수 있었다. 크로아티아 두브로브닉 시장에서도, 자그레브 시장에서도 순무가 있었는데 슬로베니아 류블랴나 순무는 우리나라 강화 순무와 모양과 빛깔이 매우 흡사하다. 뉴질랜드, 인도에서의 순무가 유럽에서 전파된 것이었다면, 발칸 반도 곳곳에서 순무가 재배되고 있다는 것은 순무가 유럽 원산이라는 것을 확실히 증명하고 있는 것이다.

춥고 흐린 날씨와 안개 때문에 류블랴나 숙박은 포기하고 10시 버스(12€)로 피란(Piran)으로 향했다. (오후 1시 45분 도착. 3시간 45분 소요) 피란은 슬로베니아 남서쪽 피란 반도 끝에 위치한 해안도시로 이탈리아어와 슬로베니아어를 공용어로 사용하고 있었다. 이곳은 오래된 도시 전체가 중세 건축물과 풍부한 문화유산으로 둘러싸여 있어 큰 규모의 야외박물관과 닮아 있었다. 빽빽하게 늘어선 15세기 베네치아 고딕양식의 주택과 좁은 거리, 트리에스테

(Trieste) 만(灣)의 아름다운 경관을 볼 수 있는 언덕 위 성당 등이 주요 볼거리였고, 타르티니(Tartini) 광장은 이곳의 중심이었다.

내가 찾아간 발(Val) 유스호스텔에는 전지훈련 온 유소년 축구팀이 전체를 독차지하고 있었는데 싱글룸(22€, 아침 포함)이 하나 비어 투숙할 수 있었다. 마침 아이들 점심시간이었는데 나도 공짜로 같이 먹으라며 주인영감이 챙겨준다. 모처럼 포식을 하고 후식으로 바나나와 오렌지까지 먹으니 남부러울 것 없는 여행자가 되었다. 시내를 이리저리 둘러보고 해변에서 일몰을 촬영하고, 저녁에는 해산물 전문 레스토랑에서 해물 스파게티(7€)와 큰 멸치구이 1접시(6.5€)로 엣지있게 마무리. 배낭여행자라고 빵만으로 살 수는 없지 않은가! 오늘같이 푸짐하게 먹고 돈도 쓰는 날도 있어야지. 사실은 21,600원이면 유럽 현지 물가로 치면 비싼 편이 아니건만 1달 배낭여행 내내 1일 최대 식비 3만 원 이상은 지출한 적이 없을 정도로 알뜰하게 다녔었다.

2010년 3월 14일(일요일) -제13일

오늘은 이탈리아 트리에스테(Trieste)를 거쳐 베네치아로 이동하는 날이다. 문제는 일요일이라는 것. 피란에서 11시 25분 버스가 트리에스테로 가는 것을 시간표상에서 확인하고 더 빨리 들어가는 버스를 타기 위해, 9시에 시내버스 편으로 Piran->Lucija->Izola->Koper 터미널까지 왔는데 이상하게도 주변이 너무 조용하다. 한 택시기사가 내게 다가와 일요일은 버스가 안 다닌단다. 그 친구 왈

(日) 'Sunday, No bus to Trieste.' 설마, 설마! 그리고는 한 가지 제안을 하는데 이탈리아인 1인이 합승 대기 중인데 각자 15€씩 내면 택시로 트리에스테에 갈 수 있다는 것이었다. 눈빛과 행동으로 보아 거짓말하는 것은 아닌 것 같고, 15€면 비싸지 않은 조건이라 택시에 승차했다. 이탈리안을 Pick-up하기 위해 그의 집까지 가서 그를 태우고는 트리에스테로 향했다. 차내에서 이야기를 해보니 이탈리안은 트리에스테에 있고 그의 부인은 슬로베니아 코페르(Koper)에 사는 주말 부부였었다. 트리에스테와 코페르는, 전에는 같은 유고연방이었으나 분리되었고 나라 간 국경 개념이 없이 자유롭게 왕래할 수 있다.

이탈리아에서는 일요일에 버스 운행을 전혀 하지 않는다고 한다. 우리와는 사뭇 다른 시스템이라 놀랍기만하다. 공공의 이익보다 개인의 행복이 우선 시 되는 그런 나라에 와 있는 것이다. 30여 분의 주행 끝에 10시 25분 트리에스테 기차역에 편하게 도착했다.

베네치아행 11시 45분 출발(9.9€)시간까지 1시간 정도 여유가 있어 트리에스테 시내를 둘러보았는데 그렇게 예쁜 도시가 아닌, 밋밋한 동유럽의 냄새가 나는 항구도시였다.

오후 1시 50분 베네치아(Venezia: Venice) 산타루치아 역에 도착하여 수화물 보관소에 배낭을 맡기고(5시간 이내 4€) 베네치아 투어를 시작했다. 수상버스(바포레토)를 이용(6.5€)하여 대운하를 따라 산마르코(San Marco)광장까지 와서 산마르코 대성당, 두칼레 궁, 탄식의 다리 등을 돌아보고 이리저리 구석구석 골목을 누비고 다닌 다음 해 질 무렵 리알토(Rilato) 다리로 와서 대운하에 비치는 석양 모습을 카메라에 담았다.

KT 재직 시 그룹 배낭여행으로 2001년 9월 베네치아를 둘러본 적이 있어 옛날 생각을 해가며 잠시 상념에 빠져들기도 했다. 그래, 그때 그 골목이야! 여전하구나! 10년이 지났는데…….

산타루치아 역 가까운 곳에 저렴한 호텔(Minerva Hotel: 싱글룸 1박 30€)을 숙소로 정하고는 대형슈퍼마켓에서 빵, 음료수, 요구르트, 맥주 등(11€)으로 오늘 저녁과 내일 아침 먹을 장을 보았다. 여기는 워낙 물가가 비싸 배낭여행자는 레스토랑 등에서 격식있게 먹을 엄두도 못낸다. 그러다 보니 슈퍼마켓에는 현지인과 알뜰한 관광객으로 넘쳐나고 있었다.

유럽 / 일본 II

(2010.3.2-4.2)

이탈리아 · 크로아티아 · 몬테네그로 · 보스니아 · 세르비아 ·
바티칸시티 · 슬로베니아 · 프랑스 · 모나코 · 일본

2010년 3월 15일(월요일) -제14일

베네치아(Venezia)는 소설가 뒤마의 말처럼 죽기 전에 반드시 보아야 하는 도시이다. 현재 116개의 섬이 409개의 다리로 연결되어 있고, 150여 개의 작은 운하가 있다. 영어로는 베니스(Venice)라고 불리는 곳이기도 하다.

짙은 안갯속에서도 아침 일찍부터 베네치아 재발견에 나섰다. 스칼치 다리부터 시작하여 관광객들이 자주 지나다니는 길과 골목이 아닌 조그만 운하 구석구석을 돌아다닌 것이다. 곤돌라를 수리하고 만드는 곳도 보였고, 좁은 운하에서 청소하는 배, 과일과 야채를 파는 배, 출근하는 사람들 등 현지인의 눈높이에서 이탈리안의 일상을 엿보는 기회를 가졌다.

11시 50분 특급열차(Eurostar City)를 타고(18.5€) 베로나(Verona)로 이동했다. '로미오와 줄리엣'의 도시, 아디제(Adige) 강이 도시를 S자 형으로 휘감아 돌며, 이 강을 중심으로 고대 로마의 유적이 아직까지 보존되어 있는 베로나는 깔끔하고 매력적인 도시였다. 브라(Bra)광장과 원형극장(Arena), 카스텔 베키오, 과거 공공집회 장소였던 에르베(Erbe)광장 등을 둘러보고 세계 연인들의 사랑을 받는 줄리엣(Giulietta)의 집을 찾아가 보니 그녀의 발코니와 동상이 있고, 방문객이 적어놓은 글들이 벽면을 가득 채우고 있어 그녀가 받는 사랑을 실감할 수 있었다.

프랑스/이탈리아/일본
벨기에
프랑크푸르트
Frankfurt
am Main
체코 공화
프라하
Praha
파리
Paris
영국 해협
르아브르
Le Havre
루앙
Rouen
아미앵
Amiens
릴
Lille
라임스
Reims
캉
Caen
렌
Rennes
르망
Le Mans
올리언스
Orléans
낭트
Nantes
투르
Tours
앙제
Angers
디종
Dijon
프랑스
스위스
바젤
Basel
취리히
Zürich
제네바
Genève
리옹
Lyon
그르노블
Grenoble
클레르몽페랑
Clermont-Ferrand
리모주
Limoges
보르도
Bordeaux
비스케이 만
툴루즈
Toulouse
마르세유
Marseille
몽펠리에
Montpellier
님
Nîmes
모나코
튜린
Torino
밀라노
Milano
베로나
Verona
베니스
Venezia
제노아
Genova
볼로냐
Bologna
플로렌스
Firenze
이탈리아
로마
Roma
나폴리
Napoli
오스트리아
뮌헨
München
슈투트가르트
Stuttgart
인스브루크
Innsbruck
슬로베니아
크로아티아
바르셀로나
Barcelona
마드리드
Madrid
사라고사
Zaragoza
빌바오
Bilbao
꼬르스
Corte
아작시오
Ajaccio
사사리
Sassari
니이가타
新潟
센다이
仙台
야마가타
山形
후쿠시마
福島
나가오카
長岡
고리야마
郡山
조에쓰
上越
이와키
いわき
나가노
長野
가나자와
金沢
도야마
富山
마쓰모토
松本
다카사키
高崎
우쓰노미야
宇都宮
미토
水戸
후쿠이
福井
가와고에
도쿄
지바
千葉
사가미하라
相模原
요코하마
横浜
이치하라
市原
돗토리
鳥取
오가키
大垣
나고야
名古屋
교토
京都
히메지
姫路
고베
神戸
오카야마
岡山
나라
奈良
오사카
大阪
쓰
津
도요타
豊田
하마마쓰
浜松
시즈오카
静岡
마쓰사카
松阪
다카마쓰
高松
도쿠시마
와카야마

오후 6시. 베로나에서 밀라노(Milano)로 이동했다. (17.5€/ 1시간 25분 소요) 이탈리아 경제와 패션의 중심지 밀라노는 세계에서 4번째로 큰 두오모 성당과 유럽 오페라의 중심인 스칼라 극장 그리고 레오나르도 다빈치의 '최후의 만찬'으로도 유명하다. 중앙역에서 지하철로 손드리오역까지 가서 한인민박 '손드리민박'(1박 25€/ 아침 제공)을 찾아갔다. 이곳 주인장은 연변 조선족으로 모처럼 따뜻한 쌀밥과 김치, 뷔페식 반찬 등을 즐길 수 있었다.

밀라노 여행의 시작점은 두오모(Duomo)광장이다. 두오모는 돔(Dome)을 뜻하는데 이탈리아 전역에 많은 성당이 있지만 모두 두오모라고 부르지는 않는다. 도시의 수호성인을 모시고 가장 중심이 되는 성당을 도시의 두오모라고 부르는 것이다. 두오모 근처에는 항상 시청이나 주요한 건물이 있어 각 도시의 두오모만 찾으면 이탈리아 도시여행의 반은 끝난 셈이다. 밀라노에도 1386년에 지어진 두오모를 중심으로 스칼라 극장, 비토리오 에마누엘레 2세 갤러리 등이 모여 있어 여기저기를 기웃거렸다.

오후 1시 10분. 아름다운 호반의 도시 꼬모(Como)를 찾았다. 밀라노 중앙역에서 스위스 취리히행 고속열차(유로스타/ 10.5€)로 불과 30여 분 만에 도착한 이곳 꼬모는 밀라노에서 북쪽으로 50km 정도 거리에 있는 스위스 접경지역이다. 역에서 나와 꼬모 호수와 백조 등을 카메라에 담고 호수 주변을 찬찬히 둘러보면서 케이블카(왕복 4.5€/ Funicolare)를 타고 브루나테(Brunate) 마을까지 올라가 호수를 둘러싸고 있는 자연경관을 감상하며 나른하고 한가한, 혼자만의 오후를 즐겼다.

완행열차(3.6€)로 밀라노 가리발디역으로 되돌아왔다. 급행과 완행의 차이는 돈(10.5€/ 3.6€)과 소요시간 (30분/ 1시간 10분)이다. 지하철(1€)로 중앙역으로 이동, 걸어서 민박집으로 돌아와 라면과 밥(3€)으로 저녁을 푸짐하게 먹었다. 여행 중 자주 먹었던 햄버거(맥도날드, KFC/ 4-6€), 케밥(4-5€)과 비교하면 민박집 신(辛)라면 1그릇과 밥, 김치(3€)는 얼마나 싼 것인지 모른다. 식사와 언어, 현지정보 때문에 많은 배낭여행자들이 한인민박을 선호하는데 일장일단(一長一短)이 있어 취사선택(取捨選擇)은 개인의 몫이다.

2010년 3월 17일(수요일) –제16일

아침 9시. 밀라노 중앙역에서 '산레모(San Remo)음악제'로 유명한 산레모로 이동했다. (24.5€/ 오후 1시 도착. 4시간 소요) 리구리아 반도의 해안인 리비에라에 위치한 휴양지인 이곳은 카지노와 국제적인 음악제로 널리 알려진 곳이다. 나는 단지 프랑스 니스(Nice)행을 위해 스쳐 지나가는 곳이지만 언제나 외부인의 발길이 끊이지 않는 곳이기도 하다. 기차역 승강장이 터널 내부에 있어 처음에는 매우 당황스러웠었다. 지금까지 여행하면서 기차역이 터널 속에 있는 경험은 처음이었던 것이다. 뒤에 방문한 모나코(Monaco)역도 터널 속에 있었는데 해안을 끼고 달리는 철로 특성과 급경사 바위산이 바다까지 이어지는 지형적인 특징 때문에 기차역을 동굴 같은 곳에 만들어 공간을 확보할 수밖에 없는 것이었다.

역에서 나와 해변을 끼고 한참을 걸으며 독특한 모양의 자전거도 보고, 초호화 호텔의 부설 테니스장도 둘러보았다. 러시아 정교회를 지나는데 내가 찍고 싶어 하는 사진 –'달 들어 올리기'와 같은 구도가 나와 사진으로 남겼는데 골목길에서 어둡게 잡을 수 밖에 없는 것이 매우 아쉬웠지만 비슷하게 흉내 내 보았다. 일명 '교회(러시아 정교회) 들어 올리기'.

산레모에서 벤티밀리아(Ventimiglia)를 거쳐 프랑스 니스에 도착했다. 천사의 만을 끼고 있는 니스(Nice)는 코트다쥐르(Cote d'Azur: 감청색 해안)의 중심도시이자 세계적인 관광/휴양지로 각광을 받고 있는 곳이다.

인터넷에서 추천된 공식 유스호스텔(Les Camelias/ 23€)을 찾아 여장을 풀고 마세나(Massena) 광장을 거쳐 니스 해변으로 나와 저녁 노을과 인상적인 해넘이를 사진으로 남겼다. 지금까지 다니면서 호스텔에서 6인실에 인원이 다 차기는 이곳이 처음이다. 니스가 휴양도시여서 그런지, 여기가 공식 호스텔이어서 그런지 여행객들로 북적인다. 여행 보름을 넘기면서 이제 어느 정도 숙면을 취할 수 있는 무딘 수면감각을 가질 법도 하건만, 여전히 잠을 푹 자는 것은 어렵다. 코 고는 사람, 이 가는 사람, 잠꼬대하는 사람. 좁은 방에 장정 6명이 자면서 최고의 불협화음을 만들어 낸다.

2010년 3월 18일(목요일) –제17일

아침 6시. 밤새 뒤척이다 도저히 견디지 못하고 숙소에서 나왔다. 니스 해변을 거닐다 구시가(Old Town)를 둘러보고는 직행버스(100번/ Express Bus)를 타고 모나코

(Monaco)로 향했다.

불과 1유로에 프랑스에서 모나코 공국(Principality of Monaco)으로 나라를 건널 수 있으니……. 프랑스에서 산길을 굽이굽이 돌고 돌아 50분 걸려 국경을 넘어와, 모나코 왕궁에서 다시 5분 걸려 기차역 입구에 내리나, 칸에서 니스(기차 요금은 6€)까지 1시간 이상을 달려가나 버스요금은 모두 1유로였다. 거리에 따라 요금 차등을 두는 다른 나라들의 입장에서 보면 이상한 셈법이다.

카톨릭의 총본산 바티칸 시티(Vatican City) 다음으로 세계에서 가장 작은 나라인 모

나코 공국은 나라라기보다는 프랑스의 한 휴양도시 같은 느낌이다. 병역과 세금이 없는 곳으로 관광과 카지노 수입으로 국가를 운영하고 있는, 우리에게는 옛날 미녀 영화배우 '그레이스 캘리'가 왕비가 되어 더욱 알려진, 국가대표 축구선수 '박주영'의 유럽 홈그라운드인 모나코. 국영 카지노인 그랑 카지노(Grand Casino)를 거쳐 모나코 왕궁(13세기에 요새로 만들어진 이후 15~16세기 르네상스 양식으로 증·개축)을 둘러보고 기차(11:43 출발, 8.2€, 1시간 10분 소요)편으로 칸(깐느, Cannes)으로 갔다. 모나코 역은 매우 독특한 구조를 가졌다. 승강장까지 동굴내부

로 한참을 걸어 들어가야 터널 깊은 곳에 플랫폼 1, 2번이 있었고, 역 플랫폼에서 터널을 빠져 나오는 데만 무려 4분이 걸렸을 뿐만 아니라 바로 해변과 연결된 터널이 또 10여 분 계속 이어졌다. 칸 역에서 나와 해안을 따라 동서로 길게 뻗은 칸의 중심 크루아제트 거리를 지나 매년 개최되는 국제영화제의 무대가 되는 페스티벌(Festival) 홀을 거쳐서 슈발리에 산(Mont Chevalier)에 올라 칸 시가지 전체를 조망할 수 있었다. 내가 오늘 칸을 둘러봄으로써 세계 3대 국제영화제 개최도시 '베를린, 베네치아, 칸'을 방문하는 내 나름의 기록을 남기게 되었다. 영화제의 도시답게 이곳에는 갈매기도 포즈(Pose)를 잡아준다. 한쪽 발을 들고 균형 잡힌 모습으로, 불과 1M 거리에서 200mm 렌즈로 사진을 찍을 수 있었는데 이렇게 야생 갈매기를 Close-Up해 보기는 생전 처음이다.

2010년 3월 19일(금요일) -제18일

니스에서 이탈리아 제노바(Genova)로 기차로 이동하는 날이다. 출근시간이라 승강장은 만원이다. 니스역에 많은 사람이 내리고 또 타고, 25분 정도를 달려 모나

코에 도착하니 대부분의 승객이 내린다. 여기도 기차로 통근하는 사람이 상당히 많은 것이다. 프랑스 국경도시 멍뚱(Menton)을 지나 이탈리아 국경도시 벤티밀리아에서 9시에 제노바행(16€) 기차로 갈아탔다.

니스에서 제노바까지 리구리아 해안가를 따라 달리는 특성상 터널이 매우 많았다. 차 창밖 풍경은 마치 부산에서 울산까지 동해남부선 기차를 타고 가는 것과 비슷하고, 포항에서 속초까지 동해안을 따라 버스로 북상하면서 보이는 풍광과 매우 흡사하다. 11시 30분 예정보다 25분 연착하여 항구도시 제노바에 도착했다.

제노바(Genova)라는 이름은 제누아(Genua) 神(동전과 상선을 보호)에서 따온 것으로 나폴리보다도 오래된 도시이고, 구시가지 길은 상상외로 아주 복잡한 곳이다. 프린치페(Principe)역에서 City Map을 구해서 두칼레 궁전과 산 로렌조(San Lorenzo)성당, 페라리(Ferrari)광장, 포르타 소프라나(제노바의 높은 문) 등을 돌아보고 완행열차로 레반토(Levanto)에 도착(오후 5시)해서 인터넷에서 검색한 호스텔(Ospitalia Del Mare)을 찾아갔으나 폐업하는 바람에 인근 마을인 몬테로쏘(Monterosso)에서 호텔을 알아보니 너무 비싸(70€인데 현금이면 60€까지) 비교적 큰 항구도시인 라스페치아(La Spezia)까지 내려와 30€에 호텔 싱글룸(화장실, 샤워실 외부이용/ 아침 불포함)을 구할 수 있었다.

2010년 3월 20일(토요일) –제19일

친쿠에테레(Cinque Terre)란 리오 마조레, 마나롤라, 코르닐리아, 베르나짜, 몬테로쏘 이 다섯 곳의 마을을 합쳐 부르는 이름으로 친쿠에테레와 그 주변은 국립공원인 동시에 독특한 지형과 아름다운 경관으로 유네스코 세계문화유산으로 지정된 곳이다.

아침 8시. 라 스페치아 역에서 친쿠에테레 카드(1Day 8.5€: 국립공원입장권+기차이용)

를 구입하여 트레킹을 시작했다. 리오마조레(Rio Maggiore)의 유명한 '사랑(Amore)의 길'을 지나니 아기자기한 다음 마을 마나롤라(Manarola)가 눈에 들어온다. 벼랑 사이에 아지자기한 파스텔 톤의 작은 집들이 순길을 확 사로잡는다. 여기에도 1338년에 건축한 산 로렌쪼(San Lorenzo)라는 오래된 성당이 있다니 놀랍기만 하다.

바닷가 절벽 사이, 길을 지나가는데 낚시하는 부자(父子)가 보인다. 아빠 실력이 좋은 건지, 낚시 포인트가 좋은 건지 연속해서 잡아 올린다. 아들은 살림망을 자주 들여다보았는데, 마릿수 늘어나는 것이 재미있는 모양이다.

코르닐리아는 바다 위 96m 지점에 있는 마을이다. 올리브와 포도의 재배가 이루어지고 있는 곳인데 언덕 위에서 내려다보는 바다 풍경은 그야말로 절경이다. 이곳의 포도주(Sciacchetra)는 매우 유명하다고 하는데 시음할 수 없어 안타깝다.

코르닐리아(Corniglia)에서 베르나짜로 산을 넘어가는 트레킹 구간은 근력이 약한 사람은 곤란하지만 젊은이들에게는 상당히 매력적인 구간이다. 셔틀버스가 다니기는 하는데 비수기라 그런지 버스 운행 간격이 아주 긴 것 같았다. 오직 혼자만 산 길을 걸어 넘어가는데 그 호젓함과 적막함이란……. 그래도 아주 쏠쏠한 재미가 있는 트레킹이었다.

친쿠에테레중 유일하게 항구다운 항구를 가지고 있는 베르나짜(Vernazza). 이곳을 통해서 로마 시대부터 지중해로 나갈 수 있었다고 하는데 파스텔 톤의 가옥과 좁은 계단, 바위에 부서지는 하얀 포말 등이 다른 해안과는 차별화된 신선함을 전해준다.

정오에 몬테로쏘(Monterosso)를 향해 출발했는데 1시간 정도의 하이킹 구간은 많은 사람이 좋아할 만한 독특한 구간이었다. 제법 큰 모래사장을 가진 몬테로쏘에도 피사의 고딕 양식을 본받은 1307년에 세워진 성당이 있었다.

기차 편으로 라스페치아에 다시 돌아오니 오후 2시. 호텔에서 배낭을 찾아 피사(Pisa) 중앙역으로 향했다(5.1€/ 1시간 10분 소요). 피사역에 배낭을 맡기고(3€), 버스(1.5€)로 피사의 상징이자 세계적으로 유명한 피사의 사탑(Torre di Pisa)에 도착했다. 사탑은 각층에는 15개의 기둥들이 있고, 6번째 층에는 30개의 기둥이 버티고 있고, 탑의 상층부에는 또 다른 작은 탑이 있는, 높이 58m의 비잔틴 양식이라고 한다. 이 탑은 1년에 약 1mm 정도씩 기울어져 현재 5.5도 정도 기울어졌다고 하는데 이 때문에 관광객의 발길이 끊어지지 않는 유명한 곳이 되었다.

피사 대성당은 피사 로마네스크 양식의 대표작이라고 하는데 바로 앞에는 세례당도 있어 두오모(Duomo)와 사탑이 어우러져 한 폭의 그림 같은 광경을 연출하고 있었다.

저녁에 기차편(5.7€)으로 피렌체(Firenze)로 이동하여 산타마리아 노벨라역 근처에 있는 호스텔(Archi Rossi)을 찾아 들어갔다. (4인실, 1박/ 21€) 이 호스텔은 인터넷에 좋게 소개되어 있는 곳인데, 간단한 아침, 저녁 제공이 배낭여행자에게는 상당히 큰 도움이 되는 곳이었다.

2010년 3월 21일(일요일) -제20일

피렌체는 14~15세기 이탈리아 르네상스의 중심지로 미켈란젤로, 지오토, 레오나르도 다빈치 등 유명 예술가들의 걸작이 도시 곳곳에 남아 있는 곳이다. 현재 피렌체는 유네스코에 의해 도시 전체가 문화재 보호구역으로 지정되어 있을 만큼 그 의미가 큰 도시이다. 따라서 피렌체(예술), 밀라노(경제), 로마(정치)로 이탈리아를 설명할 때도 빠지지 않는 것이다.

피렌체 두오모(Duomo)는 1292년에 시작해서 1446년에 완성되었다고 하는데 내부에는 여러 프레스코화가 있으며 돔에 올라가는 463계단을 가지고 있다고 한다. 영화 '냉정과 열정 사이'가 이곳에서 촬영되기도 하였다.

지오토(Giotto)의 종탑(입장료 6€)은 피렌체를 한눈에 볼 수 있는 곳인데 414개의 계단을 올라가자 웅장한 두오모와 황갈색과 주홍빛 피렌체의 모습이 역시 한눈에 펼쳐졌다. 피렌체 시내의 중심 시뇨리아(Signoria)광장에는 베키오궁전이 있었고, 폰테베키오(Ponte: 다리 Vecchio: 오랜/ 1345년 원형 그대로 보존된 다리)를 지나니 피티(Pitti)궁전이 웅장한 자태를 뽐내고 있었다. 슈퍼마켓에서 리조또(Risotto)와 야채볶음(5.3€), 맥주(1€)를 사와 피티궁전앞 광장에 앉아서 점심을 먹는 모습이 배낭여행자로서 이젠 자연스러운 것 같다. 피렌체 건축물의 상징물 고대 로마의 문을 지나니 오늘

이 마침 일요일이라 벼룩시장이 열리고 있어 여기저기를 기웃거렸다.

저녁에는 숙소에서 이틀 동안의 룸메이트, 캐나다(밴쿠버) 출신 로버트 스타쉐브스키(Robert Starszewski, 44세/ 부동산중개업)와 많은 이야기를 나누었는데 그는 폴란드 오쉬비엥침(=아우슈비츠) 근처에서 살다가 22세에 혼자 캐나다로 건너와 자수성가한 아침형 인간이었다. 스노우보드 매니아(Mania)이며 1번의 이혼과 딸(10살) 하나를 슬하에 둔 그는 많은 나라(50여 개국)를 여행했는데 특히 미얀마 여행이 가장 기억에 남는다고 하여 나와 많은 부분 공감대를 형성하였다. 싼 포도주(2.5€)지만 한 잔씩 주고받으며 정치, 경제, 사회, 인생 등 다방면에 걸쳐 궁금한 것과 현안에 대해 서로 허심탄회하고 심도있게 토론하다 보니 적당한 취기와 함께 밤이 깊어가는 줄도 몰랐다. 한국으로 돌아와 이메일을 열어보니 그로부터 다음과 같은 연락이 와 있었는데 앞으로 캐나다는 반드시 방문해야 할 것 같다.

밴쿠버에는 로버트가 있고, 몬트리올에는 마크(Marc)가 있어 서로 가이드를 자청하고 있으니…….

보낸사람 : "rob starski"

보낸시간 : 2010-03-30 (화) 17:01:13 [GMT +09:00 (서울)]

Hello Lee.

I never received any mail from you. I am in Rome for last day. Italy is like museum, anywhere you turn your head there is History.

I hope we stay in touch, if you ever plan to visit Canada let me know i will take you around and you can stay at my house.

Ciao. Robert

로버트의 여행스타일은 No Plan + No Guidebook + No Watch = No Problem이었다. 그는 시계조차 없이 있는 그대로의 시간을 즐기고 있었는데, 이번 기차 놓치면 다음 기차 타면 되고, 원하는 곳에 못 가게 되면 안 가면 되고, 다른 곳으로 가면 또 다른 사람과 자연을 만나게 될 것이라는 대단한 융통성과 여유. 또한, 불교의 무소유 정신에 가까운 여행 태도와 마음가짐도 지니고 있는 독특한 웨스턴이었다. 시간을 쪼개어 계획적으로 이동하고 여행하는 내 스타일과는 정반대였는데 나도 그처럼 앞으로 그런 여행을 할 기회가 있을 것이다. 그래서 '타산지석'이라고 하지 않는가? 배움은 도처에 널려있는 것이다. 로버트로부터 많은 것을 배우고 느낀 값진 하루였다.

2010년 3월 22일(월요일) –제21일

당초 산마리노(San Marino) 공화국을 가고 싶었으나(리미니Rimini까지 3시간 소요, 버스 환승 1시간 소요) 기차 시간이 어긋나는 것과 향후 일정에 따른 부담 때문에 포기하고, 피렌체 근교에 있는 시에나(Siena)로 행선지를 바꾸었다. (아침 8시 10분 출발, 6.2€/ 1시간

20분 소요) 시에나는 이탈리아 내에서도 손꼽히는 관광지역으로 1995년 유네스코에 의해 시에나 역사 지구로 세계문화유산에 등재된 곳이다. 피렌체 남쪽 60km, 고도 약 300m의 언덕에 위치한 시에나는 피렌체 르네상스의 주요한 원동력을 제공하였고 캄포(Campo)광장을 중심으로 중세 도심가 원형을 보존한 채로 남은 역사 깊은 도시였다. 독특한 부채꼴 모양의 캄포광장은 1293년에 건설을 시작하여 1349년에 완성된 세계적으로 유명한 광장이다. 1300년대 중엽에 완공된 푸블리코 궁전(시청사)과 높이 102m의 만쟈(Mangia)탑(입장료 7€)이 있는데, 나는 505 계단을 올라 광활한 토스카나의 평원과 시에나 시내를 조망할 수 있었다.

그람시(Gramsci)광장에서 버스를(7.1€/ 1시간 40분소요) 타고 피렌체로 되돌아와서 산타크로체 광장 야시장 주변에서 먹거리, 볼거리가 풍부한 피렌체의 밤을 경험할 수 있었다.

2010년 3월 23일(화요일) -제22일

아침 8시. 성 프란체스코의 도시 아씨시(Assisi)로 출발했다. (11€/ 10:45 도착) 넓은 평원 위에 솟은 해발 424m의 수바시오(Subasio) 산에 위치한 이곳은 성 프란체스코

(St. Francesco) 및 성녀 클라라가 탄생한 주요 카톨릭 순례지의 하나이다. 아씨시 가장 높은 곳에 위치했으며 14세기에 세워진 군사요새인 로카 마조레(Rocca Maggiore)에 올랐는데 아씨시 시내와 움브리아 평원의 아름다운 경치가 한눈에 들어왔다.

로마제국시대부터 번영한 시장도시이며, 성벽으로 둘러싸인 시가지는 굴곡이 심한 좁은 길이 사방으로 뻗어있어 중세의 자취를 흠뻑 느낄 수 있었는데, 코뮤네(Comune) 광장을 지나 성 프란체스코 수도원(1200년대 건설)을 돌아 길쭉한 형태의 중세유럽의 아씨시를 만나고 30분 간격으로 있는 버스(Linea C: 1€/ 15분 소요)를 타고 기차역으로 되돌아왔다. 오후 4시. 폴리뇨(Foligno)역으로 이동, 환승(16:58 Eurostar, 18€, 18:24/ 로마 테르미니Termini 도착)하여, 이번 배낭여행을 처음 시작하였던 도시인 로마로 되돌아왔다. 역 근처의 한인민박(가고파민박, 아침 제공/25€)에 여장을 풀고 모처럼 한식으로 김치와 함께 푸짐한 저녁(5€)을 먹을 수 있었다.

2010년 3월 24일(수요일) –제23일

2001년 9월 그룹 배낭여행으로 로마를 방문하고 거의 10년 만의 재방문이다.

아침 일찍부터 세계사의 중심도시 로마(Roma) 투어를 시작했다.

3천 여년의 역사를 지닌 로마는 테베레 강 하류에 위치하여, 일찍이 로마시대에는 세계의 중심지였고 중세, 르네상스, 바로크 시대를 거치면서 오랫동안 유럽 문명의 발상지가 되었으며 수많은 문화유산을 간직한 도시이기도 하다. 도시 전체가 커다란 박물관이라고 할 수 있는 로마는 고대 로마의 외관을 보존하기 위해 건물의 증•개축을 금지하고 있지만, 공간을 활용하는 인테리어만큼은 놀랄 정도로 세련되고 아름다운 것을 느낄 수 있다. 승차권 1일권(1Day Pass)을 구매하여, 먼저 지하철 B선 피라미드 역에 내려 진짜 피라미드(Piramide)를 보았다. 로마에 웬 피라미드? '이집트 피라미드를 모방한 피라미드가 로마에 있다!' 이 피라미드는 기원전 11년에 세운 것으로 당시 호민관이었던 에푸로네(Epulone)가 자신의 무덤을 피라미드 형태로 만들었고, 이후 이 피라미드는 아우렐리안 성벽(로마를 둘러싸는 성벽)에 딱 끼워 맞춰 지금까지 잘 보존되어 온 것이다.

고대 전차 경주장인 치르코 마시모(Circo Massimo)를 지나 진실의 입이 있는 성모 마리아 성당(500년대 건설)으로 왔다. 9시 30분 성당 문을 여는데 마침 근처 베스타 신전을 보고오니 입장하기 시작하여 두 번째로 진실의 입(Bocca della Verita)를 찍을 수 있었다. 이곳은 영화 '로마의 휴일(오드리햅번/ 그레고리팩)'에 나왔던 유명세 때문에 항상 사람들로 들끓는 곳이다. 진실의 입은 바다의 신(神)인 트리톤의 얼굴을 담고 있는데, 2,400년 전에 만들어진 로마시대 하수구의 덮개였다는 사실을 아는 사람은 그렇게 많지 않다. 이어서 이탈리아 역사의 시작점 콜로세오(Colosseo)를 둘러보았

Roma Termini
Coca-Cola
Coca-Cola

는데 10년 전이나 지금이나 변한 것이 하나도 없다. 콜로세오는 로마 시민의 경기 관람장으로 서기 72년에 착공, 80년에 완공한 거대한 원형 경기장이다. 이 콜로세오를 중심으로 포로 로마노(Foro Romano/ 고대 로마인들의 삶의 중심지), 캄피돌리오 광장, 베네치아 광장(로마의 중심, 교통의 요지), 콜론나 광장(마르쿠스 아우렐리우스의 기둥), 나보나 광장(3개의 분수 광장), 판테온(Pantheon; 기원전 27년에 건축한 가장 아름답고 완벽한 신전), 트레비(Trevi)분수(바로크 양식의 최대 걸작품, 영화'달콤한 인생'), 스페인(Spagna)광장(영화 '로마의 휴일'과 스페인 계단), 포폴로(Popolo)광장(고대 로마의 관문, 쌍둥이 성당) 등을 두루 둘러보았다.

배낭 여행하면서 항상 느끼는 것이지만 유명 관광지나 대도시 위주의 사람들로 북적이는 투어가 아닌 시골, 소도시에서 진정한 사람 사는 모습을 보고 느끼고 싶다. 가식적이지 않은 소박한 우리네 시골 같은, 그런 인심을 체험하고 싶은 것이다.

지하철 A선 아그리콜라(Agricola)역 인근 공원에서 아피아 가도를 통과하는 상수도 길(수도교) 일부를 촬영할 수 있었는데 가끔씩 기차도 지나가는 한적하고 평화로운 모습이 로마 시내를 돌아다닐 때보다 훨씬 좋았다. 공원 근처에 테니스장이 보이길래 들어가 그라운드 사진 촬영을 했더니 사람 얼굴은 찍지 말라며 제지하며 다소 신경질적인 모습이다. 미얀마에서는 환한 미소로 이방인을 편하고 따뜻하게 대해 준 것에 비하면 이건……. 다시금 '미얀마의 미소'가 그리워진다.

밤 8시 30분 로마 테르미니(Termini)역을 출발하여 내일 아침 9시 30분 시칠리아(Sicilia)의 주도(州都) 팔레르모(Palermo)에 도착하는 13시간의 밤 기차여행(85.2€, 136,320원)이 시작되었다. 오래전 배낭여행 시 스웨덴 말뫼에서 덴마크 코펜하겐으로 넘어갈 때 기차를 배에 실어 옮겼던 것처럼 시칠리아 섬에도 그런 방식으로 배를 이용하여 들어가는 것이다. 이번에는 한밤중이라 기차 안에서 나와 바다 풍광을 볼 수 없음이 아쉽다.

쿠셋은 4인실이고, 시트와 담요 커버는 잘 세탁된 것을 제공해 주며 포장된 물도 한 잔씩 나오는데 이동과 숙박을 동시에 해결하는 경제성과 용이함. 야간열차 이용이 가끔은 필요한 것이지만 13시간씩 이동은 정말 지루한 것이다.

2010년 3월 25일(목요일) –제24일

나에게 있어 시칠리아는 영화 '대부(代父: Godfather)'에 나왔던 마피아의 본거지, 황량하고 가난한 섬사람들의 생활터전, 순진하고 소박한 농부의 삶 등 여러 복합적인 인상으로 남아있는 곳이다.

사실 시칠리아는 유럽적이지도 않고 아랍이나 아프리카적이지도 않은 독특하면서도 독립적인 문화를 지니고 있다고 한다. 시칠리아의 진면목을 보지 못하고 수박 겉핥기 식으로 여행을 마무리 지어야 하는 이번 여정이 상당히 아쉽지만 다음에 이탈리아를 다시 방문할 수 있다면 시골 위주의, 진정한 사람을 만나 진솔함을 나누는 느린 여행을 하고 싶다.

팔레르모의 볼거리는 구시가에 집중되어 있고, 걸어서 충분히 돌아볼 수 있기에 역 짐 보관소에 배낭을 맡기고(4€), 역 앞 여행자사무소에서 City Map을 구하려는데 내 앞에 낯익은 인물이 상담 중이다. 바로 로버트(Robert)였던 것이다! 피렌체에서 서로 기약 없이 헤어졌고, 지금 이 장소에서 다시 만난다는 것은 거의 기적에 가까운 일인데……. 그는 'Funny!'를 연발하며 우리의 재회를 즐거워한다. 그는

비행기 편으로 어제 도착, 1박 한 상태이고, 나는 13시간의 기차여행 끝에 지금 도착했으니……. 그는 여전히 No Plan, No Guidebook, No Watch 상태로 No problem 여행을 즐기고 있었다. 서로 메일을 주고받자고 하며 악수를 한 후 헤어졌는데 두 시간 뒤 구시가 길에서 그를 또 만나게 되어 '로버트, 이것도 인연인데 당신 사진을 찍어둘게.'하고는 그의 사진을 남기게 되었다.

인연을 필연으로 이어갈 수 있는 것은 나 자신이기에 다음에 캐나다 여행 시 그와의 만남을 다시 한 번 추진해 보아야 하겠다.

로마거리(Via Roma)를 지나 산도메니코(San Domenico)광장 오른편에 재래식시장이 있는데 여기저기를 기웃거리다가 문어 삶은 것을 파는 좌판에서 2€에 조금씩 맛을 보는데 '이거! 싱싱하고 맛있다.' 3번이나 시켜먹으니 덤도 조금 주고, 결국에는 문어 1마리를 7€에 삶아달라고 해서 메시나(Messina)까지 여행(3시간 소요) 중 기차 안에서 맛있게 먹을 수 있었다.

또 주먹보다 더 큰, 달고 맛있는 오렌

지(4개)를 1€에 사서 실컷 먹을 수 있었는데 먹거리와 로버트와의 만남으로 인해 팔레르모가 더 기억에 남게 되었다.

메시나를 거쳐 타오르미나역에 도착하니 벌써 어둠이 짙게 깔리고 있어서 서둘러 역 근처 민박집(Villa La Spada/ B&B인데 숙박만 하는 조건/ 30€)을 잡고 장시간 이동에 따른 피로를 뜨거운 샤워와 시원한 맥주로 풀었다.

2010년 3월 26일(금요일) –제25일

아침 일찍부터 숙소 주변 마을(Giardini Saia)을 돌아보고 이어서 아름다운 섬 이소라벨라(Isola Bella)의 모습을 여러 각도에서 촬영할 수 있었다.

우리나라 신비의 바닷길인 무창포, 진도, 모도처럼 섬 좌우로 물길이 갈라지는 것이 비슷하기는 하지만 규모는 아주 작은, 수도원이 있는 섬이다. 계속 걸어 마차로 (Mazzaro)해안까지 가서 케이블카(Funivia)를 타고 타오르미나(Taormina) 중심부로 가려고 했으나 지난 3월 12일부터 유지보수를 이유로 운행 정지 중이다. 할 수 없이 걸어 올라가서 타오르미나의 얼굴인 고대 그리스 극장(입장료 6€/ Teatro Antico: 기원전 3세기경 그리스인이 축조)을 천천히 둘러보았다.

여름에는 세계적인 BNL Film Festival이 이곳에서 마련되는데 지름 109m, 28개의 계단으로 관중석이 마련된 이 극장에서 영화를 상영한다고 한다.

타오르미나의 중심지 4월 9일 광장을 지나 두오모 광장, 안토니오(Antonio) 광장에 다다르니 내 블로그 타이틀 'Carpe Diem'을 쓰는 바(Lounge Bar)가 시선을 확 사로잡는다. 배낭여행 중 경제적인 이유로 지금까지 레스토랑이나 바에서 거의 식사를 안 했었지만, 이번에는 예외를 두기로 했다. 맥주(330ml) 1병 4.5€(슈퍼마켓에서는 500ml 1캔에 보통 1€), 스파케티 1접시 7€, 총 11.5€(18,400원)을 지불했지만 유럽에서, 그것도 시칠리아 타오르미나 해발 206m의 절벽 위에서 'Carpe Diem'이란 문구를 접하다니 이것도 인연이라 생각해서 흔쾌히 지불했다. (다음날 쏘렌토 중심가의 한 레스토랑에서도 'Carpe Diem'문구를 볼 수 있었다.)

타오르미나 뒤로는 해발 3,323m의 활화산 에트나(Etna)의 모습을 볼 수도 있다고 하지만 날씨가 도와주지 않아 바로 뒤의 풍경 사진을 찍는 것조차 힘들었다. 높은 꼭대기 마을인 사라세노(Castello Saraceno)에 올랐는데 도중에 초록도마뱀을 발견, 근접하여 이 녀석에게 카메라를 들이대니 잠시 포즈까지 취해주고는 이내 사라져 버렸다.

타오르미나에서 버스(1.8€)로 인근마을인 레토야니(Letojanni)로 내려왔는데 넓은 자갈 해변을 가진 매우 조용한 어촌이었다. 자갈 해변에서 낚시하는 사람이 있기에 가까이 가서 보니 망상어와 광어 비슷한 것을 1마리씩 잡아 놓고 있어 카메라를 들이대니까 아예 생선을 들어 자갈 바닥에 내려놓는다. 파닥거리는 놈을 얼른 찍자 이번엔 이름을 알려주는데 그만 까먹어 버렸다.

그는 영어를 못하고, 나는 이탈리아어를 못하니 서로 다른 나라 말을 하고 있지만 느낌은 통하는 것 같았다.

밤 기차(22:48, 58.8€)로 나폴리(Napoli)로 이동하는데, 민박집에 배낭을 늦게까지 맡겨둘 수 없어 조그만 시골역 대합실에서 4시간 동안 혼자 철썩거리는 파도소리를 벗 삼아 지나간 여정을 되돌아보고, 지금까지 무탈하게 나와 내 가족이 잘 지내고 있음을 감사하는 시간을 가졌다.

2010년 3월 27일(토요일) -제26일

아침 6시 18분 나폴리 중앙역에 도착했다. (타오르미나에서 7시간 30분 소요) 한인민박(소나무민박/ 아침포함 25€)에 배낭을 맡겨놓고 사철 베수비오 주유 철도역에서 폼페이(Pompei)로 향했다. (08:25, 2.4€/ 35분 소요)

폼페이는 1997년 유네스코에 의해 지정된 세계문화유산이다. 79년에 베수비오 화산의 폭발로 화산재에 묻혀버린 폼페이는 원형을 그대로 간직하고 있는데, 유적은 거의 나폴리 고고학 박물관에 소장되어 있다. 폼페이에서는 아폴로신전, 바실리카, 포룸, 광장, 공중목욕탕, 프레스코화가 그려진 집들, 대성당, 원형극장, 베티의 의사당, 작은 매음굴 그리고 도시의 대로(마차 바퀴 자국이 선명함) 등을 볼 수 있었다.

11시 20분 폼페이역(Villa dei Misteri)에서 소렌토(Sorrento)로 이동(1.9€, 30분소요)하였

다. 소렌토는 험준한 바다 절벽의 멋진 풍광을 자랑하는 곳으로 역 바로 앞에서 버스를 타고 포지타노(Positano)를 거쳐 아말피(Amalpi)까지 이어지는 해안은 정말 아름다웠다. 차창 밖으로 펼쳐지는 해안 절경은 때로는 간담을 서늘하게 할 정도로 아슬아슬하였는데 이미 친쿠에테레 트레킹을 경험한 후라 여유를 가지고 풍경을 즐길 수 있었다.

아말피에서는 소렌토로 돌아오지 않고 살레르모(Salermo)로 향했다. (1시간 소요) 아말피 해안의 끝인 이 항구도시는 새롭게 단장된 현대식 건물들과 산책로 등이 해변에 잘 갖추어져 있었다. 오후 4시 40분 버스(Sita/3.4€) 편으로 고속도로를 경유하여 나폴리 가리발디(Garibaldi)광장으로 돌아왔다.

재래시장에 들러 오렌지 1€어치를 담아달라고 하니 봉지에 자꾸만 담는다. 숙소에 와서 세어보니 무려 20개씩이나 담겨 있다. 아무리 나폴리가 오렌지 주산지라고는 하지만 너무 많이 준 것 같다. 내가 불쌍하게 보여서 덤을 많이 준 것일까?

저녁에 같은 방을 쓰는 일본인 청년(요리사)과 재일교포 일본인, 나 이렇게 셋이서 간단한 맥주 파티를 벌였는데, 재일교포 영감님(김장육/ 金壯六)의 이력과 생활을 들어보니 놀랍기만하다. (69세, 나고야 거주/ 독학, 2차대전 중 폭격으로 부모 사망 후 독신으로 자립, 아들의 지원금과 연금으로 1년 계획 세계일주 중, 아시아와 중동을 거쳐 현재 4개월째 여행 중이며 유럽, 아프리카, 남미, 중미, 북미를 여행할 예정, 한국어와 영어 적당히 구사) 정말 대단한 분이다. 과연 나도 이 분처럼 건강하고 젊게 살 수 있을까?

2010년 3월 28일(일요일) –제27일

이탈리아에서는 오늘부터 1시간이 빨라지는 섬머타임(Summer Time)제가 실시되었다. 어제까지의 아침 8시가, 오늘은 아침 7시가 되는 것이다. 시차로 따지면 한국/일본보다는 7시간이 더 빨라지는 것이기도 하다.

이탈리아 남부 풍부한 자연의 도시 나폴리는 세계 3대 미항 중 하나라고 하는데 옛날에는 그랬을지 몰라도, 현재는 실제 미항(美港)이라고 부르기에는 미흡한 점이

PAVLVS V BVRGHESIVS ROMANVS

많은 것 같았다.

숙소에서 천천히 걸어서 나폴리 구도심가 트리부날리 거리(Via dei Tribunali)에서 천년의 나폴리를 느낄 수 있었는데 스파카 나폴리(Spacca napoli)는 '나폴리를 가로지른다'는 의미로 골목골목에서 오래된 나폴리 사람들의 삶을 엿볼 수 있었다. 나폴리 신앙의 중심 두오모(Duomo/ 13세기 건축)와 돈나레지나 성당을 거쳐 단테 광장, 카스텔 누오보(Castel Nuovo), 플레비시토 광장과 산프란체스코 디 파올로 성당, 왕궁, 움베르토(Umberto) 1세 갤러리, 산 카를로(San Carlo)극장, 베베렐로 부두 등을 둘러보고 산타루치아 항에 있는 카스텔 델오보(Castel Dell'Ovo/ 감옥으로 사용되어온 산타루치아의 절경)을 찾아보았다.

지하철 2호선 아메데오(Amedeo)역은 마치 산레모역이나 모나코역같이 깊은 터널 내부에 승강장이 있었는데 오늘이 일요일이라 그런지 역사에 아무도 없고 승차권 발매기도 작동이 되지 않아 본의 아니게 무임승차하여 나폴리 중앙역으로 되돌아와서는 오후 4시 30분 나폴리를 출발(20.5€), 2시간 만에 로마 테르미니 역에 도

착했다. 한인민박(가고파민박)에 다시 숙소를 정하고 이탈리아에서의 마지막 밤을 보냈다.

2010년 3월 29일(월요일) –제28일

오후 3시 10분 도쿄행 비행기라서 오전 시간은 여유가 있어 바티칸 시티(Vatican City) 투어를 했다. 카톨릭의 총 본산지, 교황청, 전 세계에서 가장 작은 독립국, 박물관 수입으로 운영되는 바티칸 시티. 성 베드로 성당(바티칸 대성당)을 둘러보고, 바티칸 박물관(2001년 9월 박물관 관람) 옆을 지나고 성벽을 따라 원형으로 한바퀴 돌아 다시 원점인 성 베드로 성당으로 와서 천사의 성(산탄젤로 성) 다리에서 테베레(Tevere) 강을 물끄러미 바라보며 지난 4주간의 배낭여행 여정을 반추해 보았다.

로마 테르미니역에서 피우미치노(Fiumicino) 공항까지는 직행열차 레오나르도 익스프레스(Leonardo Express, 11€/ 30분 소요)를 타고 이동하였다.

2010년 3월 30일(화요일) –제29일

일본시각 아침 10시 30분. 이탈리아항공편(JL 5064/ Alitalia)으로 12시간 20분 이상

걸려 도쿄 나리타 국제공항에 도착했다. (시차 7시간)

이탈리아는 지금이 새벽 3시 30분(숙면 시간). 어제까지 4주 동안 그런 생활패턴으로 살던 내가 지금 오전 10시 30분이면 한참 활동할 시간의 생활인으로 돌아와야 한다. (시차에 따른 행동차이) 일본에서 며칠간 있으며 시차 적응을 위해 애썼는데 생각처럼 쉽지가 않아, 우리 풍년테니스 회원으로 있는 비행기 기장들의 시차 극복 노력이 충분히 이해되었다. 도쿄행 이탈리아항공은 나이 든 남자 승무원이 대부분이었는데 출발 후 기내식 한번 제공하고는 도착 시까지 거의 승객을 위한 서비스가 없었다. 로마행 일본항공(JAL)과 비교하면 한마디로 낙제점이다. 손님에 대한 정성이 너무 부족하고 마지 못해 서빙(Serving)하는 느낌을 받으니 동남아시아 항공사들과는 천양지차(天壤之差)인 것이다.

오전 11시 15분. 스이카&넥스(Suica&NEX) 교통패스(3,500엔)를 이용해 JR특급 Narita Express 편으로 요코하마(Yokohama)역까지 편하고 빠르게 이동할 수 있었다. (1시간 30분 소요/ 실제 요금은 4,180엔이나 1,500엔 결제)

역 사물함(Coin Locker/ 400엔)에 배낭을 보관하고, 미나토미라이(항구의 미래)까지 Sea Bus(400엔)를 이용하여 이동, 퀸즈스퀘어를 거쳐 랜드마크 플라자, 랜드마크타워

스카이가든(1,000엔, 273m, 지상 69층, 일본 최고 높이의 전망대)에서 요코하마 시가지를 한 눈에 조망할 수 있었다.

1970년대 젊은 시절 추억의 한켠에 자리 잡은 아련한 일본노래 'Blue light Yokohama'때문에 사실 요코하마를 첫 방문지로 삼았는데, 도시 규모가 너무 커서 잠시 스쳐 지나가는 것으로 만족하고, 도쿄 신오오쿠보에 있는 한인민박(히카리하우스: 한국에서 2박 예약/ 8만 원)를 찾아 들어갔다.

도미토리는 6인실인데 캡슐형 침대(소형 TV, 개인 선반)에 커튼만 치면 방 하나가 6개의 완벽한 독립 공간이 되도록 꾸며져 있어 사생활이 잘 보호받도록 배려한, 일본다운 발상에 새삼 놀랐다. 숙소에서는 인터넷전화가 무료로 제공(도쿄->한국)되어 집사람과 아이들에게 안부 전화를 하여 그동안의 노고에 고마움을 표시했다.

2010년 3월 31일(수요일) -제30일

한 달 동안 도미토리 어디를 가나 코 고는 놈들 때문에 숙면에 방해를 받았는데 여기 역시 예외는 아니다. 게다가 시차까지 겹쳐 컨디션이 말이 아니다. 숙소에서 신주쿠까지 걸어가서 도쿄 도청사 전망대(48층 트윈타워/ 무료)를 찾아 도쿄 시가지를 한눈에 내려다볼 수 있었다.

싱싱한 생선만 취급한다는 세계 최고의 수산시장인 쓰키지시장을 방문했을 때는 정오 무렵이라 이미 파장상태. 시장에서만 경험할 수 있는 활기와 감동, 엄청나게 큰 생선 그리고 싱싱한 생선 등을 볼 수 없었다. 한적한 시장을 구석구석 돌아보는데 일부 스시(すし) 가게들은 점심시간을 맞아 문전성시다. 줄을 서서 한참을 기다려야 겨우 자리가 나는 모습이었는데 그만큼 신선한 재료를 저렴한 가격에 공급하고 있다는 반증이었다.

두어 시간 어시장과 주변 요모조모를 카메라에 담고 긴자(銀座) 방면으로 옮기려는데, 스시 전문점이 한산한 모습을 보여 모처럼 비싼 점심을 먹어보자고 마지막 손님으로 입장했는데 3,100엔짜리 모듬 스시는 너무 과분한 것 같아 2,500엔짜리 스시밥으로 주문했다. 사실 물가로 보나, 재료의 신선도로 보나 이 정도면 한국에

서도 충분히 2만 5천 원 값어치 이상을 하는 것인데 배낭여행자로서의 나는 돈에 소심할 수밖에 없다.

대형 백화점과 명품 브랜드 숍이 밀집해 있는 일본에서 제일가는 쇼핑타운으로 전통과 유행이 공존하는 긴자(銀座)를 둘러보았다. 수많은 인파가 밀려가고 밀려오는 이곳은 명실공히 가장 번화하고 고급스러운 곳이었다.

저녁 무렵 도쿄에서 가장 저렴하게 쇼핑을 할 수 있다는 재래시장 아메야요코초를 찾았다. JR 우에노역에서 JR 오카치마치역 사이의 고가철로를 따라 이어지는 400m 거리의 재래시장인 이곳에서는 적당한 가격과 활기찬 분위기로 인해 제대로 사람 사는 냄새가 났다.

숙소 앞 식당에서 저녁 겸 안주거리를 사는데 자판기(Vending Machine) 천국답게 Here, Take Out 버튼이 있고 돈을 넣고 메뉴를 고르면 주문서와 영수증이 출력되는 일본스러운 모습을 볼 수 있었다.

2010년 4월 1일(목요일) –제31일

닛코의 핵심 지역인 닛코산나이(日光山內)는 일본 최초로 특정 지역 전체가 유네스코 세계문화유산으로 지정되었다. 도쇼구, 후타라산진자, 린노지를 일컬어 니샤이치지(二社一寺)라고 부르는데 말 그대로 2개의 神社(Shrine)와 1개의 절(Temple)이라는 뜻이다. 화려하고 아름다운 건축물과 웅장한 대자연이 절묘한 조화를 이루어 수많은 이들이 찾는 일본 최고의 관광지이다.

미리 예약한 린도우노이에 민박(B&B, 7만 2천 원/ 아침포함)에 여장을 풀고 외국인 전

용 패스인 세계유산 패스(World Heritage Pass: 3,600엔/ 교 왕복 차와 2신사 1사찰 입장권)를 이용하여 이들 문화 유산들을 둘러보았는데 '닛코는 곧 일본(Nikko is Nippon)'이라는 일본인들의 대단한 자존심이 나에게는 와닿지 않았다. 2008년 9월 큐슈 키리시마 신궁(일본의 천손강림 신화로 유명한 명승지)을 자세히 둘러본 적이 있어 그저 일본 신사와 절이란 이런 것이구나 정도이지 큰 감흥은 없었다. 더구나 도쇼구(東照宮)란 도쿠가와 이에야스(1543~1636)를 모시는 신사이므로 한국인인 내가 감동하며 참배할 여지가 더욱 없는 것이다

2010년 4월 2일(금요일) -제32일

아침부터 비가 추적추적 내린다. 날씨만 좋으면 기누가와 온천이라도 들러 온천욕을 하겠지만, 이동에 따른 번거로움이 일찌감치 도쿄로 돌아가게 만들었다.

도부닛코역 출발(08:56), 도부아사쿠사역 도착(11:30) 후 환승, 지하철(160엔)로 우에노역에 도착하여 벚꽃 축제를 준비 중인 우에노공원을 잠

시 둘러본 후 게이세이전철(1,000엔)을 타고 일찌감치 나리타 국제공항으로 향했다. 그리고 일본항공(18:40 출발, JL 959/ B7 47-400)편으로 인천공항 도착(21:15/ 2시간 35분 소요) 22:10 버스(308번)를 타고 김포 집으로…….

EPILOGUE

'파랑새(bluebird)' 이야기를 아는가? 1911년 노벨(NOBEL)문학상 수상자 벨기에인(Belgian) '모리스 메테를링크'가 발표해 전 세계인들에게 읽힌 동화 '파랑새'의 결론은 '행복은 멀리 있는 것이 아니라 내 가까이에 있지만 그 사실을 다들 모르고 있을 뿐'이라는 것이다. 그리고 영국속담에 '자기 스스로 행복하다고 생각하는 사람은 행복하다'는 말이 있다. 자식이 부모의 거울이란 말을 뒤집어주듯, 항상 불안하고 심기가 불편한 '파랑새 증후군(bluebird syndrome)'을 앓고 사는 듯한 내 아내와 나에게 진심으로 '행복은 가까이에 있다'는 것을 새삼 절실히 일깨워준 것이 이번 배낭여행이었다.

여행이란 그 자체가 '삶의 쉼표'가 되기도 하고 때로는 다음으로 이어지는 '접속사'가 되기도 한다. 나의 성(城)에서 벗어나 얻는 '쉼과 여유', 미지의 새로운 세계를 얻는 '넓은 시야와 깨달음'은 여행을 통해 얻을 수 있는 소중한 열매이다. 그리고 여행이란 현실에서의 도피가 아니라 현실을 위한 준비라는 것을, 타인을 보기 위해 떠나는 것이 아니라 나를 알기 위해 떠나는 것임을, 사랑하는 사람을 떠나는 것이 아니라 그 사람을 더욱 사랑하기 위해 떠나는 것이라는 것을 다시 한 번 체득하고 돌아왔다.

올해 설날 아침에 떡국 한 그릇을 먹고 내 나이 '쉰셋'이 아니라, 나는 여전히 청춘(青春)이고, 무엇이든 할 수 있는 젊음이 있다는 자기 최면을 걸어 혼자 떠난 배낭여행을 무사히 잘 마무리할 수 있었다.

올해로 해외 배낭여행 10주년. 나이는 숫자일 뿐이라는 말처럼 10주년도 숫자에 지나지 않는다. 세계일주를 꿈꾸고 계획하고 실행하는 나의 배낭여행은 앞으로도 계속될 것이다.

INDIA

인도

1개국 18개소

(2009.1.28~2.24)

뭄바이/아우랑가바드/엘로라/
아잔타/부사발/잔시/오르차/
카주라호/사트나/바라나시/
사르나트/아그라/
파테푸르시크리/자이푸르/
우다이푸르/조드푸르/
자이살메르/(뉴)델리

인도

(2009.1.28-2.18)

뭄바이 · 아우랑가바드 · 엘로라 · 아잔타 · 부사발 · 잔시 · 오르차 ·
카주라호 · 사트나 · 바라나시 · 사르나트 · 아그라 · 파테푸르시크리 ·
자이푸르 · 우다이푸르 · 조드푸르 · 자이살메르 · (뉴)델리

여행은 꼭 무얼 보기 위해서 떠나는 것이 아니다. 우리가 낯선 세계로의 떠남을 동경하는 것은 외부에 있는 어떤 것이 아닌, 바로 자기 자신에게 더 가까이 다가가기 위함이다.

류시화 시인이 쓴 책 '하늘 호수로 떠난 여행'을 읽으면서 과연 나에게 인도는 어떠한 모습으로 다가올까 궁금해하며 인도여행의 출발 날짜를 손꼽아 기다렸다. 그의 '노 프라블럼(No Problem) 명상법'에 따르면 외부에서 일어나는 일로 결코 자기 자신을 괴롭히지 말라는 것이다. 하지만 많은 배낭여행자는 인도는 정말로 문제가 너무 많은, '노우(9) 프라블럼(9개의 문제)' 국가라고 이구동성으로 얘기한다. 그게 정말일까? 과연 나에게 있어 인도(INDIA)는?

이제 그 첫 단추를 끼워본다.

2009년 1월 28일(수요일) -제1일

미술대학 서양화를 전공하는 내 딸 아란이 특별히 특정 향수를 사달라고 부탁하기에 인천 국제공항 면세점에서 그 향수 하나를 사고는 이리저리 어슬렁거리며 대한항공 KE 655편(뭄바이행) 20:40 출발시간을 기다렸다. (이후 이 향수는 1달 동안 불편한 내 배낭 깊은 곳에서 주인을 기다리고 있었다)

티베트 자치구
루디아나
파키스탄
물탄
펀자브
유타란찰
하리아나
우타르 프라데시
네팔
카트만두
시킴
부탄
라자스탄
자이푸르
Jaipur
러크나우
Lucknow
아삼
카라치
하이데라바드
파트나
Patna
비하르
메갈라야
마디아 프라데시
즈하르한드
방글라데시
구자랏
아마다바드
Ahmedabad
인도르
Indore
인도
서부 벵골
치타공
라지코트
Rajkot
나구푸르
Nagpur
차티스가르
트리푸라
뭄바이
Mumbai
마하라 슈트라
오리사
미조람
푸네
Pune
비사카파트남
Visakhapatnam
텔랑가나 주
고아
카르나타카
안드라 프라데시
방갈로르
Bengaluru
체나이
Chennai
벵골 만
아라비아 해
타밀 나두
마두라이
Madurai
케랄라
스리랑카
라카디브 해
콜롬보
Colombo
프랑스/이탈리아/일본

2009년 1월 29일(목요일) -제2일

한밤중인 02:40 인도 뭄바이(Mumbai) 공항에 도착했다. (한국에서 9시간 소요, 시차는 3시간 30분/ 기온 25도)

여행사 '인도소풍'에서 마중 나온 길벗 이보연(인도경력 6년)씨의 안내로 Prepaid Taxi를 이용하여 뭄바이 외곽 위성도시인 NAVI Mumbai에 있는 Hotel에 여장을 푸니 새벽 4시 30분. 잠깐 눈을 붙인 다음 아침 9시 뭄바이 투어를 시작했다. 이번 인도 배낭여행에서 나와 3주간 여정을 함께 할 여장부들은 강민경(고2), 강한얼(중3) 이 두 당찬 자매와 이정희씨(미국 뉴욕 유학생)이다. 우리 일행은 길벗 포함 5명이어서 웬만하면 택시나 오토릭샤 1대로 이동이 가능하여 시간과 경비 절감에 상당히 도움이 되었다.

오토릭샤를 이용(20루피), 나비역(NAVI Station)으로 이동한 다음 교외 전철(Suburban)로(1인당 10루피) 뭄바이 C.S.T역까지 가기로 했다. 몇 대의 복잡한 열차를 보내고, 다소 한가한 열차에 올라 처음 여성 전용칸에 들어갔으나 내가 남자라는 이유로 쫓겨나와 옆 칸의 화물칸(사람과 짐이 함께 뒤엉키는 칸) 통로에 우리 일행이 자리를 잡았다. 여유 있는 시간은 잠깐이고 몇 정거장 가지 않아 화물칸은 터져나갈 지경

이 되었다. 한국의 지옥철은 저리 가라 할 정도고, 그야말로 혼잡의 극치인 열차 내, 외부에 사람이 매달려 간다. 50분 가량 현지인들로부터 우리 일행을 보호하느라 진을 다 빼고 나니 뭄바이 C.S.T역이다. 유네스코 세계문화유산인 이 역은 영국 식민지 시절 건축물 중 가장 우아한 것으로 손꼽힌다고……. 걸어서 여행자 거리인 꼴라바(COLABA)를 지나니 인도문(Gateway of INDIA/ 1924년 완공된 뭄바이의 상징물)타즈마할(TAJ MAHAL) 호텔(1903년 완공, 인도에서 가장 유명한 호텔)이 나온다. 작년 타즈마할 호텔 테러 이후 뭄바이 시내 경비는 상당히 삼엄한 편이다. 이 테러 이후 인도 여행객 수가 급감한 것도 사실인데, 실제로 인도 여행에 대해 많은 사람이 안전 문제에 대해 걱정을 했었다. 인도 최고의 상업 도시이자 최대의 도시인 뭄바이. 시가지를 뒤덮고 있는 높은 빌딩과 세련된 거리의 뒷골목에는 최대규모의 빈민굴과 홍등가도 그늘처럼 자리 잡고 있다고 한다.

타즈마할 호텔에서 멀지 않은 곳의 한 빈민굴을 찾아 들어가 보니 여긴 사람과 소, 개, 돼지, 염소가 같이 먹고, 자고, 싸고 한다. 바로 맞은 편에는 현대식 고층 빌딩과 호화스러운 저택이 존재하는 곳. 빈부격차가 하늘과 땅만큼이나 크고, 카스트(Caste)제도로 인해 인간으로서의 존엄성이 말살되고, 불가촉(Untouchable)천민(달릿/ Dalit)이 전체인구의 25% 이상이나 되는 인도(INDIA). 재정 중심지이자 경제 발전소인 뭄바이 중심에 지금 내가 있는 것이다. 마린 드라이브(Marine Drive/ 서쪽 해변도로)까지 시내버스로 이동한 후 해변에서 아라비아 해를 바라보며 한동안 휴식을 취하면서 여행 첫날 인도에 대한 적응을 서서히 하고 있었다.

오토릭샤(Auto Rickshaw) 편으로 도비 가트(Dhobi Ghat/ 세계 최대 규모의 빨래터)로 이동, 철교 위에서 빨래하는 풍경을 카메라에 담으며 척박한 천민의 삶을 먼발치에서 지켜보았다. (도비왈라/ Dhobi Wallah는 상당히 거칠어 눈에 띄게 사진을 찍었다가는 봉변을 당할 수도 있다고…….) 낮에 꼴라바 거리에서 환전을 하였는데(100$=4,750루피/ 바라나시에서는 100$=4,800루피, 자이뿌르에서는 100$=4,700루피, 1$=1400원) 앞으로 1루피(Rs)=34원 정도로 셈하면 된다. (얼마 전까지만 해도 1루피=30원으로 셈했었는데, 참으로 한화 가치도 많이 떨어졌다)

2009년 1월 30일(금요일) –제3일

전날 밤 9시 5분 뭄바이발 야간열차(7057/ S9 COach, Berth 1)는 새벽 4시 20분 아우랑가바드 역에 나를 내려 주었다. (7시간 15분 소요) 내가 이용한 인도 야간열차는 SL(Sleeper) 3회, 3AC(3 Tier A/C) 3회였는데 이 SL이라는 것은 좁은 통로와 좌. 우에 Berth 9칸의 간이 침대로 이루어져있는, 완전히 닭장 열차이다. 물론 에어컨도 없

다. 하지만 배낭여행자가 야간에 이동하는데 이 정도면 인도에서는 괜찮다고 해도 될 것이다. 침낭을 준비했음에도 '밤에 그렇게 춥기야 하겠어' 하고 얇은 모포 하나로 밤을 지새웠으나 추위에 역부족. 앞으로 남은 5회의 야간열차에서는 반드시 침낭을 써야겠다고 다짐해 본다. 덕분에 감기를 계속 달고 다니는 중…….

아침 9시. 오토릭샤 편으로 아우랑가바드(Aurangabad) 로컬버스터미널로 이동, 엘로라행 버스(17Rs)를 바로 타고는 50분 정도 황량한 데칸고원을 달려가니 유네스코 세계문화유산이자 위대한 신앙의 창조물인 엘로라(Ellora) 석굴 사원군이 나온다. 입장료 250Rs를 지불하고, 카일라쉬(Kailash) 사원을 시작으로 1~12번 불교 사원군, 13~29번 힌두교 사원군, 30~34번 자인교 사원군을 차례로 둘러보았다.

일명 '석굴 사원의 어머니'라 불리는 카일라쉬 사원은 웅장한 조형미와 화려한 장식이 특히 눈길을 끌었고, 거대한 바위를 깎아 내려가며 조각했다는 것이 무엇보다 인상적이었다. 또한, 불교 사원군에서 부처님의 모습이 처음에는 다리를 벌리고 서 있는 형상에서 뒤로 갈수록 가부좌를 한 모습으로 바뀐 것이 이채로웠다. 승합 지프편(1인당 25Rs)으로 아우랑가바드로 되돌아와서 Grand Bazaar에서 내일 아잔타에서 먹을거리를 알뜰하게 장만하였다.

2009년 1월 31일(토요일) -제4일

유네스코 세계문화유산인 아잔타(Ajanta) 석굴 사원군은 불교 미술의 보고이자 인도 회화의 금자탑으로 평가받는 곳이다. (BC 2~1세기에 걸쳐 조성된 전기 석굴군과, 5~7세기까지의 후기 석굴군이 혼재)

아잔타 T-unction에서 유적지까지는 약 4km 떨어져 있기에 셔틀버스를 이용했고(12:30 출발, 10분 소요, A/C버스 12Rs *Non A/C 7Rs) 입장료는 250Rs(현지인은 10Rs). 아잔타에는 모두 28개의 석굴로 이루어져 있으며 최고 수준의 불교 벽화와 조각품 등이 가득하다.

아잔타 석굴 내부에는 안내를 자청하는 현지인들이 있는데 이들은 한화 1천 원권 여러 장을 인도 루피와 바꾸기를 원했다. '왜 이들이 한국 돈을 많이 가지고 있을까?' 생각해 보니 한국에서 온 보살들이 부처님 전에 불전으로 놓은 것을 이들이 챙긴 것이 아닐까 싶다.

한국 부처님 상은 가부좌를 튼 좌상이 전부였던 것 같은데, 이곳 부처님 상당수가 보대에 앉아 다리를 벌린 모습이다. 아마 시기적으로 부처님 상이 '다리 벌리고 앉은 모습에서 가부좌'로 점차 변해간 것이라 추정되었다. 벽화 상태가 다소 좋게 보존된 것은 복원 작업을 통해서였고, 인도에서 가장 큰 열반상이 있다는 석굴의 와불은 상당히 인상적이었다.

오후 4시 아잔타를 출발하여, 5시 30분 부사발(BhusawaL)에 도착했다. 역 앞 시장을 둘러보며 현지인의 생활상을 카메라에 담았는데 개, 염소, 소, 코끼리 등이 상인과 어울려 좁고 더러운 시장통을 구성하고 있었다. 외국인이 거의 들리지 않는 이곳 부사발시장에 우리가 나타나자 온갖 사람들이 우릴 구경하느라 난리법석이고, 어린아이들은 줄지어 따라오며 마냥 신기해한다. 인도 기차역에는 1급/2급/

Sleeper 승객을 위한 Waiting Room이 따로 마련되어 있는데, 시장통 같은 현지인 대합실을 피할 수 있어 좋았다. 밤 11시 15분 야간열차(SL)를 타고 잔시로 이동하였다.

2009년 2월 1일(일요일) –제5일

아침 9시 15분 잔시(Jhansi)역에 도착. (10시간 소요. 인도에서 예정 시간 보다 45분 연착은 아주 양호한 편이다) 대기 중인 전용차량으로 다시 오르차(Orchha)로 이동하여 먼저 제항기르마할(Jehangir Mahal)을 둘러보았는데, (Mahal=궁전, Palace) 이곳은 5층, 132개의 방으로 이루어져 있는 거대하고 장엄한 궁전이다. (입장료 250Rs, 카메라 Fee 25Rs) 이 궁전은 2002년 7월 내가 여행했었던 덴마크 헬싱괴르에 있는 '크론보그 성'(세익스피어 '햄릿'의 무대)과 흡사하다. 궁전 여기저기를 둘러보고, 옥상에서 내려다보는 오르차는 한적하고 정감있으며 평화로운 작은 마을이다. 라즈마할(Raj Mahal)과 쉬시마할(Sheesh Mahal)을 둘러보고 마치 유럽의 고딕 건축물과 같은 느낌을 주는 차투르부즈(Chaturbhuj) 만디르(Mandir)

(=사원, Temple)로 향했다. 그런데 외관은 매우 훌륭한데 내부는 볼 것이 아무것도 없다. 눈치 빠른 관리인이 첨탑으로 가는 자물쇠가 잠긴 통로 문을 열어주며 박시시(Baksheesh=팁, Tip)를 요구한다. 좁은 4층 통로를 나선형으로 지나 옥상에 올라서니 바람이 시원해 속이 확 트이는 느낌이다. 이곳에서 바라본 제항기르마할의 풍광 역시 매우 훌륭했고, 주변의 전망을 감상하며 잠깐의 망중한을 즐겼다.

오후 2시 30분. 약 200km 떨어져 있는 카주라호(Khajuraho)로 이동을 시작하여(3시간 30분 소요) 태양의 긴 그림자가 꼬리를 감출 무렵 카주라호에 도착했다. 이곳은 인도를 대표하는 유적지 중 한 곳으로 한국인이 많이 찾는 곳이라서 한국 음식을 모방한 한국형 식당들이 성업 중이다. (아씨, 총각, 전라도, 고향식당 등) 일행과 전라도 식당에서 저녁을 함께하는데, 로컬여행사 사장인 자이 싱(Jai Singh)이 합석하게 되어 우연히 많은 이야기를 나누게 되었다. 그는 현재 열애 중인데, 카스트(Caste) 제도로 인한 여자 집안의 반대로 인해 심각하게 고민중이었다. 애인은 브라만(Brahman: 성직자계급/ 신과 인간의 중계자 노릇을 하며 선택된 사람들)인데, 본인은 무사/ 귀족계급인 크샤트리아(Kshatriya: 대중을 이끌어가는 사람들)라서 서로 사랑하고 있음에도 결혼할 수가 없다는 것. 만약 결혼하게 되면 그 어느 계급에도 속하지 못하는 카스트 제도의 희생양, 미아가 되고 마는 것이다. 인도에서 순수한 인간의 사랑에 족쇄를 채우는 이 카스트 제도야 말로 정말 가장 큰 문제가 아닐 수 없다. 정말 'No Problem'이 아닌, 9가지 문제 중 가장 큰 문제점이 아닐까 한다.

*카스트에는 브라만, 크샤트리아, 바이샤(Vaishya: 상인/서민), 수드라(Sudra: 천민/노예계급)의 4가지 바르나(Varna)와 약 3천 개의 자띠(Jati)가 있다. 힌두사회의 주장에 따르면 불가촉(Untouchable)천민(=달릿, Dalit/ 인도 인구11억 명 중 25%)은 인간이 아니라, 그저 힌두교의 성스러운 동물인 소나 원숭이보다는 못하고, 개, 돼지와는 비등하거나 약간 나은 존재이다.

2009년 2월 2일(월요일) –제6일

카주라호 동/서/남으로 나누어진 사원군의 외벽에는 수많은 에로(=Erotic) 조각 미투나(Mithuna: 남녀 교합상)가 여행객의 눈을 자극하는데 전성기에는 85개나 되는 사원이 있었으나 이슬람 세력에 의해 거의 파괴되고 지금은 22개 사원만이 남아 있다고…….

아침 10시. 볼거리가 많은 서부 사원군(입장료 250Rs/ 힌두교사원)은 미투나 상이 몰려 있고, 규모도 가장 크고 보존 상태도 좋은 곳이다. 락쉬마나 사원(Mandir), 칸다리야 마하데브 사원, 바라하 사원 등을 돌아보며 마치 숨은그림찾기 하듯 여러 종류의 미투나 상들을 카메라에 담느라 시간 가는 줄 몰랐다.

오후에는 사이클릭샤(왕복 50Rs)를 타고 동부 사원군(힌두/자인교 사원)을 찾았는데 보존상태가 가장 좋은 바마나 사원과 빠르스바나뜨 사원, 자인(Jain) Art

Museum 등이 특히 눈에 띄었다.

저녁에는 '전라도식당'에서 모처럼 포식(닭볶음탕 200Rs, 맥주 120Rs)하며, 여행 1주차를 잘 넘기고 있음을 자축하였다.

2009년 2월 3일(화요일) -제7일

자전거를 렌트(1/2 Day 30Rs)하여 카주라호 외곽(16km거리)에 있는 라네 폭포까지 가기로 작정하고 길을 나섰는데 가도 가도 안내표시판도 안보이고 띄엄띄엄 농가만 보인다. 중간에 초등학교도 지나고 한적한 도로를 끝없이 달려나가며 수시로 '폭포(Waterfall)'를 물어도 영어가 안통한다. 마침 한 사람과 대화가 되었는데 내가 다른 방향으로 너무 많이 지나쳐왔다는 것이다. 굳이 폭포를 갈 이유도 없었고, 지금까지 지나온 시골 풍경이 너무 좋았기에 이번 자전거 하이킹은 진짜 'No Problem'이었다. 다시 카주라호로 되돌아와 전망좋은 길가 카페에서 시원하고 맛있는 킹피셔(KingFisher) 맥주(650ml, 120Rs)로 목을 축였다. 인도에서는 주류판매 허가증이 있는 한정된 와인샵(Wine Shop)에서만 술을 팔기에 태국처럼 쉽게 술을 마시기는 곤란하다. 하지만 왠만한 식당, 카페에서는 암암리에 술을 판다. 단, 술값이 다소 비싸다는 것이 부담스럽다.

오후 3시 20분 전용차량 편으로 사트나(Satna)로 출발했다. (105km 거리, 2시간 소요) 사트나 역에서 7시 30분 바라나시행 야간열차를 기다렸으나 역시 인도 기차는 정시에 오지 않는다. 2시간을 연착한 기차가 꾸물꾸물 나타났다. 이번에는 에어컨이 들어오는, SL보다 한 등급 높은 3AC(3 Tier 간이침대)를 이용하게 되어 야간 이동에 따른 불편함이 조금은 감소 될 것 같다.

2009년 2월 4일(수요일) -제8일

아침 5시 30분. 당초 예정보다 1시간 연착하여 바라나시(Varanasi) 정션역에 도착했다. (8시간 소요) 오토릭샤 편으로 메인 가트(Main Ghat)로 이동, 숙소인 뿌자(Puja) 게스트하우스를 찾아가는데 방향을 잘못 잡아 그만 북쪽으로 계속 걸어 올라가고 있었다. 중간에 물어보니, 이런, 남쪽으로 가야 할 걸 너무 많이 올라왔다고…….
본의 아니게 보트를 타고 숙소로 내려가는데 오히려 전화위복이라고 해야 할까!
쉬바(Shiva) 신의 머리에서 흘러나오는 성수가 흐르는 강 갠지즈(Ganges=강가'Ganga', 총 길이가 2,500km나 되는 이 강을 인도인들은 경외와 애착의 뜻으로 '강가'라고 부른다)에서 장엄한 일출을 보게 된 것이다.

이른 아침의 색다른 수많은 가트(Ghat: 강가와 맞닿아 있는 계단)와 생동감 있는 사람들의 모습에서 바라나시의 매력을 느낄 수 있었다. 역사보다, 전통보다, 전설보다 오래된 도시. 바라나시! '바라나시를 보지 않았다면 인도를 본 것이 아니다'라고 인도하면 떠오르는 가장 기본 이미지. 인터넷 카페 '세계일주 5불($) 클럽'이 추천하는, 죽기 전에 꼭 가봐야 할 곳 10곳 중에 1위에 랭크된 곳이 바로 바라나시 이다. 3천 년의 역사를 자랑하는 바라나시는 모든 힌두인의 영혼의 고향으로 가장 중요한 성지 중의 하나이다.

라리타(Lalita) 가트에 있는 숙소에 여장을 정리한 후, 여행자 골목인 벵갈리 토라(Bengali Tora)에서 간단한 아침 식사를 하고는 남쪽 끝인 아시(ASI)가트를 지나 베나레

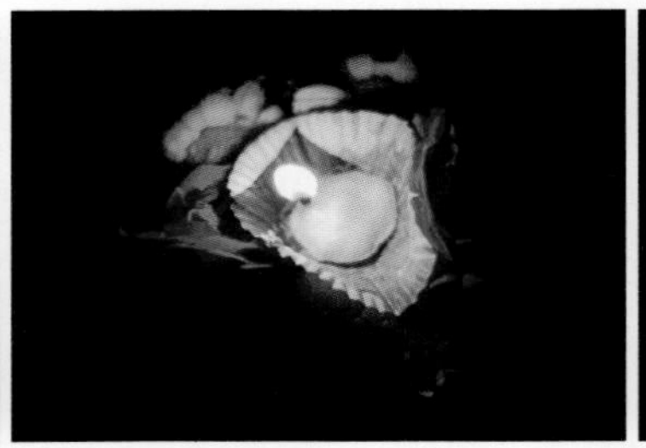

스(Banares: 바라나시의 옛 이름) 힌두대학(BHU)을 둘러보고 다시 북쪽 끝 강을 가로지르는 마라비야 다리까지 약 100여 개의 가트를 구경하며 걸어 다녔다.

가장 인상적인 것은 BUrning Ghat(화장터=마니까르니까 가트/Manakarnika Ghat)에서 화장의식을 지켜본 것이다. 시신을 강가에 적시고 향나무 장작더미에 올리면 한 사람이 순간 한 줌의 재로 변하는 것이다. 조금 충격적인 이 장면들은 이번 인도 여행 내내 가끔 밤에 잠 못 이루며 번민하게 하는 요소가 되기도 하였지만, 인도 여행의 주 목적이 바라나시의 가트를 둘러보는 것이었기에 영원히 잊을 수 없는 장면으로 뇌리에 각인되었다.

거미줄 같은 시장통과 미로같은 골목 이곳저곳을 돌아다니다 저녁은 보나(Bana) 카페에서 먹었는데 지금까지 먹은 음식 중에서 맛이 최고였던 것 같다. 바라나시의 중심 가트인 다샤스와메드(Dasaswamedh) 가트에서 강가 여신에게 바치는 제사(예배) 의식인 아르띠(Arti) 뿌자(Puja)를 지켜보고는 보트를 타고 바라나시의 야경을 감상했다. 디아(Dia)는 성구의 일종으로 나뭇잎을 실로 꿰어 초를 얹은 단순한 것이지만 강가에 띄워 소원을 비는 용도로 쓰이기도 한다. 나도 우리 가족의 건강과 안녕을 빌며 디아를 인도의 젖줄이자 신성한, 생명의 강 갠지즈로 띄워 보냈다. 숙소 근처 사리타(Sarita) 음악 교실에서 약간의 기부금을 주고 싯타르(Sitar: 17줄 현악기) 선율과 타블라(Tabla: 쌍둥이 북)의 리듬을 감상했는데 상당히 몽환적인 분위기를 연출하여 색다른 분위기에 흠뻑 취해, 성스러운 도시 바라나시에서의 인상적인 하루를 마감하였다.

2009년 2월 5일(목요일) –제9일

아침 일찍 일어나 가트주변에서 갠지즈강의 일출 모습을 카메라에 담았다. 시시각각으로 변하는 강의 색깔은 마침내 황금빛과 짙은 주황빛이 어우러져 마치 천계(天界)의 강인 것처럼 성스럽게 바뀌었는데 지금까지의 일출 모습과는 상당히 차별화된 것이어서 앞으로도 기억에 오래 남을 것 같다.

오토릭샤를 이용, 불교 4대 성지 중 하나인 사르나트(Sarnath)를 방문했다. 싯다르타(Siddhartha)가 깨달음을 얻은 뒤 처음으로 설법을 편 곳으로 유명한 이곳의 한자 이름은 녹야원 즉 사슴정원 이기도 하다.

먼저 고고학 박물관(2Rs)을 둘러보았는데 이곳에는 인도의 국장(國章)인 사르나트 사자 상(Lion Capital) 진본이 있는 곳이다. 이 상은 원래 아쇼카 석주의 상단에 있던 것으로 네 마리의 사자가 사방으로 서 있는 모습은 위엄이 넘친다. 사르나트 유적군에는 다멕(DHamekh) 스투파(Stupa =Pagoda, 탑)와 대부분이 파괴되어 하단만 남아있

는 아쇼카 석주(Ashokan Pillar)정도만이 눈길을 끌었다. 오후 4시 30분 고돌리아(바라나시의 중심 사거리)에서 사이클릭샤로 바라나시 정션역으로 이동(30Rs), 5시 35분 출발 아그라 포트행 열차(3AC; B1 Coach 20 Berth)를 기다렸으나 역시 연착하여 6시에 인도의 상징도시 바라나시를 떠났다.

2009년 2월 6일(금요일) –제10일

아침 11시 20분 아그라(Agra) 포트역에 도착했다. (당초 도착시각은 6시 10분이었으나 이곳은 인도! 무려 6시간을 연착하여 거의 18시간이 소요되어 무굴제국의 옛 수도이자 최고의 관광지인 아그라에 도착한 것이다) 우선 숙소에 들러 여장을 풀고 아그라 성(Agra Fort/ 입장료 250Rs)을 둘러보았다. 유네스코 세계문화유산으로 지정된, 야무나(Yamuna) 강가에 있는 이 성은 무굴의 제3대 황제였던 악바르(Akbar)가 지은 붉은 사암의 요새이자 궁전이다. 무삼만 버즈(포로의 탑)에서 바라본 타즈마할은 가까이서 본 모습보다 훨씬 아름다웠고, 제항기르 팰리스와 다와니암 등에는 많은 현지인과 외국인이 섞여 이곳이 인도 제일의 관광지 아그라임을 실감케 한다.

오토릭샤(40Rs)로 타즈간즈(여행자거리)에 돌아와 타즈마할 뒤편의 야무나 강으로 와서 타즈마할의 뒷모습을 살펴볼 수 있었다. 야무나 강은 지금 수량이 아주 적어 마치 조그만 개울 같다. 그리고 수많은 오염물질로 인해 악취가 풍기고 몹시도 더

럽다. 이렇듯 인도는 수질오염은 물론 대기오염, 쓰레기 무단 투기 등으로 인해 머지않아 환경 재앙을 맞이할 것이 자명해 보인다. 특히 버려지는 플라스틱. 모든 것을 길에 버리는 쓰레기. 소, 개, 돼지 등 동물과 걸인들이 버려진 쓰레기에서 음식물을 섭취하여 피부병, 각종 질병 등이 창궐하며, 인간과 동물이 같이 생활하고 있는 더러운 환경의 악순환. 매연과 소음의 천국. 극심한 교통혼잡. 차 뒷면에 아예 경적을 울리라(Blow Horn)는 당당함과 뻔뻔함이 일상화되어 있는 곳. 사기꾼과 협잡꾼. 거짓말도 전혀 문제시되지 않는 도덕 불감증. 인도의 에이즈 보균자 비율이 세계 1위라는 사실. 배낭여행자에게 있어 단편적인 이런 것들만 봐도 인도는 '성자, 명상, 신비, 철학, 종교 등 고매한 정신세계의 나라'라고 인도를 막연히 동경하게 하는 일부 지식인의 호사스런, 달콤한 립 서비스(Lip Service)는 아주 위험한 발상이 아닐까?

여행자로서의 내가 생각하는 인도는 'No Problem'이 아니라 'Many Problem'을 가진 곳이다. 인도인들의 'No Problem'은 '문제없다, 괜찮다, 상관없다'가 아니라 '9가지 문제: 9(노우) Problem' 즉 'There are many problems!'로 알아 들어야 하는 것이다.

2009년 2월 7일(토요일) –제11일

일찍 일어나 타즈마할(Taj Mahal)을 한적하게 보려고 서둘렀다. 6시 30분에 타즈마할 동문에 도착하였으나 해 뜰 때까지 기다리라고 한다. 실제 입장시간이 '일출에서 일몰까지'이니 상당히 유동적이고 유연하다고 볼 수 있겠다. 7시가 넘어서자 입장을 시작했는데(입장료는 무려 750Rs/ 한화 2만 5천 원), 문제는 야무나 강에서 피어난 옅은 안개와 다소의 어둠 때문에 타즈마할을 선명히 담을 수 없다는 것이다. 타즈마할 내부를 이리저리 돌아다니자 마침내 아침 해가 뜨기 시작하여 일출 모습과 시시각각으로 변하는 타즈마할 모습을 여러 포인트에서 촬영하느라 바빴다.

인도를 상징하는 가장 대표적 유적지 중 하나이자 세계에서 가장 아름다운 대리석 건물인 타즈마할은 무굴제국 제5대 황제였던 샤 자한(Shah Jahan)의 아내 뭄타즈 마할(Mumtaz Mahal)의 무덤이다. (유네스코 세계문화유산, 공사기간 22년, 1654년 완공) 동서 300m, 남북 560m의 대지 위에 본당인 거대한 중앙 돔(Dome/ 높이 65m), 4개의 작은 돔, 기단의 네 끝에는 첨탑(Minaret)이 있어 대칭적 아름다움이 생명인 정방형의 완벽한 건물이 타즈마할인 것이다.

인도의 대표적 건축물을 수박 겉핥기식으로 돌아보고, 아침 9시 30분 아그라를 떠나 파테푸르 시크리(Fatehpur Sikri)로 이동했다. (유네스코 세계문화유산) 버려진 폐허, 한때의 수도(1571년~1585년). 약 400년 동안 폐허로 방치된 이곳은 오히려 버려진 도시의 황량함, 폐허의 기묘한 아름다움 때문에 많은 여행자에게 강렬한 인상을 심어 주는 유적지이다. 예전에 유럽을 여행하며 보았던 고대 유적지에서는 발굴과 복원이 한창이었었는데 여기는 그저 방치되고 있는 것이다. 아마도 이슬람 유적지라서 그럴까?

지금 인도는 극우 힌두교인들(82%)이 이끌어가고 있는데 테러가 발생하는 이유가 무슬림(12%)에 대한 탄압과 차별에서 오는 것이 아닐까 생각되었다. 실제 감옥에는 죄수의 수가 힌디와 무슬림이 비슷하다고 하니…….

파테푸르 시크리의 볼거리는 이슬람 사원인 자마 마스지드(Jama Masjid)와 폐허가 된 잡초투성이의 옛 시가지(Old City) 등이었는데 반파된 건물들과 무성한 잡초들 속에서 지나간 역사의 발자취와 애환을 느낄 수 있었다.

여기에서 자이푸르(Jaipur) 간은 제법 잘 정비된 고속도로가 있는데 1차선에서 역주행하는 우마차, 오토릭샤 등 각종 차량이 심심찮게 보였다. 우리나라 같은 인터체인지가 없어 아마도 반대편으로 나가려는 것 같았는데 상당히 위험천만한 주행인데도 서로 요령껏 잘 비켜가고 있었다. 인도에서 특이한 것이 사이드미러 없는 차들이 많은데, 어떤 차는 아예 접고 다니기도 하여 안전운전에 지장이 없을까 우려하였지만, 그들 나름대로 생활방식이 있었다. 또 하나 무질서 속의 질서에 놀란다. 대도시를 제외하고는 교통신호등이 거의 없음에도 수많은 자전거, 릭샤, 차량, 트럭 등이 뒤엉키어도 자기 진행방향으로 사고 없이 교묘하게 수습하여 나간다는 것이다.

자이푸르로 가며 잠시 들린 사설 휴게소 식당에서 맥주값을 물어보니 220Rs라고 해서 너무 비싸 뒤돌아섰는데, 집요하게 따라다니며 흥정을 한다. 내가 120Rs가 적정가격이라고 못을 박고 구매 포기 의사를 밝히자 차가 출발할즈음 맥주를 들고 나타나 120Rs에 사란다. 결국, 1병이라도 팔고야 마는 집요함.

라자스탄 상인이 유명하다고 하던데 실로 대단한 상술이었다. 하긴 외국인도 와인샵에서는 맥주 1병에 70Rs에 살 수 있으니 그래로 많이 남는 장사이다.

저녁 6시 30분. 라자스탄(Rajasthan)의 주(州)도이자 인도 북서부의 Hub City 자이푸르에 도착했다.

이곳은 구시가지가 7개의 문을 가진 성벽으로 둘러싸여 있고 분홍색 건물들로 이루어져 있어 핑크 시티(Pink City)란 애칭을 가지고 있는 곳이기도 하다.

쵸키다니 민속촌(입장료 300Rs)에 들러 라자스탄의 화려한 전통춤과 민속공연을 즐기고 정통 만찬을 맛보았는데, 탈리(Thali)와 짜파티(Chapatis), 각종 커리(Curries) 등이 먹을만했다. 늦은 시간까지 많은 현지인이 입장하고 있었는데 '놀이공원'으로의 역할도 톡톡히 하고 있는 듯하다.

오늘의 숙소 비사우 팰리스(Bissau Palace)는 heritage castle hotel인데, 외부적으로는 우아함과 화려함을 겸비한 듯 하지만 오래되어서 그런지 아니면 싱글룸에 투숙해서 그런지 시설과 안락함은 기대 이하였다.

2009년 2월 8일(일요일) –제12일

자이푸르 시티 팰리스(City Palace)는 자이싱(Jai Singh) 2세가 지은 궁전으로 구시가지 중심부에 자리 잡고 있다. (입장료 250RS) 궁전안은 마하라자(Maharaja: 인도의 지방군주, 왕)가 살고있는 구역과 박물관 구역으로 나누어져 있는데, 박물관에는 역대 마하라자가 사용했던 화려한 일상용품은 물론 왕가에서 수집한 무굴 세밀화 등이 전시되어 있었다. 그리고 다와니카스 앞에 있는 은 항아리는 세계에서 가장 큰 단일 은 제품으로 기네스북에 올라있다는 것이 이채로웠다. 하와마할(Hawa Mahal)은 '바람의 궁전'으로 1799년에 지어진 핑크시티 자이푸르의 대표적 볼거리이다.

바깥출입이 제한된 여인들이 하와마할 창가에서 시가지에서 열리는 축제 등 거리를 구경했다고 전해져 당시의 사회 분위기를 대변하는 장소로 꼽히기도 한다.

하와마할 앞에서 201번 버스(8Rs)를 타고 30분정도 걸려 암베르 성(Amber fort)에 도착했다. 암베르는 1037년~1726년까지 카츠츠와하 왕조의 수도였던 곳이다. 암베르 성의 핵심 볼거리는 화려함의 극치를 보여주는 쉬시마할로서 방 전체를 거울 모자이크로 꾸며, 촛불 하나만으로도 방 전체를 환하게 만들 수 있었다고 한다.

다시 자이푸르로 되돌아와서는 Main Road인 M.I로드에 있는 NADI 레스토랑에서 인도에서 가장 유명한 육류요리인 탄두리(Tandoori) 치킨을 맛보았는데 매콤함과 숯불에 그슬린 맛이 일품이었다. (1/2마리 105Rs)

저녁에는 숙소에서 과일 파티가 벌어졌다. 호텔에서 자체 공연하는 인형극을 관람하고 레스토랑에서 과일을 곁들여 맥주를 마시며 여행 중반을 잘 넘기고 있는 우리 스스로를 자축했다.

2009년 2월 9일(월요일) -제13일

숙소에서 사이클릭샤 편으로(20Rs) 맥도날드로 이동, 버거 세트(119Rs)로 조식을 했는데 인도에서 처음으로 패스트푸드를 먹어 보니 그런대로 색다른 맛이 있다. 현지인들은 중산층 이상이 이런 곳을 이용한다고 하니 우리나라와의 격차를 실감할 수 있었다.

락쉬미 만디르(Lakshmi Mandir)란 영화관에서 인도 영화 'Luck by Chance'를 관람

(40Rs)하며 인도 문화도 체험하고 시간도 때우면서 모처럼 느긋한 오후를 보냈다. 밤 10시 40분. 야간열차(SL; S5 Coach 18 Berth)로 인도 서부 제일의 신혼여행지이자 아름다운 피촐라 호수를 가진 호반의 도시 우다이푸르로 향했다.

2009년 2월 10일(화요일) -제14일

아침 7시 10분. 우다이푸르(Udaipur) 시티역에 도착했다. (8시간 30분 소요. 예정보다 1시간 정도 연착은 양호한 편이다) 랄(Lal) 가트에 있는 숙소에 여장을 풀고, 작디쉬(Jagdish) 사원(Mandir)을 거쳐, 시티 팰리스(City Palace)를 둘러보았다. (입장료 50Rs) 라자스탄을 대표할 만한 아름다움과 화강암과 대리석의 웅장한 위용을 자랑하는 시티 팰리스는 궁전 외관뿐만 아니라 공작 모자이크와 거울 세공, 타일 모자이크, 라자스탄 세밀화 등도 눈길을 끌었다.

우다이푸르는 영화 007시리즈 중 하나인 '007 옥토퍼스'의 해상 추격신의 무대로 등장하면서부터 국제적인 관광지로 급부상하게 되는데 실제 인도에 와서 가장 많은 웨스턴을 접할 수 있는 도시이기도 했다.

시내 골목 여기저기를 기웃거리다 와인샵에 들러 인도 위스키(Royal Stag 250Rs: 자이살메르 낙타 사파리용) 1병과 맥주(Kingfisher) 2병(70Rs X 2)을 사고, 시장에서 안주(White Nut 1/2kg/ 180Rs)를 준비했다.

일몰을 보기 위해 몬순 팰리스(Monsoon Palace)로 이동했다. (입장료 80Rs) 마하라나였던 '사잔 싱'이 19세기 후반에 세운 높은 언덕위의 궁전으로, 우다이푸르 시내 어디서나 보이고, 여기서 보는 우다이푸르는 두 개의 푸른 호수가 보석처럼 박혀 있었다.

2009년 2월 11일(수요일) –제15일

아침에는 민속박물관인 바르띠야 록 깔라 박물관을 둘러보고(35Rs), 오토릭샤 편으로 쉴프그람(Shilpgram: 라자스탄 등 인도 서부 각 주[州]의 문화와 풍습, 가옥 등을 재현해 놓은 일종의 민속촌: 25Rs)으로 이동했다. 배낭여행자의 경우 인도 전통 공연을 접하기가 쉽지 않은데 마침 야외 공연장에서 입장객을 위해 한바탕 신명나는 잔치를 별여, 이를 카메라에 담느라 바빴었다.

시내로 되돌아와서는 반팔 T–shirts를 쇼핑하고(3장 250Rs), 피촐라 호숫가 카페에서 오렌지주스와 라씨(Lassi: 인도 스타일로 마시는 요구르트)를 마시며 나른한 오후의 망중한을 즐겼다.

우다이푸르 숙소는 'POONAM HAVELI' guest house였는데, 영어 간판을 힌두어 스타일로 꾸며놓은 것이 상당히 독특하고 신선한 발상으로 여겨졌다. (HAVELI 는

귀족/부호들이 지은 화려한 개인저택이라는 뜻)

해 질 무렵이 되자 시티팰리스 등 호숫가 건물들이 긴 그림자를 호수에 드리운다. 수면에 반사되는 황금빛 너울의 아른거림이 왜 우다이푸르가 아름다운 호반의 도시인지를 대변하고 있었다.

밤 9시 30분. 인도에서 처음 타 보는 야간버스(조드푸르행)의 침대칸이다. 1층은 좌석, 2층은 침대칸인데 좁은 캡슐처럼 한 사람이 구겨 누우면 딱 맞는 크기이다. (키 크고, 덩치 큰 외국인은 상당히 힘들겠다)

2009년 2월 12일(목요일) -제16일

차창 밖 보름달을 보며, 어두운 라자스탄 시골 길을 지나 새벽 4시 30분 블루시티(blue city) 조드푸르(Jodhpur)에 도착했다.

마르와르(Marwar) 왕조의 수도로 세워진, 중세풍의 고도(古都)이자 타르 사막의 관문인 조드푸르에서 최고의 볼거리는 메헤랑가르(Meharangar) 성이다. 구시가지 중심에 자리 잡고 있는 시장인 사다르 바자르(Sadar Bazaar)를 거쳐, 바위산 위에 당당히 자리 잡고 있는 높이 121m의 메헤랑가르 성으로 올라가니(입장료 250Rs) 평평한 조드푸르 시내가 한눈에 들어온다. 로하 폴(Loha Pole)을 지나면 빨간 바탕에 은색 손도장이 찍혀 있는 것이 눈에 띄는데, 1843년에 마하라자 만 싱(Man Singh)의 장례식에 15명이나 되는 그의 아내들이 사띠(SATI: 남편을 따라 죽는 풍습)를 한 흔적이라고

한다.

인도판 열녀문! 사띠에 대해서는 지금도 상당한 논란의 여지를 남기고 있는데, 사띠를 행한 여성은 여신으로 승격돼 사원이 지어지고 이를 통해 막대한 기부금이 들어오기에 가족들은 부(富)를 챙기기 위해 자의적 선택이 아닌 타의에 의한 살인으로 이어지고 있다는 주장도 제기되고 있다고…….

조드푸르 최고의 명물은 샤프론 향과 색을 가미한 마카니아 라씨(Makania Lassi)인데 라씨전문점 아그라 스위츠에서 17루피에 맛을 보았다. 아울러 사다르 시장 북문 앞에는 몇십 년 동안 오믈렛만 팔고 있는 영감님의 노점(아말렛 숍/Amalate shop, Plain Omelette 15루피)이 있는데 이 집은 론리 플래닛에도 소개된 유명한 곳이라고 한다.

2009년 2월 13일(금요일) –제17일

버스편(아침 8시 30분 출발, 오후 2시 도착)으로 골든시티(Golden City)이자 낙타 사파리(Camel Safari)의 원조 도시인 자이살메르(Jaisalmer)로 이동했다.

1156년에 지어진 자이살메르 성은 라자스탄 주에 남아 있는 성 가운데 가장 오래된 것 중의 하나이자 해발 76m 언덕 위에 자리잡고 있고, 지금도 현지인들이 살고있는 성이기에 고풍스러운 건물과 생활인으로서의 인도인들의 모습이 오버랩(Overlap)되는 특이하고 환상적인 곳이다. 성 구석구석을 둘러보고, Sunset point에서 낭만적인 석양을 감상하며 카메라에 사막도시의 황금빛 노을과 어우러지는 황량함도 함께 담았다.

오늘의 숙소인 파라다이스 호텔은 450년 된 저택을 개조해서 만든 곳이라는데 손님의 천국이 아니라, 참새들의 천국이다. 수많은 참새떼의 지저귐은 차라리 심각한 소음에 가깝다. 다음 날 아침 6시도 되지 않았는데 참새들의 재잘거림(?)은 어쩔 수 없이 나를 성 밖으로 밀어내고야 말았다.

2009년 2월 14일(토요일) –제18일

타르사막은 흔히 알고 있는 모래만으로 이루어진 사막이 아니다. 모래언덕(Sand Dune)과 함께 곳곳에 작은 식물들이 자라고 있어 그리 황량하지만은 않고, 척박하지만 유목민 등이 살고 있는 곳이다.

아침 10시. 1박 2일 낙타 사파리(Camel Safari)를 시작했다. 승용차로 일정 지점까지 사막을 가로질러 가니, 낙타몰이꾼(어른과 아이 2명)이 우리 일행(3명)을 기다리고 있었다.

3시간 정도 낙타 타고, 중식 후 1시간 정도 쉬고, 또 2시간 정도 낙타를 타고 사막을 나아가니 낙타의 흔들거림으로 인해 사타구니가 다 아프다. 오늘 야영할 모래언덕에 도착하여 시시각각으로 변하는 사막의 모습을 카메라에 담다 보니 어느

덧 뉘엿뉘엿 해가 지고, 짜이(Chai/ 인도를 대표하는 음료, 인도인들은 눈 뜨면 짜이부터 마시고, 수시로 마신다) 1잔으로 목을 축이라며, 낙타 몰이꾼 마누(25세)가 나를 부른다.

그의 낙타 이름만 '마이클 잭슨'으로 독특할 뿐, 낙타마다 전부 이름을 가지고 있었는데 그만 이름은 잊어버리고 말았다.

모래언덕에 집시 같은 아이들이 나타나서는 한바탕 구걸을 하다가 돌아갔다. 이어서 맥주/음료수 장수도 나타나 맥주를 사란다. 1병에 100루피면 비싸지 않다. 사막에서 맥주도 먹게 되다니 진정한 오지에서의 사막 야영을 꿈꾸던 것이 산산조각이 나고, 멀지 않은 모래언덕에서는 한국 단체 여행객의 고성방가가 이어졌다. 상업화되고 번잡스러운 모래언덕! 한술 더 떠 한 마리의 개가 내 주위를 맴

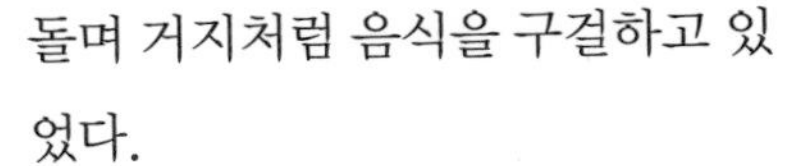

돌며 거지처럼 음식을 구걸하고 있었다.

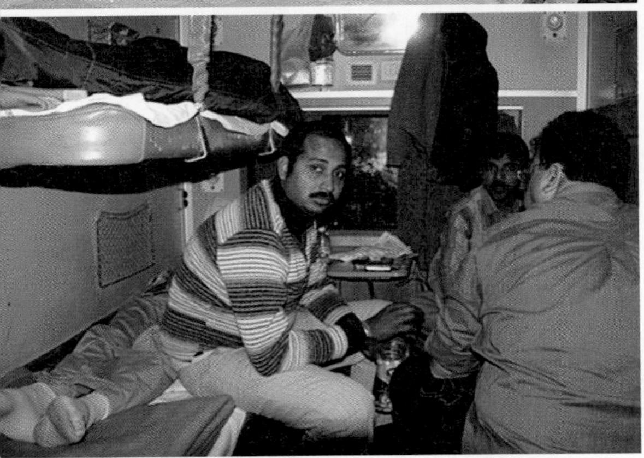

저녁이 되자 우리 일행은 모닥불을 피우고, 수많은 별을 바라보며 감자와 고구마를 구워 먹었다. 미리 준비한 위스키 1병을 통째 마시는데도 술도 취하지도 않는다. 쏟아지는 별을 맞으며 침상에 누웠다.

별똥별이 떨어지고, 수많은 별이 초롱초롱 빛난다. 난생처음으로 많은 별을 선명하게 보는 것 같다. 별을 세며 보다가 지쳐 언제 잠이 들었나 싶었는데 새벽녘이 되니 매우 춥다. 벌써 모포와 침낭은 축축하게 이슬에 다 젖었다. 따뜻한 한

잔의 짜이가 몹시도 그립다.

2009년 2월 15일(일요일) –제19일

아침 8시. 낙타를 타고 2시간 동안 사막을 가로질러 되돌아가니 Pick–up point가 나타난다. 이어 우리를 태워갈 지프가 도착, 자이살메르 성으로 귀환했다. 숙소의 배려로 간단하게 샤워를 한 후 한국인 여성이 운영하는 식당에 들러 모처럼 한국 음식을 포식하며, 오후 4시 델리행 열차 탑승 시까지 느긋한 시간을 보냈다.

자이살메르 역에 미리 도착하여 열차를 기다리는데 예정시간보다 훨씬 이른 3시 30분에 열차가 들어온다. 인도에서는 가끔 예정보다 일찍 열차가 떠난다고 들었기에 이게 웬일인가 싶어 알아보니 열차 청소 후 떠난다고 기다리라고 하고는 오후 5시가 되어도 출발하지 않는다. 청소하는 사람은 몇 명 되지도 않고, 승객들은 플랫폼에서 하염없이 기다리고……. 세월아 네월아! 이 사람들 시간 관념이 전혀 없다. 우리나라 같으면 난리법석이 나고도 남고, 환불이니 보상이니 복잡해 질 테지만 여기서는 단지 'No Problem' 한마디로 구렁이 담 넘어가듯 지나간다.

오후 5시 15분. 길고 긴 델리행 열차 여정이 시작되었다. 철로 변 흙으로 지어진 집들이 황금색으로 빛나는 저녁 무렵에도 열차는 여전히 타르사막을 빠져나가지

못하고 하염없이 달렸다.

2009년 2월 16일(월요일) -제20일

정오가 가까운 11시 45분. 전날 자이살메르에서 출발한 기차는 무려 18시간 30분 소요되어 올드 델리(Old Delhi)역에 도착했다. 태어나 가장 긴 기차여행을 경험한 셈이다. 만 하루 동안 거의 먹지도 못하고 닭장같이 좁은 객실에서 시간을 보내다니, 앞으로 언제 또 이런 경험을 할 수 있을까?

숙소가 있는 여행자 거리인 빠하르 간지까지는 지하철(Metro)로 이동(6Rs)했는데, 짐 검사를 하는 등 지하철 타기도 쉽지 않다. 아마 테러 대비 때문인 것 같지만, 여행객에게는 상당히 불편한 검문검색이었다. (탑승 전 보안검색 필수, 역 구내 및 열차 내 사진 촬영 엄금)

현대적 냄새가 물씬 풍기는 뉴 델리(New Delhi)는 1911년 영국에 의해 조성된 계획도시인데 대통령 궁과 INDIA Gate가 있는 '왕의 길' 라즈 파트(Raj Path), 방사형으로 뻗어 나간 코넛 플레이스(Connaught Place) 등은 도시 설계의 백미를 보여준다.

유네스코 세계문화유산으로 지정된 꾸뜹 미나르(Qutb Minar) 유적군(오토릭샤 100Rs, 입장료 250Rs) 중 특히 이슬람의 힘을 널리 알리기 위해 세운 72m의 승전 탑 '꾸뜹 미나르'와 인도 최초의 모스크인 '쿠와트 알(Quwwat_Ul) 모스크 등이 폐허가 주는 묘한 아름다움으로 인해 나그네의 눈길을 사로잡는다.

오파츠(OOPATTS: Out Of Place Artifacts 의 약자)는 현재의 과학으로도 해명이 불가한 고대 출토물을 가리키는데, 여기에도 이런 오파츠가 있었다. 모스크 안뜰에 있는 높이 7m의 철 기둥인데, 4세기경에 제작된 것으로 추정되는 쇠기둥 철의 함량이 99.99%라는 사실! 무엇보다 신기한 것은 1천 5백여 년간 노천에서 비바람을 맞고

서 있는 이 철 기둥에 어떠한 녹도 슬지 않는다는 사실! 현대과학기술로도 해명이 불가능하다고 하니 신기할 따름이다.

낮보다는 밤에 더 돋보이는 INDIA Gate는 높이 42m의 제1차 세계대전에 참가했던 인도군인들을 위한 위령탑이다. 은은한 조명과 조형물이 어우러져 델리 최고의 야경을 연출하는 가운데 데이트를 즐기는 등 수많은 현지인이 그들의 삶을 즐기고 있었다.

2009년 2월 17일(화요일) –제21일

올드 델리는 200년가량 인도대륙을 호령했던 무굴제국의 옛 수도이다. 무굴의 도성이었던 붉은 성(Red fort=Lal Quila), 아그라 성을 자세히 보았기에 내부를 방문하지 않고 외부에서만 훑어 보았고, 인도에서 가장 큰 모스크(Mosque)인 자마 마스지드(Jama Masjid)는 타즈마할을 건설한 샤 자한의 최후 걸작품인데 높이가 무려 40m나 되는 미나렛이란 뾰족탑 꼭대기에 오르면 올드델리 시내가 샅샅이 내려다보일 정도라고 한다.

현재는 도깨비시장이 있는 찬드니 촉(Chandni Chowk)은 혼잡함의 극치를 보여준다. 구역에 따라 은/꽃/향신료 시장 등으로 나뉘어 있는 이곳은 수많은 인파와 상인, 사이클릭샤 등이 여행객의 혼을 쏙 빼놓을 지경이다.

오후에는 티베탄 꼴로니(Tibetan Colony)를 방문했는데, 이곳은 중국에서 망명한 티베트인들의 보금자리로서 300여 가구의 실향민들이 살고있는 곳이다. 마을 어디에나 티베트 분위기가 물씬 풍겼는데, 한국 음식과 맛이 유사한 티베트 음식으로 점심을 먹으며 아이러니컬(Ironical)하게도 인도에서의 마지막 식사를 티베트식

으로 대신하고 말았다.

바하이(Bahai)교는 이슬람교의 한 분파로 시작된 신흥 종교로서, 나의 배낭여행 마지막 여정으로 뉴델리에 있는 바하이 사원(1986년 완공), 일명 연꽃(Lotus) 사원을 방문했다. 27개의 꽃잎을 형상화해 신비감을 더한 이곳은 2006년 3월 내가 여행했었던 호주 시드니의 오페라 하우스(Opera House)의 우아한 자태와 분위기가 매우 흡사했었다. 인도에서의 마지막 밤. 인디라간디 국제공항 면세점은 정말 살 것이 아무것도 없는 구멍가게 수준이다. 지난 3주간 여행해 왔던 인도의 모습과 이곳 면세점의 초라한 모습이 겹치면서도 또 다른 인도여행을 계획하는, 새로운 나를 발견하고는 깜짝 놀라고 있었다.

2009년 2월 18일(수요일) -제22일

자정을 지난 0시 5분. 인도항공 AI 853편은 4시간 정도 비행 끝에 새벽 5시 30분 태국 방콕(Bangkok)에 나를 안착시켰다. (한국과의 시차는 2시간)

2009년 2월 18일~2월 23일 -제22일~27일

6일간 방콕 Stop Over.

2009년 2월 24일(화요일) -제28일

전날 밤 10시 40분. 태국 방콕 쑤완나품 공항을 출발한 대한항공 KE 652편은 5시간여 비행 끝에 오전 5시 50분 인천 국제공항에 도착했다. 그리고 가족이 기다리는 집으로……. 머지않은 장래 또 다른 나를 만날 수 있는 새로운 인도를 기약하며 이번 배낭여행의 종지부를 찍었다.

EPILOGUE

류시화 시인은 인도 라자스탄 사막의 끝자락에 위치한 '쿠리'라는 외딴 마을의 움막집과 같은 호텔(?)에서 부서지기 직전인 나무침대에 누워 천장에 뚫린 큼지막한 구멍으로 하늘을 바라보고, 유성처럼 빠르게 흘러가는 별과 하나둘 빗금을 그으며 떨어져 내리는 별똥별을 바라보며 지상에서 살아가고 있는 우리들 역시 저 하늘 호수로부터 먼 여행을 떠나온 별들이 아닐까 하는 생각이 들었다고 했다. 그래서 그는 그의 인도 등지 여행기와 일화를 모은 책 제목을 '하늘 호수로 떠난 여행'이라고 명명했었다. 가진 것은 없지만 결코 가난하지 않은, 따뜻한 우리나라 사람들의 시골 토담집에서 바라보는 하늘도 역시 그러하지 않을까 싶다. 나도 앞으로 기회를 만들어 우리나라에서 '하늘 호수로 떠난 여행'을 해 보아야 하겠다. '하늘 호수'는 멀리 있지 않다. 그리고 도처에 있다. 우리가 생각하고 느끼는 그 하늘이 바로 그곳이 될 것이기 때문이다. 이번 배낭여행은 유네스코 세계문화유산 등 인도의 유명, 중심 관광지 위주였기에 수많은 호객꾼과 상인, 사기꾼, 거지들을 만났던 것이 아마 내가 만난 인도 사람의 대부분일 것이다. 단지 이것만 보면, 인도는 '거지와 호객꾼. 협잡꾼의 나라, 소음과 빈곤의 나라, 거짓말과 도덕 불감증의 나라, 환경오염의 나라' 라는 단편적인 선입견에 휘말릴 수 있다. 하

지만, 내가 본 인도는 '장님이 코끼리 만지기'식 인도인 것이다. 어떤 목적으로, 어떤 지역을 여행하느냐에 따라 인도인 11억 명 중 만나게 되는 사람은 천차만별일 것이다. 인도를 어떻게 보느냐는 초점(Focus), 개념(Concept)의 차이다. 인도! 그곳은 인간의 숲이다. 나무를 건드리지 않고 숲을 빠져나오지 못하듯 사람을 만나지 않고 인도를 여행하기란 불가능하다. 3주 동안 내가 보고, 느낀 인도는 '명상, 사두, 성자, 만트라, 철학, 종교' 등 고매한 인도가 아니었다. 그저 'No Problem' 으로 포장된 여행하기에 아주 불편한 정말로 문제가 많은 'Many Problems' 의 나라였었다. 다음 배낭여행 초점을 종교와 철학 등 정신세계로 맞추면 보다 색다른 인도와 인도인의 진면목을 볼 수 있을 것이다. '여행자를 위한 서시'에서 시인 류시화는 그랬다. "자기 자신과 만나기 위해 모든 이정표에 길을 물으면, 길은 또 다른 길을 가리키고, 세상의 나무 밑이 그대의 여인숙이 되리라."라고……. 세계일주를 꿈꾸는 나의 배낭여행은 계속될 것이다. 머무르면 새로운 것을 만날 수 없고, 떠남이 길면 그것 또한 다른 일상이 되어 버린다. 머무름과 떠남이 서로 잘 교차되는 그런 삶을 위해 나는 노력할 것이다. 미지의 세계로의 여행. 꿈은 이루어진다!

태국

1개국 3개소

(2009.2.18~2.24)

방콕/꼬싸멧/아유타야

태국

(2009.2.18-2.24)

방콕 · 꼬싸멧 · 아유타야

3주간의 인도 배낭여행을 마치고 태국 방콕 Stop Over(6일)을 택한 것은 태국에서 조용하게 휴식을 취하며 재충전을 하고자 함이었다.

2003년 12월 말 당시 내 딸 아란과 아들 성정과 나. 이렇게 셋이서 방콕과 방콕 근교, 깐짜나부리(남똑), 파타야 등지를 배낭여행 했었고, 2008년 3월에는 치앙마이, 빠이, 치앙라이, 매싸이 등 북부지방과 푸켓, 꼬 피피, 사툰 등 남부지방을 혼자 여행했었다. 올해에는 꼬 싸멧 해변에서의 휴식과 역사도시 아유타야 방문, 방콕 카오산로드의 밤과 낮을 다시 한 번 경험하고자 세 번째 태국행을 계획했다.

태국은 참 여행하기 편하도록 여행자에게 초점이 잘 맞춰져 있다. 세계 4대 요리 중 하나로 꼽히는 태국음식은 맛있고 저렴하고 다양하다. 한 끼 식사로 든든한 과일과 여행자 편의시설, 다양한 교통수단의 청결과 정확성, 어디서나 쉽게 발견할 수 있는 현금인출기(ATM), 도처에 널린 7 ELEVEN 등의 편의점, 특히 Heavy Drinker인 나에게 적합한 주류 접근의 용이성 등이 훌륭한 자연 경관과 유서 깊은 역사, 따뜻한 국민성과 어우러져 세계의 수많은 여행자를 끌어모으고 있다고 생각한다.

라오스
치앙마이
Mueang Chiang Rai
Hai Phòng
tp. Thanh Hoá
하이커우 시
海口市
에노
싼야 시
三亚市
Thayet
타웅우
매홍손 주
프롬
tp. Vinh
빙찬
깐 주
람빵
Tharrawaddy
tp. Hà Tĩnh
양곤
파테인
핏사눌록
tp. Đồng Hới
모울메인
딱 주
콘깬
카이손 폼비한
Quảng Trị
Bogale
펫차분 주
나콘사완
로이엣 주
Hue
다낭
Đà Nẵng
tp. Tam Kỳ
태국
나콘랏차시마
우본랏차타니
팍세
Quảng Ngãi
다웨이
방콕
베트남
Krong Siem Reap
Quy Nhon
tp. Pleiku
랏차부리 주
파타야
tp. Tuy Hòa
메르귀
Krong Battambang
캄보디아
부온마투옷
tp. Buôn Ma Thuột
나짱
tp. Nha Trang
라용
프놈펜
Da Lat
쁘라추압 키리칸 주
Cam Ranh
Andaman Sea
호치민
Hồ Chí Minh
판티엣
tp. Phan Thiết
Kampong Seila
tp. Long Xuyên
춤폰 주
붕따우
Vung Tàu
Can Tho
타이 만
수랏타니
tp. Rạch Giá
tp. Sóc Trăng
tp. Bạc Liêu
tp. Cà Mau
나콘시탐마랏
팡응아 주
Phuket
뜨랑
핫야이
프를리스 주
크다 주
클란탄 주
반다아체
Banda Aceh
Lhokseumawe
Kulim
에포
트렝가누 주
태국

2009년 2월 18일(수요일) -제1일

자정을 넘긴 0시 5분 인도 델리에서 출발한 인도항공 AI 853편은 4시간여 비행 끝에 새벽 5시 30분 태국 방콕 쑤완나품 국제공항에 도착했다. (한국과 시차 2시간)

입국 수속을 마치고 공항 내 셔틀버스(무료) 편으로 교통센터(Transport Center)에 도착하여 라용(Rayong)행 시외버스를 알아보니 아침 8시 40분 출발(120바트)이기에 근처 편의점에서 라면으로 간단히 허기를 때우고 교통센터 내를 왔다갔다하며 이른 아침부터 하릴없이 시간을 보냈다. (2009.1.28 한국에서 3천 바트[BAHT]=125,640원에 환전했는데, 1바트는 42원으로, 그전에 28원~33원 했던 것에 비하면 달러가 너무 오르고, 한화 가치는 너무도 떨어져 여간 속상한 것이 아니다)

당초 예정보다 30분 늦게 버스가 도착, 3시간이 소요되어 라용 버스터미널에 내렸는데(12시 10분) 같이 승차했던 한국 대학생 일행(4명)도 꼬 싸멧(Ko Samed)으로 간다기에 반 페(Ban Phe)까지 썽태우를 대절(100B/ 1인당 20B)하여 20여 분 달려가서 반 페의 한 여행사 앞에 내려 준다. 한국 대학생들은 꼬 싸멧이 세 번째 방문이라며 스피트 보트(Speed Boat) 편으로 들어가는 것이 국립공원 입장료(200B)도 아끼고, 시간

도 절약된다기에 흔쾌히 꼬 싸멧 동행(스피드 보트로 아오 초[Ao CHo]까지 직행, 1인당 300B)을 자청했다. 남북 6km의 희고 고운 모래사장을 가진 꼬 싸멧은 국립공원으로 지정되어 있어 개발이 제한돼 있기 때문에 조용히 휴식을 취하고 싶은 여행자에게는 최적의 섬이다. 특히 방콕과 가깝고 수질도 좋은 해변을 가진 섬이라는 것이 상당한 장점이다.

아오 초에 있는 원더랜드 방갈로에 이틀(550B X 2일)을 묵기로 했다. 일명 꽃송이 해변으로 불리는 이 해변은 싸멧 섬에서 수질도 좋고 한적하기로 유명하다. 레스토랑도 비싸지 않고, 음식 역시 먹을만하다. 쌀국수 50B, 볶음밥 50B. 이런 정도면 물가 비싼 싸멧 섬에서는 양호한 편…….

철썩거리는 파도 소리와 귀 끝을 살랑거리는 미풍, 이름 모를 새들의 재잘거림. 가벼운 수영과 하얀 해변에서의 휴식. 그동안 인도에서의 마음과 몸 고생을 이곳에서 다 날려 버리는 듯했다. 해 질 무렵 섬을 가로질러 Sunset point를 찾아 아름다운 해넘이 광경을 카메라에 담았다.

2009년 2월 19일(목요일) -제2일

밤새 모기 한 마리를 잡지 못해 잠을 설치다가 새벽녘에야 겨우 잠이 들었나 싶었더니, 우리의 충실한 알람시계 -여러 마리의 닭들이 일어나라고 아우성이다. 원하지 않아도 Wake-up 기능을 충실히 하는 닭들 덕분에 싸멧섬의 일출을 보고는 아오 누안(Ao Nuan)->아오 탑팀(Thapthim)->아오 파이(Phai)->핫 싸이 깨우 해변을 거쳐, 나단(Na Dan) 선착장(Pier)까지 구경삼아, 운동삼아 느긋하게 걸어갔다가 다시 되돌아왔다.

내 방갈로에서 잠깐의 오수를 즐기고, 조용한 해변에서 거의 혼자 수영도 즐기고, 목 넘김이 좋은 비아(Beer) 씽(Singha)과 상대적으로 저렴한 비아 창(Chang)도 즐기고, 혼자 놀아도 전혀 심심하지 않고 오히려 심신(心身)이 편하다.

저녁에는 아오 웡드안(Wong Deuan) 해변에서 병어같이 생긴 생선 BBQ를 300B에 주문하고는, 맥주도 한 병(100B) 하며 제법 호사를 부렸다.

나와 동행한 한국 대학생들은 아오 초 해변의 전망 좋은 방갈로에서 그들 나름대로 젊음을 발산하고 있었는데, 내 딸 아란과 같은 나이(23세)의 미대생들이고 나처럼 인도도 3주간 배낭 여행했다는 것에 더욱 친근감이 간다. 이 대구(大邱) 친구들! 바르게 잘 자란 성실한 청년 들인 것 같다. 이들과 아오 웡드안 해변에서 다시 조우하게 되어, 같이 합석하게 되었는데 내게 미리 준비한 와인을 권하며, 배낭여행 선배의 경험담을 청한다. 장시간 담소를 나누다, 답례로 해물 꼬치구이를 사주고 내 숙소로 돌아왔다.

2009년 2월 20일(금요일) –제3일

아침 7시 15분. 일찍 Check–out 후 꼬 싸멧 해변을 제법 걸어 나단 선착장에서 8시 출발 페리(매시 정시 출발, 1시간 간격 운항)에 승선했다. (50B) 30여분 지나 반 페 선착장을 거쳐, 버스터미널에 도착하니 9시 방콕행 버스가 있었다. (157B) 3시간 30분 만에 방콕 동부터미널, 에까마이(Ekkamai)역에 도착. 스카이 트레인인 BTS를 타고 아쏙(Asok)역(20B)에서 환승후 지하철(MRT)을 타고 후알람퐁(Hua Lamphong)역(27B)으로 향했다.

오후 2시 5분에 출발하는 3등 완행 열차 편으로 롭부리(Lopburi)까지 발권(28B)하고 정시에 출발한 것까지는 좋았으나 이 완행열차 출발부터 조짐이 좋지 않더니 돈무앙 공항역도 지나고 1시간여를 비틀비틀 가더니 한 간이역에서 기관차 고장이라고, 다음 완행열차를 기다렸다 갈아타란다! 태국도 아직 선진국이 아니니까 이런 일도 생기는구나! 결국은 마음을 바꿔 아유타야(Ayuthaya)에 하차하기로 계획을 수정했다. 원래 완행도 방콕에서 1시간 30분 정도면 아유타야에 도착하는데 오늘은 무려 3시간 30분이나 걸렸다. 설상가상이지만 천만다행으로 역에서 선착장으로 이동한 직후부터, 시커먼 먹구름이 몰려들기 시작하더니 요란한 천둥, 번개와 함께 세찬 비바람을 쏟아내기 시작한다. 1시간 여를 선착장(도강료 4B)에 갇혀 굵은 빗줄기를 피했는데, 이번 여행 시작 후 처음으로 비를 만난 것이다. 태국도 이제 건기가 다 끝나가는 모양이었다.

나레쑤언(Naresuan) 거리에는 여행자들이 머물만한 숙소가 제법 있었는데, 나는 짠타나 게스트 하우스(Chantana House)를 찾아 들어갔다. (1박 Fan룸 350바트) 저녁은 시장에서 산 통닭 1/2마리가 55바트, 편의점에서 산 맥주(비아 씽) 1병이 50바트. 조촐하게 방에서 혼자만의 만찬을 즐겼다.

2009년 2월 21일(토요일) –제4일

숙소 앞에서 자전거를 빌렸다. (30B) 오늘은 자전거를 타고 아유타야 유적지를 둘러볼 것이다. 마치 살아있는 역사교과서를 보는 것 같은, 태국의 두 번째 수도였던 곳이자 1350년 우텅 왕(King Uthong)에 의해 건설되어 417년간 아유타야 왕조의 중심지였던 곳. 아유타야는 1991년 유네스코 세계문화유산으로 지정되어 보호, 관리되고 있는 유서 깊은 도시이다.

왓 마하 탓(Wat Maha That)에선 아유타야를 상징하는 머리 잘린 불상을 볼 수 있다.

(입장료 50B) 1395년 완성된 이 사원은 버마에 의해 파괴되어 허물어진 사원의 잔재만이 여행객을 맞고 있었다.

왓 몽콘 보핏(Wat Mongkhon Bophit)을 대충 돌아보고 바로 옆의 왓 프라 씨 싼펫(Wat Phra Si Sanphet)으로 이동했다. (입장료 50B) 이곳은 1448년에 건설돼 왕실 사원으로 사용됐던 곳으로, 3개의 대형 탑인 프라 씨 싼펫이 있다. 그 옆의 왕궁터는 버마의 침략으로 폐허가 된 채 흔적만 남아 있었다.

자전거로 한적한 도로를 따라 이곳저곳을 기웃거리며 목마르면 코코넛(15B) 1통 마시고, 깨끗하고 잘 정리된 아유타야의 풍경을 감상했다.

오후 2시 25분. 방콕행 버스(55B)는 1시간 30분 소요되어 북부터미널에 도착했다. 편의점(7 ELEVEN)에서 맥주를 사려고 하니 종업원이 난색을 표한다. 알고 보니 알코올류 판매시간(11시~14시, 17시~24시)이 정해져 있어 지정된 시간 이외에는 판매가 안되는 것이었다. (난 우리나라처럼 아무 시간에나 무조건 맥주를 살 수 있는 줄 알았다)

일반버스 3번(20B)을 타고 1시간 걸려(16:10~17:10) 카오산로드에 도착했다. 먼저 한국인이 운영하는 동대문에 들러 김치말이 국수(大)를 하나 시켰는데 값이 만만찮다. (190B/ 보편적인 태국 쌀국수 1그릇 값은 25B) 하지만 오랜만에 잘 익은 배추김치를 실컷 먹을 수 있었다. 숙소는 Thanon Samsen Soi 6에 있는 나껀 핑 호텔로 정하고(Fan 룸 1박 590B x 2일) 근처 마사지샵에서 1시간 동안 타이 허벌(Herbal) 마사지(280B)를 받으

니 심신이 가벼워지고 온몸의 피로가 다 풀리는 것 같다.

밤 9시. 휘황찬란한 네온사인과 수많은 사람, 카오산로드의 밤 가운데 내가 섰다. 젊은이들은 마치 불나방처럼 빨간 나이트클럽과 라이브 바(BAR)로 빠져들어 그들의 Night life와 젊음을 구가하고 있었지만, 내가 너무 늙었나? 아니면 벌써 감정이 메말라 버린 것일까? 나는 Outsider가 되어 숙소에서 맥주나 홀짝거리며 방콕에서의 밤을 보내고 있었다.

2009년 2월 22일(일요일) -제5일

아침을 쌀국수(30B)와 신선한 오렌지주스(25B)로 해결하고 걸어서 탐마쌋(Thammasat) 대학으로 향했다. 이 대학은 쭐라롱껀 대학과 함께 태국에서 최고로 손꼽히는 명문 대학이기도 하다. 오늘이 일요일이어서 캠퍼스에는 사람들이 거의 없었는데 운동장 한편에서 졸업사진을 찍는 한 무리의 학생들이 눈에 띄어 그들의 양해를 구하고 몇 장의 사진을 찍을 수 있었다. 예쁘게 생긴 여학생 뿌아이(Puay)가 이메일 주소를 주며 사진을 보내 달란다. 물론 보내

줘야지!

왕궁을 지나쳐 왓 아룬(Wat Arun/ '새벽 사원')으로 향했다. (도강료 3B) 방콕을 대표하는 사진을 딱 한 장만 찍으라면 왓 아룬을 배경으로 삼는 것이 최고라고 하는데, 태국의 10바트짜리 동전에 그려져 있는 사원이 바로 이곳이다. 딱신 왕(King Taksin)이 지은 104m 높이의 중앙 탑과 주변의 작은 탑 4개로 구성되어 있고, 햇빛을 받으면 도자기 조각으로 인해 탑이 유난히 반짝거리는 것이 매우 인상적이었다.

타 띠안(Tha Tien)에서 수상버스(짜오프라야 익스프레스)편으로 타 파아팃 까지 이동했다. (13B) 방콕에서 보트 이용은 버스를 타는 것만큼 자연스러운데, 오히려 버스보다 빠르게 목적지에 도착할 수 있어 많이 애용되고 있다.

숙소에서 달콤하게 낮잠을 즐겼다. 땅거미가 질 무렵 근처 마사지샵으로 들어가 타이 마사지(160B/ 1시간 18:00-19:00)를 받으니 몸이 한결 좋아진다. 야시장에서 해물 샐러드, 닭꼬치 등 저렴하고 푸짐한 안주를 준비해와서 목 넘김이 시원한 비아 씽(Singha Beer/ 630bl, Alc 5도, 1병 50B x 3)과 함께 오늘도 방-콕(Room Stay)행.

2009년 2월 23일(월요일) -제6일

신선한 오렌지주스(25B)를 한 잔하고, 타 파아팃(Tha Phra Athit) 선착장에서 타 싸톤

(Tha Sathon)까지 이동, 스카이 트레인 BTS 싸판 탁신역에서 쌀라댕 역으로 갔다. 여기까지 온 이유는 방콕의 유흥가를 대표하는 팟 퐁(PAT PONG)이 어떤 곳인지를 보기 위함이었다. 한낮의 팟 퐁에서 화려한 밤 문화를 자랑하는 유흥가의 모습을 찾기는 어려웠다. 그저 그늘에서 한 마리의 개가 졸고 있을 뿐, 지나가는 행인도 거의 없다. 씨암(Siam) 방향으로 조금을 걸어 올라가니 태국의 명문대학 쭐라룽껀 대학이 나온다. 캠퍼스에 들어가 보니 삼삼오오 짝을 지어 앉아 토론하거나 공부에 열중하는 대학생들의 진지한 모습이 보이고, 오가는 학생들로 상당히 활기차다. 학생들의 모습을 카메라에 담고, 구내식당에 들러 점심으로 쌀국수 1그릇(25B) 하고는 대학을 빠져나오는데 생각보다 캠퍼스가 상당히 넓었다.

씨암 스퀘어(Siam Square)는 마치 서울의 명동과 대학로를 합쳐 놓은 듯하다. 예전에 여기를 돌아다니고, MK 레스토랑에서 '수끼'도 먹은 기억에 감회가 새롭다. 더운 날씨를 피해 시원한 백화점에서 여기저기를 기웃거리며 시간을 보냈다.

에어컨도 없는 일반버스(7B) 15번을 타고 40분을 가서 카오산로드로 갈 수 있는 랏차담넌 거리에 내려 숙소근처 타이 마사지샵을 다시 찾아 들어갔다. 오늘은 다시 허벌(Herbal) 마사지(1시간 280B)로 태국에서의 마지막 피로를 날려 보내야지!

오후 6시. 쑤완나품 공항행 AE2(Airport Express) 버스(150B)에 몸을 실었다. 1시간 정도 걸려 공항에 도착. 출국 수속후 공항 면세점에서 아내에게 줄 선물을 샀다. (스와로브스키 수정 이어링과 펜던트 4600B)

2009년 2월 24일(화요일) –제7일(인도/ 태국여행 총28일)

전날 밤 10시 40분. 태국 방콕 쑤완나품 공항을 출발한 대한항공 KE 652편은 5시간 정도 비행 끝에 오전 5시 50분 인천 국제공항에 도착했다. 그리고 가족이 기다리는 집으로…….

머지않은 장래 또 다른 나를 만날 수 있는 새로운 태국을 기약하며 이번 배낭여행의 종지부를 찍었다.

EPILOGUE

어떤 목적으로, 어떤 지역을 여행하느냐에 따라 만나게 되는 사람의 유형은 달라질 것이다. 이번 태국에서는 꼬싸멧 해변에서의 휴식과 유서 깊은 역사 도시 아유타야에서의 한적하고 여유로운 Bike-hiking, '천사의 도시, 동양의 베니스' 방콕(Bangkok)에서의 Relaxation과 방-콕(Room Stay].

이번 여행에 내가 태국에서 만난 사람들은 특별히 기억에 남는 사람은 없고 그저 무난했던 것 같다. 애초에 태국 여행은 휴양에 초점을 맞췄기에…….

여행지와 여행 자체를 어떻게 보느냐는 초점(Focus)과 개념(Concept)의 차이다. '여행자를 위한 서시'에서 시인 류시화는 그랬다. "자기 자신과 만나기 위해 모든 이정표에 길을 물으면, 길은 또 다른 길을 가리키고, 세상의 나무 밑이 그대의 여인숙이 되리라."라고…….

세계일주를 꿈꾸는 나의 배낭여행은 계속될 것이다. 머무르면 새로운 것을 만날 수 없고, 떠남이 길면 그것 또한 다른 일상이 되어 버린다. 머무름과 떠남이 서로 잘 교차하는 그런 삶을 위해 나는 노력할 것이다. 미지의 세계로의 여행. 꿈은 이루어진다!

일본 (큐슈)

1개국 12개소

(2008.9.1~9.6)

후쿠오카/유후인/
쿠로카와/아소/구마모토/
가고시마/이브스키/
키리시마/미야자키/
오비/아오시마/
후츠카이치

일본 큐슈

(2008.9.1-9.6)

호쿠오카 · 유후인 · 쿠로카와 · 아소 · 구마모토 · 가고시마 · 이브스키 · 키리시마 · 미야자키 · 오비 · 아오시마 · 후츠카이치

여행은 '안'에서 벗어나 '밖'으로 나가는 행위이지만 '밖'으로 나가 궁극적으로 도달하는 것은 역시 '안'이다. 진정한 여행은 외부 세계를 통해 내부 세계를 지향하는 것이다.

여행은 그 자체로 삶의 '쉼표'가 되기도 하고 때로는 다음으로 이어지는 전환이 되는 '접속사'가 되기도 한다. 나의 성(城)에서 벗어나 얻는 '쉼과 여유',

미지의 새로운 세계를 얻는 넓은 '시야와 깨달음'은 여행을 통해 얻을 수 있는 소중한 열매이다. 진정한 여행은 '비움과 채움'이 조화를 이루는 여행이어야 한다. 여행은 자신을 상실하는 기회이고, 상실을 통해 재생의 기회를 얻는 과정이기도 하다. 진정한 여행이란 정신적 무장해제와 고해성사를 통한 자기구원의 기회이다. 그것을 위해 혼자 떠나는 길. 아무리 잦아도 끝내 부족하게 느껴지리라.

2008년 9월 1일(월요일) -제1일

큐슈(九州)는 일본을 구성하는 주요 4개 섬 중 가장 남쪽에 위치한 섬으로 일본 최초의 문명을 꽃피운 역사의 요람이자 일본 최대의 관광지이다.

전날 밤 11시 서울역을 출발한 무궁화 1225호(27,100원)는 이른 새벽인 4시 19분 나를 부산역에 내려 주었다. 야간열차를 좀처럼 이용하지 않지만, 이번 열차여행

울산
부산
마쓰에
松江
돗토리
鳥取
돗토리
이즈모
出雲
히메지
姬路
오카야마
岡山
히로시마
広島
후쿠야마
福山
야마구치
山口
기타큐슈
北九州
우베
宇部
슈난
周南
구레
呉
이마바리
今治
다카마쓰
高松
도쿠시마
후쿠오카
福岡
마쓰야마
松山
고치
高知
고치
사가
佐賀
사세보
佐世保
구루메
久留米
오이타
大分
구마모토
熊本
나가사키
長崎
구마모토
미야자키
宮崎
가고시마
鹿児島
미야코노조
都城
가고시마
9
53
54
9
2
34
57
10
56
55
3
58

일본

은 최악이었다. 대마도로 단체 여행하는 들뜬 관광객 무리의 밤새 떠드는 소리와 박장대소, 수시로 터지는 핸드폰 소리와 통화 소음 등으로 인해 거의 밤을 꼬박 새우고 벌건 눈을 비비며 부산역 근처의 사우나를 찾아 들어갔다.

아침 8시. 적당한 휴식을 끝내고 부산 국제여객터미널에 도착, 출국 수속을 시작했다. 일본전문여행사 Jtravel을 통해 예약(27,000엔=261,900원)한 큐슈레일패스(KRP: Kyushu Rail Pass) 5일권과 고속여객선 코비/비틀 왕복선 표를 받아 들고 6일간의 일본 큐슈 여행을 시작했다.

9시 30분 부산항을 출발한 쾌속선 '코비'는 낮 12시 30분 일본 후쿠오카(福岡)의 하카다(博多/ Hakata) 항에 도착했다. (3시간 소요)

시내버스를 타고 JR 하카다 역으로 이동(220엔), 역내 미도리노 마도구치(窓口/티켓판매소)에서 오늘 오후 2시 34분발 유후인(Yufuin)행 지정석과 내일 아소/유후고원버스 유후인역 출발(8:55) 예약해(9월 5일 밤 11시 47분) 미야자키(宮崎)발 하카다행 야간열차 지정석을 받았다. (KRP 무료)

역내에 있는 백화점 음식코너에서 하카다라멘(500엔)으로 점심을 때우고 오후 2시 34분 유명한 관광 열차인 특급 유후인노모리 5호에 승차했다. 외형과 내부 구조가 아주 독특한 이 열차를 타기 위해 일본 내 타도시에서 몇 달 전부터 예약을 하고 찾아오는 사람들도 있다고…….

오후 4시 44분 유후인 역에 도착했다. (2시간 10분 소요) 오이타(大分) 현(県)의 중앙에 위치한 유후인(由布院)은 벳푸에 이어 풍부한 수량과 빼어난 자연 경관을 자랑하는 온천 휴양지인데 아기자기한 마을 분위기와 아름다움으로 인해 특히 여성들에게 큰 인기가 있는 곳이라고 한다.

유후인역 주변을 둘러보고는 료칸 마키바노이에(목장의집 牧場乃家)를 찾아 들어갔다. 유휴다케산(山)이 보이는 노천 온천을 가진 이 료칸은 일본 전통 가옥으로 지어진 객실을 가지고 있는데 유후인에서 저렴하게 전통 다다미방과 노천 온천을 즐기고 싶다면 추천할만한 곳이다. (1박 2식/ 95,060원)

일본식 정식으로 저녁을 먹고 남탕을 찾아 들어가 보니 밖이 훤히 보이는 노천 온천이다. 적당한 온도의 온천수는 여행의 피로를 풀기에 충분하다. 내일 아침에는 이곳이 여탕으로 변신하게 되는데, 일본 온천은 매일 남녀탕이 번갈아가며 바뀐다.

2008년 9월 2일(화요일) -제2일

아소/유후고원버스는 큐슈레일패스 소지자에게는 무료이다. 전날 하카다역에서 미리 예약하였기에 유후인역에서 아침 8시 55분에 이 버스에 승차했다. 쿠로카와(黑川)온천을 거쳐 10시 40분 큐슈꽃공원에 도착하여 1시간의 자유 시간이 주어져 공원 여기저기를 거닐며 아름다운 꽃들과 풍광을 촬영했다. (입장료 500엔/ 큐슈고원 지맥주-Kuju Kogen Beer 700엔)

낮 12시 50분 아소(ASO)역을 거쳐, 쿠사센리(草千里) 대초원을 지나니 아소산(阿蘇山) 니시(西)역이다. (13:15) 여기서는 로프웨이(케이블카)를 이용(왕복 740엔), 나카다케(中岳; 1216m) 분화구 전망대에 도착하게 되는데 오늘은 정말 축복받은 날이다.

구름이 간혹 끼이기는 하지만 청명한 하늘 덕분에 아직도 화산활동 중인, 세계에서 유일하게 분화구(噴火口)를 들여다 볼 수 있는 이곳 나카다케를 촬영할 수 있었다. 변화무쌍한 날씨 때문에 제대로된 분화구(깊이 100m, 둘레 4km)의 화산활동 모습을 보기는 매우 어렵다고 하던데……. 또한 끓어 오르는 마그마로 인해 피어나는 새하얀 분연에 가리어 분화구 속은 좀처럼 볼 수 없었다. 큐슈의 상징인 아소산은 일본에서 최초로 국립공원으로 지정되었고 매년 수많은 관광객들이 방문하고 있는데 이번 큐슈 배낭여행의 주목적은 이곳 세계 최대급 칼데라 활화산인 아소(Aso)산을 보기 위함이었다.

나카다케 활화산의 모습을 많이 담고자 이리저리 돌아다니며 촬영하다 보니 관

광버스 출발시간(2시 10분)이 임박하게 되어 카구니시(火口西) 역에 도착, 하행 로프웨이 출발 예정시간을 보니 2시 5분(소요시간 4분). 약 10분 간격으로 운행한다는 것을 모르고 사진찍기에만 급급했던 것이다. 몇 분 정도는 기다려 주겠지 하면서도 초조한 마음으로 아소산니시駅으로 내려오니, 아뿔싸! 버스는 이미 떠나 버린 뒤였다. 그 버스 안에는 내 배낭이 있는데 이걸 못 찾으면 정말 낭패다. 다시 오늘 버스의 출발지 벳푸까지 가야 하고……. 순간 눈앞이 캄캄해졌다. 정신을 차리고 경찰에게 사정을 설명하며 아소역에서 내 배낭을 보관해 줄 것을 요청하였으나 이 사람은 영어를 못 알아듣는다. 일어와 영어를 섞어가며 사정을 하는데 그 역시 답답했던지 로프웨이 사무실로 나를 안내한다. 거기서는 어느 정도 영어가 통해 내 사정을 설명하고 배낭을 아소역에 맡기고, 전화 좀 해달라고 하니 급하게 움직여 결국은 아소역 출발 전 버스에서 내 배낭을 찾아 보관하고 있다는 연락이 왔다. 십 년 감수한 셈이다. '아리가또 고자이마스'를 연발하며 진심으로 감사를 표하고는 아소역행 다음 로칼버스(540엔) 출발(15:35)을 기다렸다.

아소역으로 내려와서 배낭을 찾고는 구마모토행 큐슈횡단 특급에 몸을 실었다.(16:41 아소역 출발, 17:55 구마모토역 도착)구마모토(熊本/ Kumamoto)는 일본의 사무라이(武士) 문화를 상징하는 구마모토성(城)이 있는 현대와 고전이 잘 조화된 관광도시이다.

비즈니스호텔 이치방칸(Ichibankan/ 1박 53,350원)에 여장을 풀고는 역 앞의 말(馬) 고기육회(바사시) 전문점에 들러 맥주(570엔 X 2)와 바사시(850엔), 멸치회(600엔) 등 구마모토의 특산음식을 즐기며 여행의 재미를 더했다.

2008년 9월 3일(수요일) -제3일

구마모토성(城)은 오사카성, 나고야성과 함께 일본 3대 명성(名城)의 하나이다. 1607년에 완공된 이 성은 토요토미 히데요시와 함께 임진왜란 때 우리나라 침공을 진두지휘한 카토 키요마사가 한반도 침략으로 얻은 조선식 축성술 지식을 바탕으로 만들어진 난공불락의 요새이기도 하다. (성벽의 아래는 완만하지만 위쪽은 휘어진 모양이라 생쥐조차 기어오를 수 없다) 지금의 성은 1887년 메이지 정권 출현으로 파괴된 후 1960년에 재건된 것이다. (입장료 500엔)

오전 11시 26분 구마모토 역을 출발하여 가고시마(Kagoshima)로 향했다. 특급 릴레이쯔바메로 신야쓰시로(新八代)까지 가서(환승에 3분 소요), 큐슈신칸센쯔바메로 갈아타고는 가고시마 추오(中央) 역에 12시 29분에 도착, 역에서 가까운 거리에 있는 비즈니스호텔 타이세이 아넥스(Taisei Annex/ 1박 63,050원 x 2일)에 배낭을 맡기고는 다시 중앙역으로 와서 이브스키(指宿)행 쾌속 나노하나호(출발 13:41, 도착 14:37)를 이용하였다. 이브스키에는 스리가하마와 후시메 해안에는 세계 유일의 천연 모래찜질 온천이 있는데, 역에서 가까운 스리가하마 해변의 스나무시 온천으로 향했다.

모래찜질 온천욕(입장료 900엔, 수건 100엔)은 뜨거운 모래 속 열기를 참고 땀을 흘리고 나면 각종 피부병과 피부미용에 탁월한 효과가 있다고 한다. 사실 찜질 후 여독으로 쌓였던 피로가 깔끔하게 풀리면서 몸이 가벼워짐을 느낄 수 있었다. 1시간여 온천욕 후 걸어서 역으로 나와 다시 가고시마 중앙역으로 향했다. (출발 17:41 도착 18:40)

중앙역 바로 옆에는 남큐슈 최대의 복합쇼핑몰 어뮤플라자(Amu Plaza) 가고시마가 있어 이틀 동안 이곳 슈퍼마켓에서 저렴한 가격으로 술과 음식을 사와서 호텔 방에서 혼자만의 조촐한 파티를 즐겼다.

2008년 9월 4일(목) –제4일

아침 9시. 중앙역으로 나와 키리시마 신궁행 열차를 타려고 하니 8:48. 이미 출발한 뒤이고 2시간 후 다음 열차가 있어, 노면 전차(160엔)를 타고 가고시마 역으로

향했다. 역 근처의 사쿠라지마(가고시마의 상징인 활화산) 선착장 주변을 둘러보고는 키리시마신궁(霧島神宮)을 보기 위해 가고시마역을 떠났다. (출발 10:50 신궁도착 11:38)

키리시마는 1934년 운젠, 아소산과 함께 일본 최초의 국립공원으로 지정된 곳이지만 노선버스가 잘 발달 되어 있지 않아 개별 여행자가 각 관광지를 돌아보는 것이 어려워서 나는 키리시마 신궁만을 둘러보기로 했다. 신궁역(駅)에서 신궁까지의 다음 버스는 1시간여를 기다려야 하기에 터벅터벅 걸어서 시골 마을의 정취를 한껏 느꼈으나 점점 힘이 들고 재미가 없어지기에 지나가는 택시를 세워 신궁으로 향했는데 사실 조금만 더 걸어갔으면 도달할 수 있는 거리에 신궁이 있었다. (택시비 800엔, 입장료 없음)

키리시마신궁은 일본의 천손강림 신화로 유명한 명승지 중의 한 곳으로 창건이 6세기라고 하는 오랜 역사를 가진 곳인데, 키리시마산(山)의 분화로 인한 화재로 1484년에 지금의 장소로 옮겨와서 현재의 신전은 1715년에 축조되었다고 한다. 신궁/신사는 일본 고유 신도(神道)의 신(神)을 모셔놓은 곳으로 우리나라의 절, 유럽의 성당처럼 일본문화의 고유한 정서가 담겨있는 곳이다. 키리시마 신궁을 출발하여(버스 16:24/ 240엔, 신궁역 열차 16:52) 가고시마 중앙역(17:40)으로 돌아와서는 호텔 방에서 가고시마 특산 소주(25도)를 시음하였으나 청주같이 맛이 밋밋하고 별로이다. 역시 우리나라 소주가 최고라는 생각이 들며 삼겹살에 김치 생각이 간절하다.

2008년 9월 5일(금요일) –제5일

미야자키(宮崎/ Miyazaki) 현(県)은 태평양에 면한 남 큐슈의 대표적 관광지로, 온화한 날씨와 다양한 자연환경, 관광진흥책 등으로 많은 관광객이 찾는 곳이기도 하다. (가고시마 중앙역 8:48 출발, 미야자키역 10:56 도착/ 2:08 소요) 역 관광안내소에서 웰컴버스카드(근교 버스 1일 무료승차카드)를 발급받아 역전 버스센터에서 오전 11시 45분 오비성(城)행 버스에 승차했다. 니치난(日南) 해안을 따라 아오시마를 거쳐 우도신궁(1:12 소요/ 1,440엔), 니치난시(市)를 지나 오비성(城)에 도착하니 오후 2시였다. (2:15 소요, 1990엔, 웰컴버스카드 무료)

오비성(城)은 16세기부터 300년 가까이 이토씨의 본거지로 번영을 누리며 큐슈의 작은 교토라고 불린다. 조용한 일본 마을의 분위기를 느낄 수 있는 곳이다. (입장료 600엔, 또 요쇼칸(豫章館/ Yoshokan)은 메이지 2년(1869년)에 지어진 이토(Ito)가(家)의 저택으로 조경 정원이 매우 아름다웠다.

오비성을 출발(16:46)하여 니치난 해안을 따라 아오시마 역전에 도착(18:00)하여 아오시마(青島) 섬으로 향했다. 역시 니치난 해안 여행의 백미는 아오시마이다. '도깨비 빨래판'이라 불리는 해변의 바위가 압권인 것이다. 사실 파도에 비스듬히 깍인 돌들이 니치난 해안을 따라 끊임없이 이어지고 있었지만, 해수욕장과 함께 아열대 식물군, 신사(神士)가 있는 이 섬의 침식바위는 많은 관광객을 끌어모으고 있었다.

밤늦게까지 미야자키 최고 번화가(1번가)를 돌아 다니며 하카다행 11시 47분 출발 야간열차(드림니치린; 6:30소요, 9,760엔/ KR패스무료) 시간을 맞췄다.

2008년 9월 6일(토요일) -제6일

아침 6시 17분. 후쿠오카 하카다역(驛)에 도착했다. 역시 밤 열차는 힘들다. 밤새 열차 내에서 아이가 울어대고……. 일본이라

고 다르지 않았다. 불편한 좌석에 웅크리고 밤을 꼬박 새우고 나니 토끼 눈이 다 되어 있었는데, 본의 아니게 일본 여행의 마지막 대미를 온천욕으로 장식해야 했었다.

후쿠오카 근교에 있는 후츠카이치(二日市)는 큰 볼거리 없는 작은 마을이지만 1300년의 전통을 자랑하는 온천이 있는 곳이다. (하카다역 8:03 출발, 후츠카이치 8:26 도착/ 270엔) 9시부터 온천이 시작되기에 근처를 배회하다가 하카다유(湯)를 찾아들어갔는데, 자판기 천국인 일본답게 여기도 입욕료(300엔)와 수건을 자판기로 팔고 있었고, 개인사물함은 100엔을 투입해야 잠기는데 나중에 100엔은 다시 회수되는 시스템이었다. 자연스럽게 남탕에 수시로 아줌마가 드나들며 청소와 정리를 하고 있어 항상 청결을 유지하고 있었고, 같이 입욕한 일본인들은 간단한 샤워와 온천 후 빠져 나가버려 나 혼자 독탕처럼 여독을 풀며 일본 배낭여행의 마지막 여정을 마무리하고 있었다.

오후 2시. 하카다 항 국제여객터미널로 돌아와서 일본 출국수속을 시작했다. (부두세 500엔/ 유류할증료 2,000엔 지급)

하카다 항을 3시 30분에 출발한 고속여객선 '비틀'은 현해탄의 높은 파도를 넘어 내 고향 부산에 나를 안착시켰다. (오후 6시 30분) 부산역을 출발(19:30)한 KTX 166호(50,200원)는 밤 10 시17분 서울역에 도착했고, 지하철을 타고 보금자리 김포집으로 들어서니 12시가 다 되었다.

EPILOGUE

배낭여행자에게 체감물가는 기차역에서의 코인락커(Coin Rocker)일 것이다. 서울역에서는 1천 원~1천 5백 원인 개인 사물함이 일본 큐슈에서는 200엔~400엔(2천 원~4천 원)이었으니 한국과 일본의 실제 물가차이는 2배 이상이었다.

큐슈레일패스(KRP/ 5일권+쾌속선, 한/일왕복, 27,000엔=261,900원)를 최대한 활용하여 5일 동안 큐슈의 특급열차를 이용해 큐슈 주요 관광지와 온천을 둘러볼 수 있어 좋았다. (후쿠오카/ 유후인/ 아소산/ 구마모토/ 가고시마/ 미야자키 등) 그러나 역시 해프닝이 없으면 여행의 재미가 반감되는 법! 아소산에서의 어이없는 배낭분실 사건은 나에게 다음 여행을 위한 교훈을 주었다.

여행의 또 다른 재미 중 하나는 그 지역의 특산물을 즐기는 것. 구마모토에서 말고기 육회와 멸치회를 실로 조금 맛만 보았었지만 사랑하는 사람, 절친한 친구와 함께였다면 그 맛은 더 있었을 텐데…….

여행 속에서 자신의 진정한 모습을 보지 못한다면 진짜 여행을 한 것이라 할 수 없다. 여행은 누구에게나 같은 답을 주지 않는다. 어떻게 얼마나 얻어 가느냐 그것은 오롯이 혼자 길을 떠난 나 자신의 몫이다.

아시아 I

3개국 16개소

(2008.3.3~4.1)

미얀마/태국/말레이시아

아시아 I

(2008.3.3-4.1)

미얀마 · 태국 · 말레이시아

행복의 비결은 필요한 것을 얼마나 갖고 있는가가 아니라 불필요한 것에서 얼마나 자유로워져 있는가에 있다. 선택한 가난은 소극적인 생활태도가 아니라 지혜로운 삶의 선택인 것이다.

자주 버리고 떠나는 연습을 하자. 버리고 떠난다는 것은 곧 자기답게 사는 것이다. 그리고 역설적으로 버려야만 채울 수 있는 것이다. 큰 목적을 두고 떠날 필요는 없다. 그 사원의 원래 명칭이 무엇인지, 언제, 왜 세워졌는지 몰라도 된다. 의무감으로 국립박물관을 가지 않아도 된다. 여행은 자유이다. 여행은 뭔가 새로운 것과의 만남이다. 그리고 결국 여행은 사람과의 만남이다.

노을 진 강변, 해변에서의 사색과 고산족 마을에서의 느린 시간을 만나자. 천년 고도 미얀마 바간 유적지에서 과거와 얘기해 보자. 깨끗한 자연환경과 아직도 순박함과 해맑음, 아름다운 순수한 미소가 남아있는 그곳에서 좋은 사람들을 만나고 싶다.

2008년 3월 3일(월요일) –제1일

인천공항을 오전 11시에 출발한 말레이시아항공 MH 67편은 6시간 50분이 소요되어 쿠알라룸푸르(이하 KL) 현지시간 오후 4시 50분 KLIA공항에 도착하였다. (시차

Ashu Igha
실처
마니푸르
바오산 시
保山市
楚雄彝族
自治州
쿤밍 시
昆明市
曲靖市
허츠 시
河池市
더훙 다이
족 징포족
자치주
德宏傣族景颇
族自治州
린창 시
临沧市
윈난 성
위시 시
玉溪市
원산 시
文山壮族
苗族自治州
라시오
푸얼 시
普洱市
훙허 현
红河哈尼族
彝族自治州
난닝 시
南宁市
충쭤 시
崇左市
몽유와
만달레이
Kyaukhtu
민지안
버마
시솽반나 다이
족 자치주
西双版纳
傣族自治州
켕퉁
tp. Yên Bái
Son La
하노이
Hà Nội
tp. Cẩm Phả
메이크틸라
타웅지
시트웨
예난자웅
네피도
Mueang
Chiang Rai
tp. Hòa Bình
하이퐁
Hải Phòng
tp. Thanh Hoá
Thayet
타웅우
매홍손 주
치앙마이
라오스
tp. Vinh
프롬
빙찬
람빵
tp. Hà Tĩnh
Tharrawaddy
tp. Đồng Hới
파테인
양곤
모울메인
핏사눌록
딱 주
콘깬
카이손 폼비한
Quảng Trị
Huế
다낭
Đà Nẵng
Bogale
나콘사완
펫차분 주
로이엣 주
나콘랏차시마
우본랏차타니
팍세
tp. Tam
Quản
태국
베트남
다웨이
방콕
Krong
Siem Reap
tp. Pleiku
랏차부리 주
파타야
메르귀
Krong
Battambang
캄보디아
부온마투옷
tp. Buôn
Ma Thuột
라용
Da La
th Island
쁘라쭈압
키리칸 주
프놈펜
니코
제도
Andaman Sea
호치민
Hồ Chí Minh
판티엣
tp. Phan Thiết
Kampong
Seila
tp. Long
Xuyên
붕따우
Vung Tàu
춤폰 주
Can Tho
tp. Rạch Giá
tp. Sóc Trăng
수랏타니
타이 만
tp. Bạc Liêu
tp. Cà Mau
나콘시탐마랏
팡응아 주
Phuket
뜨랑
핫야이
쁘를리스 주
크다 주
클란탄 주
반다아체
Banda Aceh
Lhokseumawe
Kulim
에포
Ipoh
트렝가누 주
Dungun
아체 주
Langsa
믈라카 해협
메단
Medan
리아우
제도 주
말레이시아
Pematangsiantar
쿠알라룸푸르
Kuala Lumpur
믈라카 주
수마트라
우타라 주
Dumai
싱가포르
Singapore
Duri
미얀마/태국/말레이시아

1시간, 공항 내 환전 100 $ = 312 링깃-RM, 1링깃은 310원 정도)

배낭을 찾아서 Express Train(35RM, 30분 소요)으로 KL Sentral역에 도착하니 오후 6시. 다시 KL Monorail(1.6RM)을 타고 항투아(Hang Tuah)역에 내려 한국인 게스트하우스(이하 G.H)인 KLG.H로 들어가니 주인(한옥연, 남편은 말레이시아 현지인, http://www.cyworld.com/klhomestay, malaylife@hanmail.net, 016-255-0130)이 반갑게 맞이해 준다. (한국에서 싱글룸 2박, 미리 예약/90RM=27,000원 입금) 나시고랭(Nasi Goreng 볶음밥/ 3RM)과 해물 요리(4RM)로 저녁을 먹는데 확성기를 통해 무슬림 기도(PM 08:10)가 시작되자 식당 사람들이 TV 볼륨을 낮추고 기도에 동참한다. 그렇지! 여기는 국교가 이슬람교인 말레이시아니까…….

2008년 3월 4일(화요일) -제2일

아침 6시 10분. 확성기를 통해 무슬림 기도가 시작된다. 터키 이스탄불에서 본의 아니게 일찍 일어난 것처럼 여기서도 어쩔 수 없다.

오늘은 쿠알라룸푸르(KL) 시내를 둘러볼 것이다. 9시에 숙소를 나와 모노레일 편으로 부킷나나스(Bukit Nanas)역에 내려 말레이시아 경제성장의 상징물과 같은 페트로나스(Petronas) 트윈타워(Twin Tower) (88층, 452m 높이, 1996년 완공]를 찾아 들어가서 이리저리 기웃거리고는 KLCC 공원을 거쳐 KL 최대의 번화가인 부킷빈탕(Bukit Bintang)까지 유유자적 도심을 둘러보았다.

항투아에 있는 숙소에서 잠시 휴식을 취하고는 오후에 전철 편으로 뿌뚜라야 버스터미널로 이동(Plaza Rakyat역 하차, 1.2RM), 말라카(Melaka) 여행에 대비하여 미리 지리를 익혀 두었다. 차이나 타운을 거쳐 메르데카 경기장, 관음사(우리나라 절과 비슷), 센트럴 마켓(Central market), 마지드 자맥(Masjid Jamek) 모스크를 둘러보고는 말레이시아어로 '독립'이라는 '메르데카(Merdeka)' 광장으로 오니, 무어 양식의 아름다운 술탄압둘사마드(Sultan Abdul Samad) 빌딩(1879년 세워짐)이 발걸음을 멈추게 한다.

저녁에는 다시 야경이 아름다운 부킷빈탕으로 이동, 타임스퀘어(Time Square) 빌딩에 한국 식당이 있다는 정보에 따라 들렀으나 이미 폐업한 상태이다. 실패한 원인이 무엇일까? 가격 정책이 잘못되었을까, 아니면 한국 음식에 대한 마케팅 부족이었을까 등등 생각하며 7 ELEVEN에서 맥주 2캔(Heineken 8.2RM, Carlsberg 7.6RM)을 사서 숙소까지 터덜터덜 걸어왔다. (말레이시아에서는 술 마시기가 곤란하다. 어지간한 곳에서는 술을 팔지 않을뿐더러, 술값도 상당히 비싼 편이라 나처럼 Heavy drinker 에게 여행하기 좋은 곳은 아니다)

2008년 3월 5일(수요일) –제3일

아침 10시 50분 KLIA 공항을 이륙한 MH 740편은 미얀마(Myanmar) 양곤(Yangon)까지 2시간 40분 소요되어 현지시각으로 정오에 도착했다. (시차 1시간 30분, 한국과는 2시간 30분) 배낭을 찾아 나오니 미리 한국에서 예약하였던 한강(HANGANG) 게스트하우스 김규철 사장(kthithi@myanmar.com.mm, kthithi@hanmail.net, 09-513-7026)이 마중 나와 있었다. (싱글룸 1박 10$ X 2일)

모처럼 푸짐한 한식으로 점심을 같이 하고 나서 3월 7일 바간행 비행기(87$), 3월 20일 태국 치앙마이행 비행기(85$) 예약을 부탁하고 300$를 환전(1$=1,100짯/KYAT, 1,000짯은 870원 정도. 미얀마에서는 천 짯짜리 화폐가 가장 큰 단위)하고 나니 33만짯(1천 짯 330장)으로 지폐 뭉치가 두툼하다. 당초 인터넷으로 검색할 때에는 1$=1,280짯 정도(1,000짯=748원)였는데 불과 1~2개월 만에 인플레이션이 더 심각해진 것 같다. 앞으로는 미국달러(USD) 가치는 더 떨어지고 엔화/유로는 오를 것이라고 하더니, 실제

여행 중 1$=1,000짯 정도까지 내려갔었고 더 떨어질 전망이라고 하니 미얀마 경제사정은 생각 외로 매우 심각하다.

51번 버스를 타고(150짯=130원) 술레 파고다(Sule Pagoda)를 찾았다. 양곤은 높이 48m의 술레 파야(Phaya=Pagoda)를 중심으로 지어진 계획도시이다. 그래서 술레파고다를 '양곤의 심장'이라고 부르는데, 2007년 9월과 10월 민주화 시위 때 미얀마 현 군사정부의 무력진압 때문에 많은 사람이 희생된 곳이기도 하다.

저녁에는 김규철 사장과 장진호(co-worker)씨와 소주/맥주 파티를 열었다. 내가 미리 준비해 간 육포 등을 내놓으니 이런저런 안주와 술이 나왔다. 사람 사는 이야기며 여러 관심사에 대해 허심탄회하게 대화를 나누다 보니 밤 1시를 넘기고 있었다.

2008년 3월 6일(목요일) –제4일

미얀마에서는 숙박비에 항상 아침 식사가 포함된다. 한정식으로 잘 챙겨 먹고는 쉐다곤 파고다(Shwedagon Pagoda)를 찾아 나섰다. (버스 150짯+택시 1,100짯)

쉐다곤 파고다(입장료 5$)는 미얀마의 상징이자 세계 불교도들의 성지순례지로 2천5백 년 전에 지어졌다고 하며 높이만 지상에서 98m의 탑신을 가지고 있는 대형 파고다로서 2007년 9월과 10월 미얀마 민주화 시위의 출발점이 된 곳으로 민주화 성지로도 의미가 있다고 하겠다.

보족(Bogyoke)시장은 미얀마에서 고급스러운 시장이라고는 하지만 시설은 미얀마 전체의 하부구조(Infrastructure)가 열악한 것에 다름아니다. 보석의 여왕 루비(Ruby)에 관심이 있어 조사해 본 결과, 엄청난 바가지뿐만 아니라 물건의 품질 또한 믿을 수 없었다. 한강G.H 김사장에 의하면 흥정을 1/2이 아니라 1/10부터 시작해도 될 만큼 바가지를 씌운다고 한다. 특히 외국 관광객에게는…….

양곤 강을 건너 달라(Dala)라는 곳을 다녀왔다. (배 왕복 2$) '싸이까'(Side Car의 미얀마식 표현; 릭샤)를 동네 왕복에 1,600짯에 흥정해서 다녀본 결과 한마디로 강 하나를 사이에 두고 양곤과 극심한 빈부차를 보이고 있다는 것이다. 하지만 불교 국가답게 이 지지리도 가난한 마을에도 군데군데 물통과 컵이 준비되어 있어 타인을 배려하는 아름다운 마음이 있었다.

짧은 시간 둘러본 양곤(미얀마)에 대한 단상으로 첫째, 차량 통행은 우리나라처럼 좌측통행이라 운전석이 왼쪽에 있어야 하지만 대부분 중고차/폐차(일본제)를 태국을 통해 들여와서 오른쪽에 운전석이 있고, 추월할 때는 조수를 통해 시야를 확보하고, 승객이 내릴 때도 매우 위험한, 실로 웃기는 일이 당연한 것처럼 벌어지고 있다는 것이다. 둘째, 남아도는 인력을 매우 저렴하게 활용(?)하고 있는 것일까? 규모가 그리 크지 않은 슈퍼마켓인 City Mart의 경우 상품코너마다 직원이 하나씩 배치되어 거의 시간만 죽이고 있고, 심지어 많은 경비 인력도 있다는 것이다. 셋째, 한강G.H의 경우 가사도우미(Helper) '소피아'의 경우 초보자라고는 하지만 월급이 4만 짯(=34,800원)이라고 하니 대단한 저임금으로 생활하고 있다는 것이다.

2008년 3월 7일(금요일) -제5일

이른 아침 비행기 시간 때문에 거의 잠을 못 이루었다. 오전 4시 45분 택시를 불러(2천 짯) 국내선 공항에 도착하니 5시이다. 바간(Bagan/ 낭우(Nyaung U)행 비행기(Air Bagan, W9 009편, 87$) 출발시간이 6시 15분이니 새벽부터 서두르지 않을 수 없는 것이다. 1시간 만에 낭우 공항에 도착하여 바간 입장료(10$)를 지불하고, Golden Express Hotel까지 택시(5천 짯)로 이동하였다. 17$, 20$, 23$ 세 종류의 객실 중 20$짜리로 정하여 3일을 묵었는데 이번 여행 중 가장 비싸게 지낸 숙소인 셈이다.

아침 9시. 자전거를 2천 짯에 빌려 낭우 아침시장(주차비 1백 짯)에 들렀다. 주변 마을에서 온 고산족과 빈민들로 시장은 활기를 띠고 있었는데 11시경이 되자 파장 분위기가 역력했다. 시골에서 위생을 논하기는 좀 그렇지만 생선에 파리가 득실거려도 누구 하나 신경 쓰지 않는다. 카리스마 넘치는 잘 생긴 꼬마 스님에게 단돈 2백 짯을 보시하고는 사진을 찍었는데 눈빛이 예사롭지 않다.

미얀마 고대도시 바간(Bagan)은 캄보디아의 앙코르유적, 인도네시아의 보로부두르 유적과 함께 세계 3대 불교 유적지로 손꼽힌다. 천 년을 견뎌온 2,227개의 파고다와 많은 유적으로, 미얀마하면 첫 번째로 떠오르는 곳이다. 바간 지역은 낭우지역, Old Bagan/ New Bagan으로 나뉘는데 오늘을 낭우를 둘러보고 내일 본격적으로 구 바간 지역을 답사할 예정이다. 오후 2시 호텔로 돌아와 모처럼 숙면을 취했다.

어스름해진 저녁 무렵 숙소 밖으로 나오니 'HARMONY' Restaurant&BBQ에서 구수한 냄새가 나그네를 유혹한다. 돼지고기 1꼬치 3백짯, 닭/양고기 1꼬치 350짯, 시원하고 맛있는 미얀마 맥주가 1700짯, 미얀마 대중위스키인 Grand Royal(43%, 175ml)이 800짯이니 술을 좋아하는 배낭여행자인 나에게는 아주 적당한 곳이다. 우리나라 돈으로 4,500원 정도에 포식하고, 취기도 적당하다. 이날 이후 3일 동안 이곳에서 저녁을 해결하며 술과 안주를 즐겼다.

2008년 3월 8일(토요일) -제6일

아침 7시. 호텔 정원에서 화사스러운 꽃들을 카메라에 담았다. 그리고는 마차(Horse Cart)를 하루 빌려 바간 투어를 시작하였다. (1일 1만 짯)

먼저 마하보디(Mahabodi) 파고다를 둘러보고, 민예공(Minyeingon) 파고다에 이르니 꼬마가 안내를 자청한다. 탑 내부의 어둡고 좁은 계단 통로를 조심스럽게 올라서자 확 트인 시야가 눈에 들어온다. 바간의 탑들 사이로 솟아오르는 해돋이를 볼 수 있는 최적의 장소인 셈이다. 꼬마에게서 Post card를 1천짯에 사고, 모델비와 수고비로 2천 짯을 더 주었더니 생기가 확 돈다.

미얀마를 여행하다 보면 남녀노소 모두 얼굴에 무엇인가를 바르고 다니는 것을

볼 수 있는데 바로 '타나카(Thanakha)'라는 천연화장품이다. 황색을 띠는 타나카가 사용되기 시작한 것은 약 2천 년 전부터라고 하며, 타나카 나무를 잘라서 갈아서 사용하는 이것은 강렬한 직사광선으로부터 피부를 보호해 주고 미백효과와 함께 피부를 부드럽게 해 준다고 한다. 아울러 모공수축과 피부 살균효과로 인해 피부 트러블 치료에도 아주 탁월한 효과를 보인다고…….

오늘의 마부는 쏘쏘(SOE SOE)인데, 이 친구 영어를 잘 못 한다. 영어로 의사소통이 잘 되어야지만 외국인들을 상대로 쉽게 돈벌이가 될 터인데…….

아무튼, 30세에 아들 하나(6살), 부인과는 동갑, 대학 졸업한 여동생(28세)와 모친을 모시고 살고 있었다. 따랍하 게이트(Tarabha Gate)를 지나면 나타나는 밍카바(Myinkaba) 지역은 미얀마 칠기 생산의 본고장이다. 구벽지(Gubyaukgyl) 사원과 마누하(Manuha) 사원을 둘러보고는 에이야와디(AyeyarwaddY) 강을 바라보고 있는 단층의 소규모 파고다인 부(Bu)와 고도빨린(Gawdawpalin) 파고다를 찾았다.

점심으로 미얀마 정식(3천 짯)이 어떤 것인지 시식해 보았는데 내 입맛에도 잘 맞아 그럭저럭 먹을만하였다.

쉐산도(Shwesandaw) 사원은 일출과 일몰 전망사원으로 잘 알려져있는데 실제 다음 날 저녁 무렵 자전거로 이곳에 와서 바간의 해넘이를 지켜보았었다.

멋진 출입문과 벽돌담으로 둘러싸인 담마양지(Dhammayangyi) 사원. 이곳은 마치 이집트의 피라미드 같은 느낌이 드는 형태의 사원이다. 그리고 탑빈뉴(Thatbyinnyu) 사원은 높이가 61m에 이르는 바간에서 제일 높은 4층 구조를 가진 1144년에 건립된 사원이다.

술래마니(Sulamani) 사원 내부에는 벽화가 양호한 상태로 많이 남아있는데 통로의 벽화는 18세기에, 천장에 그려진 벽화는 13세기로 추정된다고…….

아난다(Ananda) 사원은 바간에서 제일 규모가 크고 아름다운 사원가운데 하나로 1091년에 건립됐다고 한다. 바간 지역은 유네스코 지정 세계문화유산 보호지역으로 오늘 내가 본 것은 정말 조족지혈인 셈인데 빠듯한 일정상 수박 겉핥기로 만족할 수밖에 없어 아쉽다.

2008년 3월 9일(일요일) -제7일

아침 9시. 바간에서 북동쪽으로 5km 떨어진 곳에 있는 짜욱꾸우민(Kyauk Gu U Min)은 산골짜기 계곡 안에 11~12세기에 조성된 부서지고 있는 벽화와 동굴이 있는 독특한 사원으로 이곳으로 향했다. 그런데 대부분 바간을 찾는 이들은 이곳을 모른다. 설사 안다 치더라도 특별한 볼거리가 없다. 나는 단지 느긋한 마음으로 마차를 타고 정지된 시간과 주변 경관을 보고 싶었다.

관리인인듯한 여인이 굳게 잠긴 본당 문을 열어 주자, 정면 부처님 얼굴만 희미하게 보일 뿐 온통 암흑이다. 촛불로 통로를 비춰가며 관리인의 도움으로 미로 같은 동굴을 한발씩 전진해 가는데 워낙 훼손상태가 심각하여 제대로 된 벽화는 안 보이는 것 같다. 감사의 표시로 여인에게 약소하지만 1천짯(=870원)을 주었다.

마부 쏘쏘는 아들(6살)에게 말 모는 방법을 가르쳐 주며, 같이 동행하였는데 적당히 시간을 보내주며 하루 일당을 지불할 이방인인 내가 고마운 모양이다. 낭우에 있는 그의 집으로 가서, 내가 그들 가족의 사는 모습을 보고 싶다고 하니 부끄러워하면서 집으로 안내했다. 그들의 생활 모습을 카메라에 담고는 Half Day Tour를 마감했다. (1만 짯 지급)

오후 3시 30분. 자전거를 빌려(1/2 Day, 1천 짯) Old Bagan 지역을 둘러보다 조그만 수도원을 거쳐 강가로 내려가니 모래밭에서 꼬마 스님 3명(15살, 12살, 11살)이 고무

공으로 축구를 하고 있다. 나도 합류하여 같이 땀 흘리며 공 뺏기 놀이를 하다 보니 금방 친해졌다. 영어를 잘 모르는 꼬마 스님들에게 쉬운 단어부터 가르쳐주고, 그들은 열심히 배우고 하다 보니 시간 가는 줄 모르겠다. 아쉽게 그들과 작별을 하고 일몰 포인트인 쉐산도 파고다로 향했다.

기대가 크면, 실망도 큰 법! 오래된 사원과 탑들 사이로 멋진 해넘이를 소망했건만 다음 기회를 기약하라는 신호인가보다. 구름에 가려 제대로 된 사진 한 장 찍지 못하고 아쉬운 발길을 돌려야만 했다.

2008년 3월 10일(월요일) –제8일

예쁜 도마뱀(Lizard)이 마치 까마귀같이 밤새 수시로 울어대는 바람에 이틀째 밤잠을 설쳤다. 아침 6시 45분 낭우공항으로 출발(택시 6천짯)하여 8시 5분 발 만달레이(Mandalay)행 Yangon Airways(HK 917편, 36$)를 기다리는데 미얀마 이 친구들 정말 시간 관념이 없다. 7시 45분에 바간 출발, 8시 10분에 만달레이에 도착하는 거다. (당초 8시 5분 출발로 표시되어 있었으니 고무줄 같은 운항관리에 미얀마의 밝은 미래는 멀게만 느껴진다. 정시 도착! 정시 출발! 우리나라는 얼마나 대단한 선진국이며, 훌륭한 국민들인가! 인도, 미얀마, 태국같이 더운 나라 사람들은 대부분의 심각한 사안들도 'No Problem! Don't Worry!'로 일관하고 있으니…….)

여행기간 중 밤잠을 설치게 했던 예쁘지만 기분 나쁜 소리의 도마뱀 (Lizard)

만달레이 공항에서 택시를 합승하여(시내까지 1만 짯, 혼자일 경우 담합가격으로 1만 8천 짯이 기본) Nylon G.H에 여장을 풀었다. (인터넷에는 평가가 좋지 않아 다른 곳을 여러 군데 찾아보았으나 방이 없어 어쩔 수 없이 찾아든 곳이다. 1박 7$ X 2일, 짯으로 환산, 14$ x 1,100짯 = 15,400짯 지급)

제조(Zegyo) 시장에서 쪼리라고 하는 샌들(2,900짯)을 사고, 미니슈퍼에서 물을 구입한 다음 만달레이 전화국으로 가서 여행 시작 후 처음으로 아내에게 별 탈 없이 잘 다니고 있다는 안부 전화를 했다. (1분 통화에 3$)

티없이 맑고, 고운 웃음을 간직한 꼬마 아가씨

만달레이(Mandalay)는 미얀마 제2의 도시로 인구는 70만 명 정도라고 한다. 네삐도가 미얀마 행정의 중심지이고, 양곤이 정치. 경제의 중심지라면 만달레이는 문화와 종교의 중심지라고 할 수 있다.

만달레이 왕궁(지역 입장료 10$, 수심 3m의 해자로 둘러싸인 가로/세로 각 3km, 현존하는 미얀마 최대의 성)을 둘러보고, 꾸도도(Kuthodaw) 사원을 거쳐, 만달레이 언덕(해발 236m의 언덕에 쉐야토[Shweyattaw] 파고다가 있다:사진 촬영비 5백 짯)을 올랐다. 내려올 때는 미니트럭(5백 짯)을 이용, 편하게 내려와 소형택시인 블루(Blue)택시를 대절하여 아마라뿌라(Amarapura) 지역에 있는 우뻬인(U Bein) 다리로 향했다. (왕복 1만 5천 짯을 주었는데, 다소 비싸게 다녀온 셈이다)

미얀마 최대의 수도원인 마하간다용짜웅을 둘러보고, 따웅타만 호수를 가로지르는 1.2km의 거대한 나무다리(2백 년 전에 1,086개의 티크로 조성)인 우뻬인(U Bein) 다리에서 이번 여행 중 잊지 못할 아름다운 일몰과 반영 사진을 촬영할 수 있었다. (호수에 비친 해와 다리의 반영과 티 없이 맑은 어린아이, 수수한 아가씨의 미소, 고요함 속의 질서, 많은 것을 생각하게 하는 환상적인 풍경이었다)

2008년 3월 11일(화요일) –제9일

아침 7시. 이른 아침을 먹고, 밍군(Mingun)행 선착장으로 향했다. (싸이까 1천 짯) 9시에 출발(지역 입장료 3$, 배값 3천 짯)하여 1시간 만에 밍군에 도착하여, 밍군 파고다와 밍군 벨 등을 둘러보았다. 여기에도 택시가 있는데 우습겠지만 2마리의 소가 이끄는 우차가 바로 택시이다.

같은 배에서 우연히 캐나다인 마크 보셔(Marc Boucher)를 만나게 되는데 그를 만나게 된 것은 이번 미얀마 여행 중 내게는 상당한 도움이 되었다. 혼자 여행 중인 그가 내일 아침 8시, 그가 전세 낸 택시로 깔로(Kalaw)로 이동한다기에 나도 그편에 동승하기를 희망하였더니 그의 택시기사 겸 가이드에게 잘 말해주겠다고 한다. (가이드는 50$ 요구. 나는 40$에 내 호텔 픽업 조건으로 관철)

저녁에는 민타(Mintha, 의미는 왕자/Prince) 소극장(Theater)에서 미얀마 전통 댄스를 관람(입장료 6천 짯)하였는데, 8종류의 전통악기를 다루는 악사와 8명의 무희가, 이날의 유일한 관객이었던 나만을 위해 최선을 다하였다. 라오스 비엔티엔의 '옌사바이쇼(5$)' 같이 관객이 없는 것은 왜일까?

우리의 묻지마 관광이나 골프 관광처럼, 패키지로 몰려다니는 웨스턴들에게 미

얀마 전통춤 공연은 안중에도 없는 것일까? 고급 호텔인 세도나(Sedona)가 바로 근처에 있음에도 민망하게도 내가 유일무이한 오늘 쇼의 관객이라니…….

사장은 내가 사진 찍는 것을 알고는 무희들의 분장실까지 안내하며 촬영하라고 배려를 아끼지 않아 처음으로 분장하는 장면을 담을 수 있었다.

민타(Mintha) 쇼의 경우, 옥의 티라면 막판에 서커스 요소가 있는 '공다루기'로 시간을 채운다는 것이다. 민속 춤은 다이나믹(Dynamic)하고 때로는 코믹(Comic)하여 볼 만했고, 악사들의 연주도 좋았으나 이건 전혀 분위기에 맞지 않는 것이다.

전력 사정이 최악이라 숙소에서 30분 걸리는 깜깜한 거리를 거쳐 소극장을 오가는 동안 미얀마 대도시에서 바라보는 하늘의 별은 우리 시골에서 보는 것처럼 그렇게 많이, 선명하게 보였다. 낡은 자전거를 그것도 임대하여 낑낑거리며 끌고 가는 사람과 좁은 싸이까 좌석에 앉아 안쓰러운 눈으로 그저 바라봐야만 하는 우린 어떤 인연으로 만난 것일까? 하루 수입 5천 짯(한화 4,350원) —그것도 많아야.

공치는 날이 더 많음에도 크게 욕심부리지 않고 사는 모습에서 오늘 우리의 현실을 되돌아보게 된다.

싸이까 기사(42세). 그의 적극적인 권유로, 그는 왕복 교통비(3천 짯)를 챙기고, 나는 좋은 경험과 추억을 간직할 수 있어 좋았다. 적어도 미얀마 서비스업에서 생존하려면 영어를 잘할 수 있어야 한다는 걸 새삼 느꼈다.

2008년 3월 12일(수요일) -제10일

아침 8시. 숙소로 마크의 택시(미얀마에서는 최상급. 하지만 우리나라에서는 중고/ 폐차 직전)가 Pick-up 왔다. 그와 함께한 깔로(Kalaw/ 해발 1,320m에 위치한 샨[Shan] 주의 고원도시)까지 거의 쉬지 않고 달린 8시간 정도의 여행은 상당히 편했다. 원래 계획대로라면 오늘 저녁에 고물 시외버스로 출발하여 최악의 비포장도로와 밤길을 12시간 정도 달려 새벽에 깔로에 도착하는 것이었으니…….

깔로까지 가는 중간중간 도로 통행료를 받는다. 알고 보니 미얀마 군부가 각 도로를 각 지역 사령부에 할당하여 그 통행료 수입으로 군인 조직을 이끌어 가는 체제라서 도로 유지보수에 대해 누구도 신경쓰지 않아, 화물차의 과적 등으로 도로가 완전 누더기 그 자체이다. 포장보다는 비포장도로가 더 안락할 정도이니…….

오후 4시 30분. 산악 고산족 트레킹(Trekking)에 적합한 깔로에 도착했다.

트레킹 가이드와의 미팅(PM 05:30, 2박 3일 트레킹 45$, 배낭 인레호수까지 별도 운송비 5천 짯, 인레 인데인 유적지에서 보트 대절비 15천 짯/ 뒤에 합승해 5$ 돌려받음)에 이어, 간단히 샤워 후 '7자매 식당'에서 다소 비싼 샨족 전통음식(Shan Cuisine)과 함께 맥주를 마시며(11,000짯) 여행 중반을 잘 마무리하고 있는 나 자신을 자축했다.

마크를 만난 것은 참으로 다행이다.

앞으로 그와 몇 번 더 조우하게 되는데 그의 이력은 다음과 같다.

* 마크 보셔(Marc Boucher; 프랑스계 캐나다인. 몬트리얼 거주. 54세)

* 현재는 은퇴 상태. 손자, 손녀 한 명씩 둔 할아버지.

* 주소: 6127 BOSSUER MONTREAL (QUEBEC) CANADA HIM 2NI
* 3개월 여정으로 베트남부터 시작하여 태국, 미얀마(27일), 말레이시아를 거쳐 4월 25일 방콕에서 캐나다로 갈 계획이라 함.
* 1,300$로 택시와 가이드를 4주간 렌트하는 것은 결코 비싼 비용이 아니라고 함. (계산해보니 비행기 이동 등에 비하면 훨씬 저렴하다고 하였다)

2008년 3월 13일(목요일) –제11일

〈 Kalaw 2Nights / 3 Days Trekking〉

아침 8시 30분. 트레킹 시작. 깔로 남쪽 9km 지점의 요티(Ywa Thit) 마을은 상당히 인상적이었다. 이어서 따요(Tar Yaw) 마을을 지나 전망 좋은 산 정상의 휴식처에서 다시 마크(Marc: 1박 2일 트레킹 중)를 만나게 되었다.

그에게 맥주를 한잔 권했더니 트레킹 중 체력 저하를 염려하여 한사코 사양한다. 그와 헤어져 힌카콩(Hinkhakone) 마을을 거쳐, 오후 5시. 깔로 바로 전 역인 다누(Danu)족 마을 민다익(Myintaik)역에서 대기 중인 기차를 촬영할 수 있었다. 그런데 놀라운 사실은 양곤에서 어제 아침 10시 30분에 출발한 것이 이곳 깔로까지 무려 하루하고도 6시간 30분이나 걸렸다는 사실이다. (깔로에서 조금 떨어진 HEHO 공항에서 양곤까지 비행시간은 1시간이 채 안 된다)

오후 6시 30분. 요뿌(Ywapu) 마을에서 오늘의 트레킹을 종료했다. 저녁상에서 내가 미리 준비한 죠니워커(블랙)를 처음 마셔 본다며 트레킹 가이드인 죠니(Johnny/ 닉네임)가 너스레를 떨며 좋아한다.

* 본명: 죠 네이(Kyaw Nyein), 37세, 가이드 6년째, 유창한 영어(Speaking)
* GOLDEN KALAW INN에서 Staff으로 근무 중
* 따웅지 대학에서 물리학 전공, 3형제 모두 화학/생물 전공한 학사들이나 마땅한 일자리가 없다 함.
  능력 있고 유능한 인재는 재주껏 모두 외국으로 나가고…….
* 부친은 교사 출신.
* 작년 9월~10월 민주화 시위 이후 관광객이 급감하여 생활에 상당한 타격.
* 미얀마 남성은 반드시 출가하여 최소 1주일 이상 승려가 되어야 함. 보통 3년의 생활을 거치는 게 일반적. 여성도 본인 의사에 따라 출가할 수 있고, 증가 추세.
* 초등 5년, 중등 4년, 고등 2년의 학제. Science와 비 Science로 나뉘는데 높은 Score를 기록해야만 Science 계통으로 진학함.

3일 동안의 트레킹 도중 우리는 전반적인 분야에 대해 허심탄회하게 서로의 견해를 나누었다. 그는 비상 의약품을 준비했다가 의사의 손길이 닿지 않는 오지마을에서 간단한 처방을 해주고 있었고, 주민들도 그에 대한 신망이 매우 두터웠다.

2008년 3월 14일(금요일) –제12일

트레킹 2일째. 전날 마신 술과 더운 날씨 때문에 힘든 하루였다. 새벽에 술기운이 가시고 한기 때문에 엎치락뒤치락하다가 그냥 일출을 보려고 일어나 버렸다. 밖으로 나오니 깨끗한 공기가 폐부 깊숙이 와 닿는다. 오늘은 일부 다누(Danu)족 마을을 거쳐, 대부분 빠오(Pao)족 마을을 거쳐 간다. 마이(Main), 삔누이(Pin Nwe), 뽀끼(Paw Ke), 빠투빠우(Pettupauk) 마을을 지나 수도원 조금 못미처 조그만 가게(물 300짯, 맥주 2,500짯)에서 만난 3명의 자매(큰 언니는 현지 초등학교 교사)는 상당히 미인이다. 여하튼 샨주의 사람이나 음식은 우리나라와 매우 비슷하다고 할 수 있다.

오후 6시 30분. 오늘 밤을 보낼 티떼인(Hti Thein) 수도원에 도착했다.

전날은 고양이 세수밖에 못 했지만 그래도 여기는 간단하게 찬물 샤워를 할 수

있었다. 스님들의 양해를 얻어 법당 가장자리에 마련된 임시숙소는 대나무와 천으로 칸막이 된 것이었다. 죠니가 나의 환대에 대한 보답으로 값싼 미얀마 위스키 Grand Royal 한 병을 사와 또 수많은 이야기를 나누며, 서로 깊은 공감대를 형성하였다.

2008년 3월 15일(토요일) -제13일

트레킹 3일째. 여행 내내 깊은 잠을 자지 못하였는데 오늘도 마찬가지이다. 새벽 5시. 꼬마 스님들의 카랑카랑한 독경 소리에 도저히 잠을 잘 수가 없다. 할 수 없이 일어나 밝아오고 있는 아침을 기도원 마당에서 서성거리며 맞았다.

아침 7시 30분. 기도원을 출발하여 최종목적지 인레호수 인떼인(Indein)을 향했다. 거의 트레킹을 마칠즈음 죠니가 'snake'라고 소리쳤다. 마침 스치며 지나가던 소년이 대나무 막대기로 뱀을 쫓기 시작한다. 하지만 뱀이 워낙 빨라 수차례 시도에도 잡지 못하였는데 뱀 둥지를 발견한 소년이 둥지를 파 내려가자 뱀이 뛰쳐나온다. 결정적 순간을 포착한 소년이 드디어 2미터에 육박하는 뱀을 잡았다.

미얀마에서는 독사에 물려 죽는 농부의 수가 해마다 증가해 NGO와 NRG 등에서 장갑과 장화를 지원해 주어 지금은 많이 호전되었다고 한다. 소년 이야기로는 "지금 이 뱀을 잡지 않으면, 이 뱀으로 인해 장차 수많은 사람이 죽을지 모르기에 반드시 잡아야만 했다"는 것이다. 남을 위한 깊은 배려, 불심을 읽을 수 있는 대목인 것이다. 길손을 위해 물 항아리와 컵을 항상 길 밖에 비치해 두는 것처럼 선량한 국민성에 다시 한 번 감탄했다.

아침 11시. 드디어 트레킹의 종착지인 인떼인 마을에 도착하여 코코넛(1천 짯)으로 갈증을 해소하고 12시경 냐웅쉐(Nyaung Shwe)로 출발, 스피드 보트로 1시간여 걸려 오늘의 숙소인 냐웅캄(Nawng Kham) G.H에 도착했다. (숙박 3일 X 6$) 미얀마 짯(Kyat)이 부족해서 50$를 내며 숙박비를 제외한 나머지를 짯으로 환전하니 환율 1$=1,050짯으로 계산하여 33,600짯을 내어준다.

트레킹 가이드 죠니와 작별할 시간이다. 죠니에게 볼펜 1다스과 얼마 전 새로 사서 거의 입지 않았던, 'KOREA'가 옷 정면에 뚜렷하게 박힌 '박지성 T셔츠'를 선물로 주니 이 친구 너무나 좋아한다. 아마도 이 옷을 입고 트레킹 가이드를 계속해서 한국을 홍보할지 모른다는 생각에 아낌없이, 그동안의 노고에 대한 보답으로 준 것이다.

미니슈퍼에서 물 250짯(다른 곳에서는 300짯), 미얀마맥주 1,500짯(다른 곳에서는 부르는 게 값, 최고 3천 짯까지)등을 사고 숙소로 돌아오는데 마크(Marc)를 다시 만나 반갑게 인사하니 모레 아침 9시에 만나, 같이 자전거 하이킹을 하자고 한다. That's good idea! 마크와의 조우는 항상 즐겁다.

숙소에서는 아예 발전기를 가동하지 않는다. 조그만 전등을 하나 주며, 우리 사정이 이러하니 그리 아시라는 투다. 하루 6$씩이나 주고 전기도 없는 곳에서 3일을 보내야하다니……. 덕분에 숙면을 취하도록 노력해 봐야겠다.

2008년 3월 16일(일요일) –제14일

오늘은 인레 호수(Inle Lake) 보트투어를 하는 날이다. 2박 3일 동안 같이 트레킹하였던 벨기에 커플과 같이 보트를 쉐어 하여 다소 경비를 절약할 수 있었다. (1일 18,000짯인데 나는 6,000짯만 내고, 가이드 팁으로 2,000짯 줌) 낭쉐에서 1시간을 달려 찾아간 곳은 어제의 그곳, 인떼인이다. 오늘이 장날이라 시장 구경을 하고 인떼인 유적지를 천천히 둘러보았다.

점심으로 수상식당에서 샨 정식(2,500짯)과 맥주(2,500짯)를 먹는데 역시 마크와 조우하게 되었다. 'Long Neck Karen' 공예품숍을 거쳐, 은세공 Workshop에

서는 벨기에 커플이 사던 은팔찌(아내 선물)를 20$에 샀다.

파웅도우(Phaung Daw U) 파고다에서는 한국에서 온 스님 2분 포함, 스무 명 정도 되는 신도들이 한국어로 하는 기도 소리를 들었다. 아마 성지 순례단인 듯…….

고양이 사원으로 알려진 응아페짜웅(Nga Phe Kyaung) 사원(Monastery)에서 바라본 잔잔한 인레 호수에 비친 산의 모습과 주변 풍경들의 반영이 너무나 아름답다.

샨(Shan)족은 우리와 생김새, 음식 등 여러 면에서 비슷한 점이 많다. TV에서 한국 드라마를 하루 3편씩 방영하고 있어 미얀마인들은 한국인을 아주 좋아하며, 매우 부러워한다. 가는 곳마다 장동건, 비, 권상우 등 한국 배우 이름을 대며 공감대를 느끼고 싶어한다.

미얀마에는 Myanmar, Mandalay, Dagon 3종류의 맥주가 있는데, 역시 판매가에서 미얀마 비어가 가장 비싸서 그런지 목 넘김과 맛도 미얀마 비어가 최고인 것 같다.

2008년 3월 17일(월요일) -제15일

아침 9시. 마크(Marc)와 다시 만나 자전거를 빌려(1천 짯=870원), 먼저 휴핀(Hu Pin) 온천(Hot Spring)으로 향했다. 외국인 전용 풀은 5$로 관리인이 열탕. 온탕물 온도를 적당히 맞춰주어 나와 마크는 둘이서 호젓하고 안락하게 온천욕을 즐겼다. 얼마나 시간이 지났을까? 서로에게 구속됨 없이 자유로운 시간을 즐긴 우리는 약속이나 한 듯 서로를 쳐다보았다. 이젠 나가자고……. 관리인이 원탕, 원수까지 친절하게 안내해 주어 잘 구경하고는 다시 Downtown인 낭쉐로 되돌아와 점심 식사(Beer 2,500짯, Noodle 1,500짯)를 같이 하고 이번에는 인레 리조트 방면으로 자전거 하이킹을 떠났다. 인적이 드문 한적한 도로를 따라 상큼한 공기를 마시며 달리는 기분이란…….

구경삼아 들어간 인레 리조트에서 예쁜 미얀마의 미소를 만났다. 마크는 이 메일로 그 미소를 보내달라고 한다. 물론, 보내드려야지!

낭쉐(Nyaung Shwe)로 되돌아와 가족이 운영하는 마사지샵(Win Nyunt)에서 미얀마 전통마사지(1시간 5천 짯)를 받았는데 지금까지 마사지 중 최고였다고 생각된다.

저녁 7시. 마크의 초대로 미얀마 맥주를 마시며 같이 저녁 식사를 하였다. 세상사 이런저런 이야기를 하며 늦게까지 서로의 마지막 밤을 아쉬워한다. 여행 일정상 그와 나는 다시는 만날 수 없다. 그는 나더러 다음에 캐나다 몬트리얼에 올 것을 다시 한 번 제의한다. 그때 미국 동부도 같이 여행하면 좋다고…….

물론 나도 마크에게 한국에 오게 되면 꼭 연락하라고 당부했고, 어두운 밤길을 지나 각자의 숙소로 발걸음을 돌렸다.

2008년 3월 18일(화요일) –제16일

아침 7시. 택시(16$)로 1시간 정도 걸려 헤호(HEHO)공항에 도착, 9시 20분 발 에어바간(Air Bagan) W9 011(85$) 편에 몸을 실었다.

1시간 만에 양곤 공항에 도착하자마자 택시로 아웅밍글라 시외버스터미널로 이동(3천 짯), 11시에 출발하는 짜익티요(Kyaikhtiyo)행 버스(6천 짯)를 탈 수 있었다.

점심은 가는 도중 휴게소에서 삶은 달걀 3개(5백 짯)로 대신하고 오후 3시 30분 짜익티요에 도착, 4시에 다시 낀뿐(Kin Pun)행

트럭버스로 갈아타고(5백 짯) 4시 30분에 오늘의 숙소가 있는 낀뿐 씨쌀(Sea Sar)G.H에 도착하였다. (Seasar=Sunrise, 방갈로 1박 7$) 내일 아침이면 짜익티요 파고다(황금바위, Golden Rock)를 보게 될 것이다.

2008년 3월 19일(수요일) -제17일

지금 시간 새벽 2시. 닭 한 마리가 울기 시작하더니 온 동네 닭들이 다 울어 젖히기 시작한다. 아니 이것들은 밤잠도 없나! 밤새 모기에 물려 잠 한숨 못 자고 전기도 들어오지 않아 보이지 않으니 모기도 못 잡고 미칠 노릇이다. 찬물로 샤워를 해봐도 잠시뿐, 여전히 후덥지근하고 모기에 물린 데는 가렵고……. 한국에서 모기약을 챙겨오지 않은 것이 후회막심이다. 오늘이 여행 17일째 접어드는데 여행 내내 깊은 잠을 잔 적이 한 번도 없는 것 같다. (모기, 찍찍거리는 도마뱀 소리, 까마귀 등 온갖 종류의 새소리, 이른 아침의 이동 등.)

아침 7시 20분. 숙소를 출발하여 트럭버스(1,300짯)로 20분 정도 가고, 다시 20분 정도 기다린 다음(왜냐하면, 정상까지는 S자형 좁은 1차선 도로이기에 위에서 차가 내려와야만 아래에서 올라감) 또 20분 정도를 달려 정상부근의 혼잡한 트럭버스 정류장에 도착할 수 있었다. 다시 걸어서 40분 정도를 올라가니 Golden Rock 관리소에서 입장료 6$, 카메라 Fee 2$를 받는다. 그런데 미얀마 돈은 절대 안 받는단다! 참으로 이상한 정부 아닌가?

높은 산 정상이라 구름이 끼었다, 흩어졌다 다시 청명해지기를 반복한다. 짜익티요 파고다는 미얀마인들이 가장 신성시 하는 불교 유적지 중의 하나로, 우리나라의 흔들바위(울산바위)와 비슷한 형상의 높이 7.5m, 직경 24m의 금박을 입힌 황금바위 파고다이다. 미얀마인들은 평생 3번 이상 이곳을 방문하게 되면 건강과 부 그리고 행복을 가져다준다고 굳게 믿고 있다 한다. 실제 트레킹 가이드 죠니도 이곳을 그렇게 가보고 싶어 했는데 문제는 그럴만한 여유와 돈이 없다는 것이다.

오전 11시. 다시 트럭버스(1300짯)로 35분 걸려 낀뿐에 도착, 12시에 출발하는 양곤행 에어컨 버스(8,000짯)를 타고, 오후 5시 양곤 호텔 앞에 내려 한강 G.H를 찾아 들어갔더니 까맣게 타버린 내 얼굴을 보고 김규철 사장과 그의 부인(미얀마인, 한국 이름 '은주')이 고생 많았다며 반겨준다.

저녁 식사 후 맥주를 마시며 김사장, 장사장과 긴 시간 많은 이야기를 나누었는데 향후 미얀마 여행정보 사이트를 개설할 예정이라고 해서 내가 찍은 미얀마 사진 전부를 그들 PC로 전송해 주었다. 내 사진이 그분들에게 유용하게 쓰였으면 좋겠다.

2008년 3월 20일(목요일) –제18일

아침 9시. 김규철씨 부인이 시내로 차량 유류 배급받으러 나간다기에 차를 얻어 타고 인야 호수(Inya Lake, 양곤 시내 호수 중 가장 큼) 주변에 내려 호수를 산책하는 데 아침인데도 많은 연인이 벤치에 앉아 데이트 중이다. 일부는 상당히 노골적이고 진한 스킨쉽도 마다치 않는다. 아니, 이 젊은이들은 공부하거나, 일 할 생각은 하지 않고 아침부터 무슨……. Excel Treasure Tower Hotel에 있는 마사지샵에서 마사지(1시간 7천 짯)를 받았는데 역시 인레호수 낭쉐에서의 그곳보다 훨씬 못하다.

오후 3시. 택시로 공항으로 이동(2천짯), Check–in을 하니 공항세가 10$이다.

Air Mandalay 6T 312(85$)로 양곤 17:00 출발, 1시간 10분이 소요되어 치앙마이(Chiang Mai, 북부의 장미로 칭송받는 태국 제2 도시)에 18:10 도착하였으나, 시차가 30분 있어 현지시각은 18:40 이었다. 여기는 태국(Thailand)! 물가 적당히 싸고, 많은 문화유산과 아름다운 산, 바다, 또 무엇보다 여행 인프라가 매우 잘 갖춰진 태국이다.

배낭여행자에게 태국은 매력적인 나라임이 틀림없다. 2003년 말, 딸 아란이와 아들 성정이를 데리고 8일간 방콕 주변을 배낭여행 했기에 이번 여행에서는 북부인 치앙마이 주변과 남부의 푸켓 주변을 돌아볼 생각이다.

공항에서 환전을 200$(6,176밧[THB], 1밧=33원 정도) 하고, 택시를 이용(120밧), 한국인 게스트하우스인 미소네(Misone)에 여장을 풀었다.

2008년 3월 21일(금요일) –제19일

치앙마이에서 하나의 사원만 보겠다면 왓 프라씽(Wat Phta Singh)으로 가야 한다. 1345년 건립된 이곳은 전형적인 란나(Lanna) 양식을 띄는데, 프라씽 동불상은 쏭끄란 축제 때 불상 행렬의 맨 앞자리를 차지할 정도로 중요도가 높다고 한다.

왓 판온(Wat Phan On)을 둘러보고, 왓 쩨디 루앙(Wat Chedi Luang)으로 왔는데 여기는 1401년에 건립된 90m 높이의 쩨디가 유명한 사원인데, 지진으로 손상을 입어 현재는 윗부분이 파손된 채 60m 높이로만 남아 있다.

삥(Ping) 강을 끼고 있는 재래시장인 와로롯(Warorot) 시장. 꽃시장을 둘러보고, 당면과 비슷한 쌀국수인 '쎈 미'를 20밧에 맛보고 이리저리 기웃거리는데 어쩜! 우리나라 시장과 똑같다. 돼지머리, 오겹살, 생선, 딸기, 사과(4개 25밧에 구입), 기타 등등……. 특별히 뭘 사지 않아도 보는 재미가 쏠쏠하다.

치앙마이를 대표하는 사원으로, 해발 1,610m 산 정상에 있는 도이쑤텝(Doi suthep)을 가려고 빠뚜(Pratu=Gate, 문) 창프악까지 왔는데 주변에 사람이 없다. 썽태우(Songtaew, 트럭 짐칸을 개조해 양쪽에 좌석을 만든 대중 교통수단)왕복 대절에 400밧을 요구해서 흥정 중인데 마침 덴마크(코펜하겐 출신) 아가씨 2명이 와서 쉐어(Share)하기로 했다. (나는 150밧, 그녀들은 250밧) 그녀들은 20살 대학 휴학생으로, 3개월 여정으로 인도를 거쳐 현재 태국, 향후 뉴질랜드와 사모아를 여행할 것이라는 당찬 아가씨들이었다.

도이쑤텝에서 숙소로 돌아와선, 내일 치앙라이 1Day Tour(2,000밧), 숙소(오늘 550밧, 내일 도미토리 150밧), 3월 26일 푸켓행 비행기 예약(4,800밧) 등을 하였다. (현금이 모자라 ATM에서 10,000밧 인출)

저녁에는 모처럼 삼겹살(1인분 130밧)에 소주를 곁들이며 식도락을 즐겼다.

2008년 3월 22일(토요일) –제20일

아침 7시 30분. 치앙라이(Chiang Rai) 1Day Tour(AM 07:30 ~ PM 11:00, 2천밧)를 위해 미소네 G.H식당에서 당일 출발 인원들(5명)이 모였는데 8시 30분이 되어도 출발하지 않는다. 알고 보니 다른 2명을 Pick–up해서 같이 출발하기 위해 무작정 기다리고 있는 것이다. 여하튼 9시경 미소네 미니 벤(봉고차)을 타고 치앙라이로 향했다.

1시간 정도 잘 달리던 미니밴이 중간 휴게소에서 시동이 걸리지 않는다. 우여곡절 끝에 다시 출발하여 30여 분 가니 이번에는 엔진룸에서 하얀 연기가 모락모락 피어오른다. 이런! 오버히트(Overheat)다! 그런데 기사는 차에 대해 잘 모르는 것 같다. 우왕좌왕하며 목적지 치앙라이에 1/2도 가기 전에 길에서 하염없이 시간만 버리고 있다. 한국인 7명으로 구성된 오늘의 투어팀에서 이윽고 한 사람, 두 사람 불만이 터져 나온다. 가까운 거리의 1/2 Day 투어에서도 외국인과 함께할 때는 최신형 미니 벤을 탔었는데 이건 한국인들만 타서 완전 폐차 직전의 차를 줘 우리를 무시하는 것으로 느껴진다. 당초 가이드 1명을 탑승키로 했는데 가이드도 없고, 기사는 영어도 못한다. 그나마 다행인 것은 치앙마이 경험이 많은, 목청 좋고 너털웃음이 일품인 스님 한 분이 미소네 G.H와 수차례 통화를 시도해 중간에서 일행을 잘 다독거려준다.

오후 2시경 치앙라이에 있는 하얀사원(White Temple)에 겨우 도착하여 잠시 사원

과 사원조성 작업장 등을 둘러보고는, 근처 식당에서 볶음밥으로 간단히 허기를 채운다. (애초에는 뷔페에서 근사한 중식이 예정되어 있었다) 여기서 새로운 미니 벤으로 바꾸어 타고 다시 투어를 시작하는데, 일행 중 내일 아침 한국으로 돌아가는 우동준씨(약사, 경남 거창에서 개업 중) 때문에 1박 2일로 투어 일정을 변경할 수도 없어, 급하게 다음 행선지인 매싸이(Mae Sai, 태국 최북단 미얀마와의 국경도시)로 이동하였다. 매싸이에서 스님(이정묵/ 공주시 신풍면 법륜사 주지, 온누리를 사랑하는 사람들의 모임, 041-841-1257, leehoouk123@naver.com)이 복지단체(미얀마 출신 청소년 보호)에 잠시 기부 물품을 전달하고는 서둘러 치앙라이 고산족 마을(Hilltribe Villages)로 향했다. 이곳은 Long Neck Karen, Akha, Lahu−Muser, Palong(Big earring), Lu Mien – Yao족 등이 소수 모여 관광객을 상대하는 시범 마을인 셈이다.

우리 일행이 들어서자 의무적으로 자기들의 민속춤을 간단히 보여 주고는 해산한다. 이 사람들은 카메라에 아주 익숙하다. 마치 동물원 원숭이처럼, 관광객들을 위해 사육되고 있는 것이다. 사람들은 마치 전리품을 챙기듯 그들과 기념사진을 찍고, 태국 고산족 마을을 방문했다고 할 것이다. 나 역시 마찬가지 아닐까?

괜찮은 중국계 식당에서 맥주와 함께 푸짐한 저녁을 먹고, 치앙마이로 돌아간다. 당초 오늘 투어는 골든 트라이앵글 등 몇 군데를 더 갔어야 하는데 온종일 시간에 쫓겨 하얀사원과 고산족 시범마을만 휙 둘러보고 쫓기듯 미니 벤에 승차했다. 돌아오는 차 안에서 약사인 우동준씨(33세, 미혼)와 많은 이야기를 나누었다. 제약업계의 3대 블록버스터는 다이어트와 발기부전, 탈모라고 한다. 그는 특별히 나에게 비타민제와 간장약을 상시 복용하라고 조언한다.

밤 10시. 미소네 G.H 문사장이 우리 일행에게 잘못했다고 사과와 변명을 한다. 그리고 투어비용의 1/2인 1천밧을 환불하겠다고 한다. 우리는 돈이 문제가 아니라, 당신은 우리의 귀한 시간을 죽였다고 따끔한 충고를 하고는, 단기적인 이익보다 장기적인 관점에서 영업해야 귀 업소가 살아남을 수 있을 것이라고 쓴소리를 뱉았다. 원래 여기서 빠이 투어나 근교 1Day Tour를 계획하였으나 이 사람을 신뢰

할 수 없어 내일 아침 Check-out 후 빠이(PAI)를 향해 떠나기로 작정했다.

2008년 3월 23일(일요일) -제21일

미소네 게스트하우스 에서 아침 10시에 Pick-up하여 바로 출발할 줄 알았던 빠이(Pai)행 미니 버스(230밧 지급. 빠이에서는 150밧)는 치앙마이 시내를 빙글빙글 돌아 치앙마이 역 앞에서 손님을 다 채운 후 11시 30분에 출발했다. 3시간 정도 걸려 빠이에 도착(PM 02:30), 숙소를 구하려 조그만 마을을 돌아다니는데 비싸기만 할 뿐 적당한 곳이 없어 Apple Homestay(일본인 운영)에서 2박(1일 300밧)하기로 했다. 내일 1Day Trekking을 800밧에 예약하고는, 아로마오일 마사지(1시간 350밧)를 받고 나니 심신의 피로가 조금 풀리는 것 같다.

2008년 3월 24일(월요일) -제22일

빠이는 라오스(Laos)의 방비엔과 비슷한 분위기인데, 마을 규모도 작지만 대단한 볼거리도 없다. 하지만 고산족 마을에서의 트레킹은 시도해 볼 만하다. 또 여유를 가지고 오토바이로 구석구석을 다니면 괜찮을 것 같은데 내 주관적 견해로는 그렇게 매력적인 곳은 아닌 것 같다. 이미 미얀마를 배낭여행하고 트레킹을 경험한 나에게 이곳 풍경은 밋밋하고 별로 감흥이 없다.

아침 9시. 애초에는 나를 포함

하여 독일인 2명이 트레킹 할 예정이었으나 그들이 어제 술을 많이 마셔 트레킹을 연기했다며 나혼자 출발할 거면 웃돈을 더 내란다. 이미 숙소에서 하루짜리 트레킹치고 너무 비싸다는 이야기를 들었기에 추가 비용을 단호하게 거절하고, 오토바이로 트레킹 지점까지 이동 후 일단 트레킹을 시작했는데 오늘의 가이드 자부(Taboo/ 24세, 가이드경력 5년)는 아주 슬로우 모션이다. 왜 그러냐고 그랬더니 2박 3일 트레킹이 어제 끝나서 아주 피곤하단다. 어쩔 수 없이 이 친구를 달래어 오히려 내가 끌고 다니는 셈이 됐다. 중간에 점심이라며 배낭에서 주먹밥(볶음밥)을 하나 내민다. 황당하다. 주먹밥 하나와 물 1병, 가이드 인건비로 무려 800밧(=26,400원)을 냈으니……. 시쳇말로 '낚였다'는 표현이 맞을 것 같다.

리수(Lisu), 라후(Lahu) 마을을 지나, 밋밋한 능선과 대나무 숲을 여럿 지나니 오늘 트레킹의 종점인 모뺑(Mo Paeng) 폭포가 보인다. 오후 1시 30분. 트레킹 종료이다. 이건 1/2 Day Trekking 에 불성실하고 시원찮은 영어 가이드! 미얀마 칼로(Kalaw)에서의 성실했던 '죠니' 생각이 난다. (2박 3일 트레킹, 숙식 제공에 45$=43,000원) 다시 오토바이로 빠이까지 이동하여 내가 빠이 캐년 (Canyon)을 보자고 하자 마을에서 8km 떨어져 있다며 추가로 200밧을 요구한다. 승용차로 이동, 사진만 몇 장 찍고는 바로 돌아왔다.

타이 마사지(2시간, 350밧, 16:40~18:40)를 받고, 미니슈퍼에서 사온 맥주(50밧 X 2병)와 노점에서 산 닭/돼지고기 꼬치(4개 40밧)로 숙소에서 혼자만의 우울한 시간을 죽이며, 그다지 인상적이지 않고 유쾌하지 못했던 빠이에서 마지막 밤을 보냈다.

2008년 3월 25일(화요일) -제23일

빠이 버스터미널에서 8시 30분에 출발한 완행버스(80밧)는 4시간 되지 않아 치앙마이 버스터미널에 도착했다. 그런데 숙소인 미소네 G.H까지는 거리가 제법 멀어 썽태우로 이동(80밧)해야 한다. 여행자 버스(150밧)를 타면 숙소 앞에 내려주는 데 그것과 비교하면 메리트(Merit)가 전혀 없다.

숙소 식당에서 김치볶음밥(69밧)으로 점심을 해결하자, 스님(법륜사 이정묵)이 타이 마사지 싸게 정말 잘하는 곳이 있다며 같이 가자고 한다. 2시간 동안 300밧, 수고비로 60밧을 주었는데 진짜 정성을 다해 마사지해 주어 심신이 편해졌다.

저녁에는 미소네 식당에서 스님과 함께 Draft Beer(1L 79밧), 삼겹살(130밧 X 2인분), 소주(250밧 X 2병)를 즐기며, 이런저런 세상 이야기와 불교 이야기로 시간 가는 줄 몰랐다. 밤 10시 30분 썽태우로 삥(Ping) 강가에 있는 리버사이드 바(Bar)로 이동, 생맥주 피쳐(340밧)를 시켜놓고, 스님과 나. 현지가이드 임훈명씨(084-867-3405, limhm72@naver.com)는 태국에서 사람 살아가는 이야기 등 많은 대화를 나누며 경쾌한 분위기의 음악과 함께 추억을 만들어 나갔다.

2008년 3월 26일(수요일) -제24일

타이항공 TG 129로(4,800밧) 치앙마이를 12시 50분 출발, 2시간 정도 소요되어 푸켓(Phuket)공항에 도착했다. 여기서 빠통비치(Patong Beach)까지는 미니 버스(150밧)를 이용하여, 한국인 게스트하우스인 사랑방 G.H(이기현 사장, 부인은 태국인, www.patong.co.kr, 66-76-292-180)를 찾아갔다.

도미토리 2박 600밧, 팡아만 전일투어 1,400밧, 피피 전일투어 1,500밧, 사이먼 쇼 550밧, 푸켓-랑카위 미니 버스 950밧, 총 5,000밧을 지불하고 나니 앞으로 3일 동안의 주요 투어와 이동은 신경 쓰지 않아도 되어 좋았다.

여장을 풀고 간단히 샤워 후, 푸켓에서 가장 번화한 해변이자 최고의 유흥가인

빠통비치로 나가 일몰을 담았는데 해가 산 쪽으로 떨어지고, 해변에서는 역광이라 제대로 된 사진 한 장 건지지 못했다.

오후 7시 30분. 싸이몬 카바레(Simon Cabaret)에서 '여자보다 더 예쁜 남자'들이 펼치는 푸켓판 트랜스젠더 쇼(Show)를 관람했다. (1층 550밧) 방콕의 알카자쇼 못지 않게 명성이 높다고 하는데, 화려한 춤과 노래, 화장과 의상, 무대 매너 등으로 시간이 어떻게 지나갔는지 모를 정도로 흥미롭고 재미있었다.

2008년 3월 27일(목요일) –제25일

꼬 피피(Ko Phiphi)는 수려한 경관과 천혜의 맑은 바다 외에도 영화 'The Beach' 상영 이후 전

세계적으로 주목받는 곳이 되었다. 아울러 2004년 12월에 발생한 쓰나미로 인해 큰 피해를 입은 섬인데 지금은 거의 복구가 된 것 같았다.

스피드 보트를 타고 피피 레(Phiphi Ray)에 도착하여 수영과 스노클링을 즐긴 후, 마야 베이(Maya Bay), 피레 코브(Pileh Cove), 바이킹 케이브(Viking Cave), 원숭이 해변 등을 둘러보며 사진을 찍고, 피피돈(Phiphi Don) 레스토랑에서 뷔페식으로 점심을 한 후 카뉘(Khai Nui) 섬으로 이동, 수영과 스노클링(Snorkelling), 열대어 관찰 등 한적하고 여유로운 시간을 보내고 숙소로 되돌아왔다. 특히 마야 베이(Maya Bay)는 사람이 살지 않는 무인도로 낮에만 입장이 허용되며, 투명한 물빛과 하얀 백사장은 일품이었다. (영화 'The Beach'의 실제 촬영장소)

2008년 3월 28일(금요일) –제26일

제임스 본드(James Bond) 섬으로 잘 알려진 팡아(Phang Nga)만 1Day Tour (1,400밧)를 즐기며 편안하게 그간의 피로를 풀었다. 카누를 타고 여러 동굴을 탐험하고, 푸켓으로 돌아오다가 한적한 해변에서 2시간 정도 수영 시간도 가졌다.

오후 7시부터는 사랑방 G.H 이기현 사장이 추천한 오리엔탈 마사지 샵에서 타이마사지(2시간, 500밧)를 받았는데 잘하기는 하지만 너무 세게 주물러서 '좀 살살해 주세요'를 여러 번 반복해야 했다.

이기현 사장과는 3일 머무는 동안 처음과 끝날, 여러 시간 동안 이런저런 이야기 하며 같이 술을 마시게 되었는데 아마 사랑방 역사상 내가 처음이 아닌가 싶다. 푸켓에서의 마지막 밤. 'The Port'라는 노천 Live Bar에서 간단히 맥주로 입가심하며 생동감 있는 빠

통 비치를 함께 느껴본다. 노인에서부터 아이들까지 필리핀 밴드의 생음악과 노래에 맞춰 자유분방하게 춤추고 즐기는 웨스턴들의 개방적인 생활방식이 참 부럽다. 우리 아이들도 이런 방식으로 교육받고 생활하면 얼마나 좋을까 싶지만, 현실은 그렇지 못하니…….

2008년 3월 29일(토요일) -제27일

말레이시아 랑카위 섬으로 이동하는 날이다. (버스비 950밧) 숙소에서 Pick-up후 MP3를 챙기며 장시간 이동에 대비하고 있는데, 푸켓공항 입구에 있는 한 지점에 나를 내려 주고는 다른 버스를 기다리라고 한다. 아침 8시 30분. 미니 버스가 아닌 푸켓->사툰 행 시외버스로 나를 안내하는데 이건 뭔가 이상하다. 처음부터 뭔가 꼬인다는 느낌을 받았는데……. 버스 안에 화장실이 있기는 하지만 무려 5시간 동안 승•하차를 제외하고는 무식하게 달려 간단한 점심시간을 갖는다. (13:30)

닭고기 1점과 조그만 찰밥 1덩이를 30밧에 주고 차에 승차하여 먹는데, 옆자리 태국 할머니 말씀이 '20밧이면 되는데 바가지 씌웠다'고 흥분한다. 영어가 거의 통하지 않는데도 손짓 발짓으로 어느 정도 의사소통이 된다.

푸켓에서부터 무려 8시간 걸려 사툰(Satun)에 도착했다. (16:30) 사툰 Sinkiat Thani Hotel(싱글룸 665밧)에 Check-in을 하고, 30$를 환전하여 나머지를 태국 돈으로 받았다. (29밧 x 30$=870밧/ 665밧=205밧)

그리고 바우처에 있는 통차이란 태국인에게 전화를 하니 내일 아침 8시 30분에 호텔에서 랑카위행 선착장까지 픽업해 주겠다고 내일 보자고 한다. 당초 사랑방 G.H에서는 당일 랑카위에 들어가는 것으로 들었는데 이건 시외버스 타는 곳까지 데려다 주고, 시외버스 8시간 타고, 사툰에서 1박을 해야 하고……. 처음 계획과는 너무도 다르다. 아침 8시 15분 푸켓타운에서 사툰 행 시외버스(8시간 소요)가 있으니 이것을 이용하면 여행사를 통하는 것보다 훨씬 저렴할 텐데…….

밤 8시 30분. 숙소 바로 앞에 야시장이 열렸다. 이곳은 말레이시아와의 국경 소도시라 무슬림이 많다. 오징어 꼬치구이 노점을 기웃거리는데 주인 내외가 5밧 하는 꼬치 하나를 서슴없이 건넨다. 맛보라고……. 시골이라 그런지 순수한 사람들과 인정은 아직도 남아있는 것 같다. 세계 어디든 사람 사는 곳은 다 똑같다. 문제는 누가 먼저 닫힌 마음을 여는 것인가 하는 것이다. 열린 마음이 되어야 열린 행동이 시작되고, 결국 인생이 바뀌는 것이다.

2008년 3월 30일(일요일) –제28일

아침 8시 30분에 호텔에서 만나서 페리 부두(Pier)까지 픽업 및 티켓팅 해주겠다던 통차이란 자는 9시가 넘어도 나타나지 않는다. 호텔 프런트에 연락 좀 해달라고 독촉하니, 태국인들은 늘 그랬듯이 'Never mind'만 연발한다. 나는 지금 그게 아닌데! 숙소 밖에 있는 뚝뚝 기사를 통해 알아보니 사툰에서 랑카위행 페리는 하루 3회(09:30, 13:30, 16:00) 있다. 그리고, 선착장도 8km 나 떨어져 있다. 미련없이 통차이란 자를 포기하고, 뚝뚝으로 급하게 달려 선착장에 도착하니 9시 25분. 페리비와 입국 Fee로 310밧을 내란다. 오직 '밧'으로만 받는다기에 할 수 없이 환전이 가능한 마트에서 50링깃을 환전하니 450밧을 준다.

9시 40분이 되어도 페리가 오지 않는다. 지연 도착한 페리는 승객 하선과 화물 하역 후 10시 15분에 출발한다. 관광대국인 태국에서도 시간 관념이 이 모양이니 우리나라는 정말 대단하다. 정시 도착! 정시 출발! 이것이 기본 관념이니……. 배낭여행에서는 역시 '정보가 돈'이다. 사툰에 대한 사전 정보 없이 도착해서 페리

터미널도 바로 코앞에 있을 줄 알았는데 무려 8km나 떨어져 있고, 랑카위행 마지막 페리가 오후 4시인데 시외버스는 4시 30분에 도착하니 어쩔 수 없이 1박을 해야 하고…….

오늘 9시 30분발 페리를 놓쳤으면 오후 1시 30분까지 또 하염없이 기다려야 하니 쓸데없이 반나절을 허비할 뻔했다. 생각할수록 통차이란 녀석이 괘씸하다.

판타이체낭에서 만난 한국을 좋아하는 여고생들

아니 푸켓 사랑방 게스트하우스가 잘못한 것이다. 버스 기사가 나에게 건네준 바우쳐에는 '페리비는 이미 지급, 3월 30일 사툰 출발, 지정 호텔에서 통차이에게 Contact 하라'고 되어 있어 어쩔 수 없이 그 호텔에서 1박(665밧)할 수밖에 없었다. 총 950밧(=31,000원) 중 실제 소요된 비용은 푸켓->사툰 간 시외버스비뿐이니 이건 완전히 사기 당한 셈이다. 문제는 돈보다도 여행객의 귀중한 시간과 정신을 빼앗았다는 것이다. 사랑방 G.H에 강력히 항의해 다시는 나의 전철을 밟지 않도록 해야겠다. 다음 랑카위행 여행자를 위해서도 이 점은 반드시 시정되어야만 하는 문제이다.

11시 20분 말레이시아 랑카위 쿠아제티터미널에 도착하여 입국심사를 받고, 80$를 환전한 후 택시(20링깃) 편으로 판타이체낭(Pantai Cenang) 해변으로 이동하였다. Sandy Beach Resort에 숙소를 정하고(방갈로 68링깃=21,000원/ 아침 포함) 해변 이곳저곳을 둘러보다가 잠깐 수영을 하고, 졸기도 하고, 시간 이 흘러 일몰 사진을 찍는 데 여고생들이 많이 모여 물놀이를 즐기고 수다도 떤다. 그 여고생들과 이야기를 해보니 한류 열풍 때문인지 한국 드라마와 한국인이 역시 인기이다.

멋진 노을을 만나지는 못하였지만 몇 장의 석양 촬영 후 Orkid Ria라는 해산물 전문 음식점에 들렀더니 입추의 여지가 없다. 이슬람교를 믿는 수많은 Seafood 전문점에서는 술을 팔지 않는다. 그런데 이곳은 중국계인데 시원한 생맥주(500CC)를 저렴(4링깃=1,240원)하게 제공하니 웨스턴들로 넘쳐나고 있는 것이다.

말레이시아 서부 최고의 해변, 세계 어느 곳 못지 않게 아름답다고 자랑하는 판타이체낭 해변도 물이 맑지 못하고, 관광객을 위한 편의시설조차 거의 없다. 심지어 ATM도 안보인다. Under Water World 1곳에서 ATM을 발견할 정도이니 말이다. 태국에서는 길에 넘쳐 나는 것이 ATM이었는데 여기에선 돈을 쓰고 싶어도 쓸 수가 없다.

태국은 편리하게 돈을 찾아 쓰게 하는 관광대국의 기본자세를 가졌음에 반해, 말레이시아는 그런 의식과 시설이 빈약한 것 같았고, 특히 나처럼 술을 좋아하는 사람에게 일부 편의점(7 ELEVEN)을 제외하고는 술을 팔지 않는다는 것 또한 여행을 불편하게 만드는 요소이다.

2008년 3월 31일(월요일) -제29일

이른 아침. 방갈로 바로 앞에 있는 해변으로 나가니 색다른 일출이 시작되고 있다. 숙소에서 공항으로 택시(15링깃)로 이동, 9시 35분 발 Air Asia(141링깃)를 타고, 10시 35분 쿠알라룸푸르(KL) LCCT공항에 내렸다. 공항버스(9링깃)로 1시간여 만에 KL Sentral역에 도착하여, 짐 보관소에 배낭을 맡기고(5링깃) KL 시내 워킹투어를 시작했다. 방사(Bangsar)역 주변을 둘러보았으나 별 볼거리가 없어 다시 LRT 파나세니역으로 이동(1.4링깃), KL 기차역을 거쳐, 국립 모스크를 지나 새 공원(Bird Park)에 이르렀는데 입장료가 35링깃이나 해서 포기하고, 바로 앞에 있는 난 정원(Orchid Garden, 무료입장)에서 여러 종류의 난초와 열대 식물들을 접사하였다.

중앙우체국을 지나, 다시 LRT 파나세니 역에서 KL Sentral역으로 이동(1링깃), 역 구내에서 1시간 정도 졸며 휴식을 취하다가 저녁 식사 후, 6시 45분 KLIA공항 방면 Express Train(35링깃, 28분 소요)으로 쿠알라룸푸르 국제공항에 도착했다.

보딩패스(Boarding pass)를 빨리 받고 면세점 이곳저곳을 기웃거리며 아내 선물용으로 코치(Coach)가방 1개(1,750링깃)와 디오르(Dior) 향수 미니어처 1세트(159링깃)를 사고, 예쁜 딸 아란이를 위해서는 불가리 향수 미니어처 1세트(140링깃)를 준비했다.

2008년 4월 1일(화요일) –제30일

밤 1시. 쿠알라룸푸르를 출발한 말레이시아항공 MH 66편은 6시간 30분 정도를 날아, 한국 시각 아침 8시 40분(시차 1시간) 인천공항에 무사히 도착했다. 그리고 다시 집으로…….

EPILOGUE

이번 배낭여행은 주요 거점으로의 이동에 따른 항공권만 확보하고, 나머지 일정은 그때그때의 상황에 맞추어 유연성 있게 탄력적으로 대처하였다. 항공권은 인천-쿠알라룸푸르(MH 67)-양곤(MH 740), 쿠알라룸푸르-인천(MH 66) 76만 원과 TAX 18만 원, 합계 94만 원이 들었고, 미국 달러로 1,500$를 환전하였다.

여행은 사람을 순수하게 그러나 강하게 만든다. 아는 것만큼 보이고, 보이는 것만큼 느낀다고 한다. 또한, 느끼는 것만큼 보이지만, 보이는 것은 예전과 같지가 않다. 사람을 젊게 만드는 것은 둘이다. 하나는 사랑이요, 또 하나는 여행이다. 여행은 '정신을 젊게 해주는 샘'이라고 안데르센(Andersens)은 말했다. '여행이란 우리가 사는 장소를 바꾸어 주는 것이 아니라, 우리의 생각과 편견을 바꾸어 주는 것이다.'

미얀마는 흔히 황금의 땅으로 불린다. 어디를 가나 높게 솟아 있는 황금색 탑(Pagoda) 때문이다. 인연(因緣)이 있어야만 올 수 있다는 신비의 땅 미얀마를 보름간 여행하였다. 동양의 정원, 도시 전체가 숲에 묻혀 있는 양곤(Yangon), 천년 고도이며 세계 불교 3대 유적지 중 하나인 고대 유적도시 바간(Bagan), 미얀마인들의 종교와 문화의 중심지 만달레이

(Mandalay), 해발 1,320미터에 위치한 고원도시 깔로(Kalaw)에서의 2박 3일 트레킹. 해발 875미터 고원 위의 깨끗하고 거대한 하늘 호수인 인레호수(Inle Lake), 미얀마인들이 가장 신성시하는 불교유적지 짜익티요(Kyaikhtiyo) 파고다. 사회 기반시설은 열악하기 그지없어 여행하기에 많이 불편했지만 신비로운 옛 모습을 그대로 간직하고 있고, 순수하고 해맑은 영혼들이 사는 정신(精神)이라는 무위(無爲)가, 물질(物質)이라는 유위(有爲)를 압도하는 은자(隱者)의 나라 미얀마에서의 경험은 오래도록 잊지 못할 것 같다.

과거는 책을 통해 배우고, 미래는 여행을 통해 배운다. 여행은 인생을 길게 하며, 삶에 추억을 만든다. 머무르면 새로운 것을 만날 수 없고, 떠남이 길면 그것도 다른 일상이 되어버린다. 머무름과 떠남이 서로 잘 교차하는 그런 삶을 살고 싶다. 세계일주를 꿈꾸는 나의 배낭여행은 앞으로도 계속될 것이다. 미지의 세계로의 여행. 꿈은 이룰 수 있고, 이루어진다.

아시아 II

3개국 12개소

(2007.1.29~2.15)

베트남/캄보디아/라오스

아시아 II

(2007.1.29-2.15)

베트남 · 캄보디아 · 라오스

'사람들 사이에 섬이 있다
그 섬에 가고 싶다'
-정현종 님의 〈섬〉이란 시이다.

여행은 다른 문화, 다른 사람을 만나고 결국에는 겸허하게 자기 자신과 만나는 것이다. 그래서 나는 열병처럼, 어쩌면 지구촌 사람들 사이의 '섬'에 가고 싶어 매년 그렇게 배낭을 꾸려 왔는지 모른다. 자기로부터의 일탈을 꿈꾸지만, 사실은 자기 속으로 들어가 자기를 새롭게 만드는 마약 같은, 하지만 결코 고독하지만은 않은 자유 배낭여행.

'아는 것만큼 보이고, 보이는 것만큼 느낀다'라는 여행 명언이 있다. 낯설지만 결코 낯설지 않은, 내가 어릴 적 뛰어놀던 자연과 친구들이 있는 그런 익숙함. 아직 순수함과 해맑은 영혼이 남아 있는 동남아시아 중에서 우선 베트남/ 캄보디아/ 라오스 사람들의 '섬'에 가고자 신발 끈을 조였다.

2007년 1월 29일(월요일) -제1일

베트남항공 VN 939편으로 10:25 인천공항을 이륙하여, 14:00 베트남(Vietnam) 호

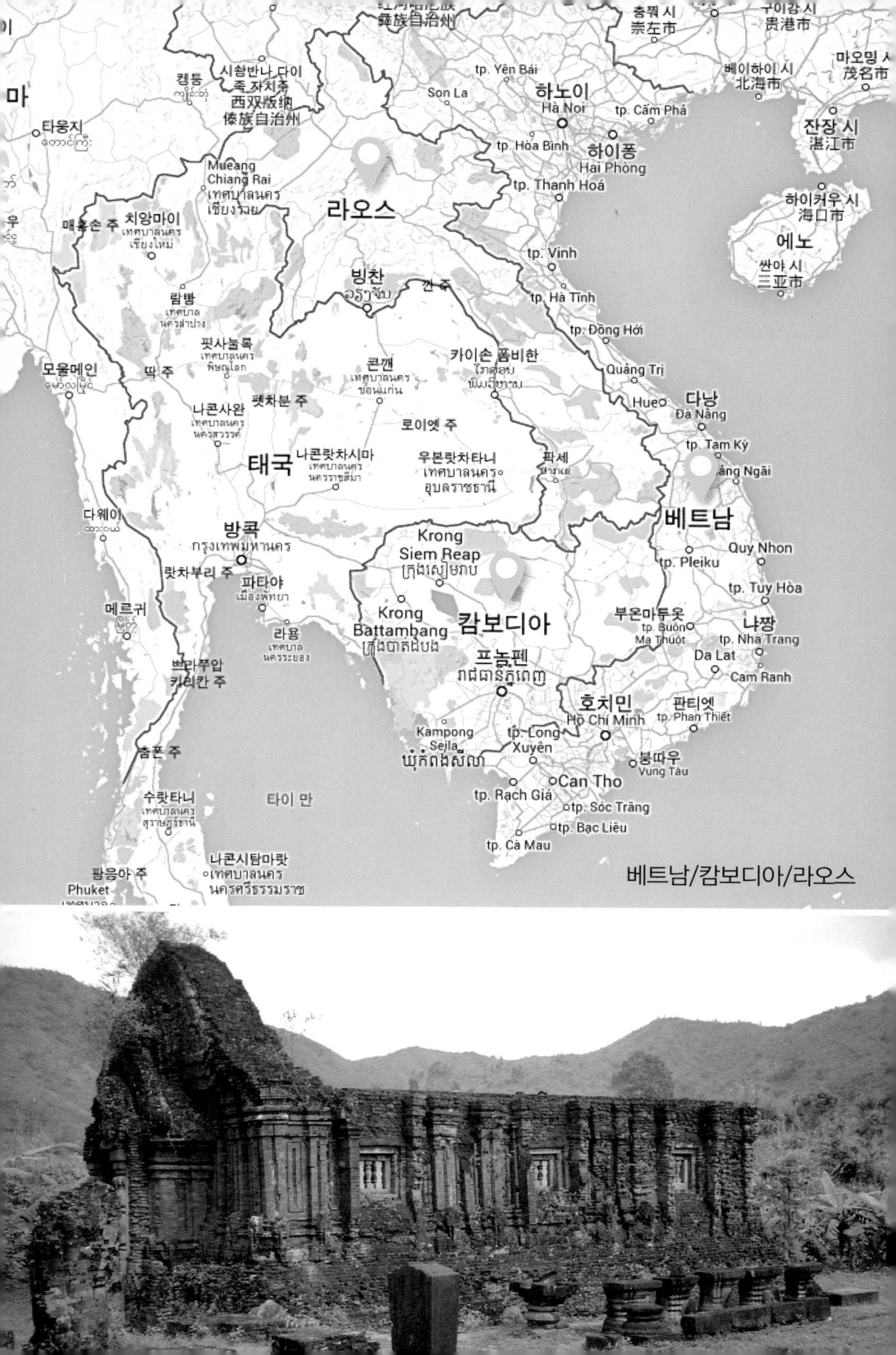

라오스
하노이
Hà Nội
하이퐁
Hai Phòng
tp. Yên Bái
Son La
tp. Cẩm Phả
tp. Hòa Bình
tp. Thanh Hoá
tp. Vinh
tp. Hà Tĩnh
tp. Đồng Hới
Quảng Trị
Hue
다낭
Đà Nẵng
tp. Tam Kỳ
베트남
Quy Nhon
tp. Pleiku
tp. Tuy Hòa
부온마투옷
tp. Buôn Ma Thuột
나짱
tp. Nha Trang
Da Lat
Cam Ranh
판티엣
tp. Phan Thiết
호치민
Hồ Chí Minh
붕따우
Vung Tàu
Can Tho
tp. Rạch Giá
tp. Sóc Trăng
tp. Bạc Liêu
tp. Cà Mau
tp. Long Xuyên
Kampong Seila
프놈펜
캄보디아
Krong Battambang
Krong Siem Reap
태국
방콕
파타야
라용
타이 만
나콘랏차시마
우본랏차타니
로이엣 주
콘캔
카이손 폼비한
파세
빙찬
펫차분 주
나콘사완
핏사눌록
딱 주
람빵
치앙마이
Mueang Chiang Rai
켕퉁
타웅지
모울메인
다웨이
메르귀
랏차부리 주
쁘라쭈압 키리칸 주
춤폰 주
수랏타니
나콘시탐마랏
팡응아 주
Phuket
잔장 시
湛江市
하이커우 시
海口市
에노
싼아 시
三亚市
베이하이 시
北海市
마오밍 시
茂名市
충쭤 시
崇左市
구이강 시
贵港市
시솽반나 다이족 자치주
西双版纳傣族自治州
베트남/캄보디아/라오스

치민[Ho Chi Minh: 사이공(Sai Gon)] 떤선녓 국제공항에 도착했다. (시차는 한국보다 2시간 느림; 캄보디아/ 라오스/ 베트남 동일 시간대 사용) 우선 50$를 환전하니 802,250동(Dong)임에도 802,000동만 손에 쥐어준다. 이 친구들 잔돈 안 주는 것을 당연하게 여긴다. (1$=960원 환산 시 1만 동=600원)

공항버스 152번을 타고(요금 3천 동) 여행자 밀집지역인 데탐거리까지 이동하여 리멤버호텔(Remember Mini-Hotel)을 찾아 들어갔다. (싱글룸 1박 12$)

호텔은 좁고 기다란 베트남 건물 특성 때문에 객실 수가 얼마 되지는 않지만 시설도 깨끗하고 쾌적한 편이다. 우리에게는 사이공이란 이름으로 더 친숙한 호치민은 베트남 최대의 도시로 상업과 경제의 중심지이다.

숙소에서 천천히 걸어 벤탄 시장, 노트르담 성당, 중앙우체국, 시 인민위원회 청사, 시민극장을 거쳐 되돌아오는 길에 바나나(1손=1만동)를 팔고 있는, 농(Non: 원추형 베트남모자)을 쓴 온화한 표정의 여인 사진을 찍었다. (물론 본인 동의 후 촬영)

밤이 되자 문 닫힌 벤탄시장 주변은 온통 '먹자골목'으로 변신해 있었다. 쌀국수(Pho Bo) 1그릇 2만 동짜리로 저녁을 때우고 나니 속이 든든하다. 사실 이 날 이후 쌀국수는 나의 주식이 되었고, 노점에서 8천 동부터 쌀국수체인점(Pho 24)의 3만 동까지 다양한 가격과 종류(소, 돼지, 닭, 새우 등)를 경험하게 된다. 24시간 편의점(999 Mart)에서 물(1.5L 5천 동), 사이공맥주(355ML 1만 3천 동)를 사서 숙소에서 성공적인 여행 첫날을 자축하며 조촐한 혼자만의 맥주 파티를 벌였다.

2007년 1월 30일(화요일) -제2일

광대한 메콩 강은 푸른 하늘아래 황토색 물결이 도도히 흐르고 무성한 코코넛 야자수가 짙은 그림자를 드리운다. 미토(My Tho)는 티베트에서 발원한 4천여 km 메콩 강이 여러 나라를 거쳐 바다로 빠져나가기 직전에 만나는 삼각주에 위치한 곳이다.

메콩 델타(Mekong Delta) 1일 투어(14$)를 시작했다. 버스 편으로 미토까지 가서 큰 배와 작은 배를 번갈아 타며 메콩 강의 지류를 따라 전원 풍경을 즐겼다. 여기에는

제비가 참 많다. 강남 간 제비들이 다 여기에 있는 것일까?

호치민 귀환 시에는 쾌속선으로 2시간여 강을 거슬러 오며 수없이 연결된 수로 연변에 있는 서민들의 생활을 볼 수 있었는데 그전에 태국 수상시장 투어 경험이 있어 그런지 비슷비슷한 풍경에 큰 감흥은 받지 못했다.

2007년 1월 31일(수요일) -제3일

오픈버스(Open Bus)를 타고 무이네로 이동하였다. (08:00 출발, 4:30 소요, 5$)

무이네(Mui Ne)! 에메랄드빛 바다와 숨어있는 모래언덕의 상반된 아름다움이 묘한 조화를 이루는 한적한 어촌 마을!

인터넷에서 추천된 하이옌(Hai Yen) 게스트하우스는 무이네 중심부에서 세옴(Xe Om: 오토바이택시)으로 1만동 거리에 있었다. 1층 방갈로도 있었지만 2층 건물이 전망도 좋아 싱글룸 12$에 하루 묵기로 했다.

자! 이제 해변과 모래언덕, 그 오묘한 조화 속으로 가자. Go, Go!

반나절 투어로 세옴을 대절(10$)하여 붉은 모래언덕(Red Sand Dunes), 레드 캐년 (Red Canyon)을 둘러보고 원거리에 있는 모래언덕과 호수로 이루어진 화이트 샌듄(White Sand Dunes)은 먼발치에

서 바라보았다. 이곳은 작년에 갔던 호주의 포트 스테판스와 아주 흡사하다.

무이네의 해질 녘. 어선과 붉은 저녁노을의 조화가 환상적인 일몰을 해변과 맞닿은 숙소에서 촬영했는데 다음날 일출 사진에 비하면 조금 못한 느낌이다.

숙소 내 레스토랑에서 푸짐한 안주에 3병의 BGI 맥주, 볶음밥으로 늦게까지 만찬을 즐겼는데 고작 10만 동이다. (한화 6천 원)

2007년 2월 1일(목요일) -제4일

오전 6시. 본의 아니게 눈이 떠져 창밖을 보니 여명이 걷히고 있다. 벌떡 일어나 해변으로 나가보니 황홀한 일출이 시작되고 있었다.

시시각각으로 변하는 모습을 카메라에 담고는 해변을 따라 무이네 사람들의 이른 아침을 함께 했다. 조개를 캐는 사람들, 까이뭄(전통적인 대바구니 배)을 타고 고기 잡는 사람들. 정말 정겨운 아침 풍경이다. 이곳에서 각인된 자연의 웅장함과 영혼의 순수함을 결코 잊을 수 없을 것 같다.

세옴을 타고 판티엣(Phan Thiet)으로 이동하였다.(6만 동) 10시경 판티엣역에 도착하여 14:00 출발 사이공 방면 기차표(6만 동)를 사고 남은 시간을 보낼 겸 조그만 시내를 돌아다녔다. 어딜 가나 시장 사람들은 다 똑같다. 국화꽃을 파는 여인, 과일, 야채, 고기 장수 등 우리네 일상은 다 똑같은 것이다. 더운 나라의 특성상 오전에 일찍, 아니 새벽부터 장이 열리고 이른 오후에 파장하는 것을 이번 여행 중 보았는데 오히려 그런 것이 국가의 발전을 더디게 할 뿐만 아니라 저소득 요인이 되는 것 같기도 하다.

호치민, 하노이 에서는 학생들이 하얀 아오자이(Ao Dai: 여고생 교복) 대신에 체육복 스타일의 교복을 입고 다녔었다. 그건 사파, 하롱, 닌빈 등에서도 마찬가지였는데 이곳 소도시 판티엣에서 베트남의 상징 아오자이를 입은 순수한 매력의 학생들을 볼 수 있었던 것은 행운이라고 할 수 있다. 또 인터넷(ADSL) 보급과 이용률이 매우 높았다. 이곳뿐만 아니라 심지어 산골 마을인 사파에서도 산악민족 어린 학생들이 밤늦게까지 PC방에 몰려있을 정도이니 베트남의 발전 가능성은 충분하다고 생각된다.

사이공행 기차는 신식인데, 승무원이나 판매원은 구식이다. 삶은 달걀 4개에 1만동인데 달걀 값은 결코 싸지가 않다. 양계 기술이 발달하지 않아 달걀 값이 우리나라와 거의 비슷하고 일정 무

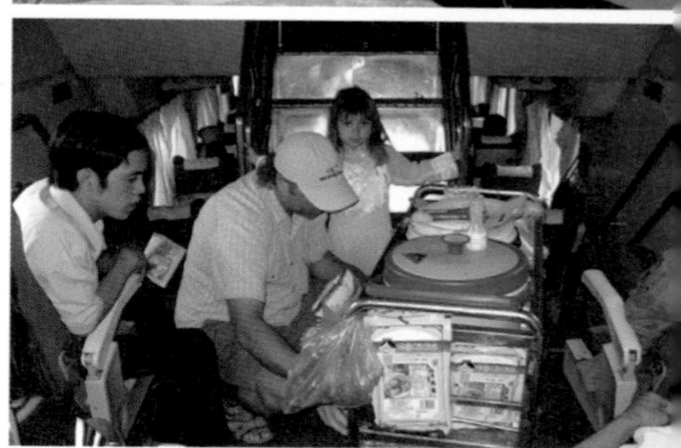

게에 따라 오히려 닭고기가 소고기보다 비싸다.

오후 6시 45분 사이공역에 도착해 테탐 숙소까지는 택시를 이용(5만 동)하였다. 숙소 앞 ATM에서 카드 서비스로 50만 동을 인출해 저녁을 쌀국수로 해결하고, 근처 괜찮은 호텔 내에서 바디 마사지(10만 동)를 받는데 이건 영 별로이다. 상업화에 찌들어 무성의하고 시간만 적당히 메꾸고 돈만 밝히는 것이 지금껏 받아본 마사지 중 최악이었다.

TV의 여러 채널에서 다양한 한국 드라마가 방영되고 있었는데 남녀노소를 불문하고 한 성우가 더빙한 목소리가 나온다. 감정도 없이 대사 읽기에 바쁘니 드라마 내용이 제대로 전달될지…….

2007년 2월 2일(금) -제5일

오후 3시 40분 씨엠립행 비행기 시간까지는 여유가 많다. 한가롭게 호치민 시내를 돌아다니는데 갑자기 웬 노파가 다가와서는 어묵을 사라고 한다. 왜소한 체구를 가진 노파는 세월의 흐름 동안 가난과 세파에 찌든, 피곤한 모습이다. 잔돈 4천 동을 주니 그냥 받기 미안했는지 어묵 1조각과 조그만 떡 2개를 건넨다. 그래, 적선은 싫은 거야! 그녀는 적정한 가격으로 정당한 거래를 원하는 것이었다.

공원 벤치에 쉬고 있는데 호치민 대학 경제학 전공 여학생이라며 말을 걸어 온다. 나도 경제학 석사까지 마쳤으므로 서로 대화가 잘 통한다. 길지 않은 시간 동안 여러 가지 관심사에 대해 이야기를 나누었는데 역시 사람은 칭찬에 약한가 보다. 실제는 별로였지만, 예쁘고 스마트하다고 추켜세우니 활짝 웃으며 좋아한다.

벤탄(Ben Thanh) 시장에 들러 코코아 주스(7천 동)와 과일 팥빙수(1만 2천 동)로 목을 축이고 통일궁 주변을 걷다가 영화 촬영 중인 베트남 배우들 모습을 카메라에 담았다. 노트르담 성당 앞에서는 예비부부가 결혼사진 촬영 중이다. 역시 몇 장의 인상적인 장면을 담고는 중앙우체국으로 가서 공중전화로 집에 안부 전화를 했다. 현재까지 잘 다니고 있다는 중간보고를 한 셈이다.

공항으로 가는 152번 버스를 타서 3천 동을 주니 3천 동을 더 내란다. 왜? 배낭이 하나 있으니 짐 값으로 더 내라는 것이다. 올 때는 안 그랬다고 했더니 그것은 자기들 마음이란다.

베트남항공 VN 823 편으로 호치민을 출발, 오후 5시에 캄보디아 씨엠립(Siem Reap)에 도착했다. 입국비자 비용으로 20$을 내고 공항 밖으로 나오니 게스트하우스에서 마중 나온 툭툭 기사가 대기하고 있었고, 인터넷으로 예약한 앙코르 그린(Angkor Green) 게스트하우스에는 싱글룸 하루 8$에 3일간 머물렀었다.

여장을 푼 뒤에 압살라 쇼를 보기 위해 앙코르 몬디알 레스토랑으로 갔다. (뷔페 12$, 와인 15$) 오후 7시 30분에 시작한 쇼는 1시간 동안 크메르 전통 춤사위를 보여 주었는데 최선을 다하는 무희들의 동작이 무척 인상적이었다.

2007년 2월 3일(토요일) –제6일

앙코르 유적지 투어(3일 45$)는 툭툭기사 씨낫(Sinat/ 전화: 092 205711, sinat07@yahoo.com)과 함께 했다. 영어에 능숙한 그는 단지 말하기만 할 뿐 읽기, 쓰기는 거의 못한다고 했다. 영어는 어디서 배웠느냐고 하니 '관광객을 통해서'라고……. 우리가 수많은 시간 동안 영어를 배워도 반벙어리가 되는 것에 비하면 시사하는 바가 크다고 할 수 있다. 오늘 주요 일정은 앙코르 톰 –타 프롬– 앙코르 와트이다.

동남아 최대의 관광지라고 해도 과언이 아닌 앙코르 유적에 들어가려면 "앙코르 패스(3일권 40$)"를 항상 제시해야 하는데 이 패스는 디카로 증명사진을 찍어 코

팅까지 해주어 앙코르 관광의 기념이 되기도 한다. (울창한 열대 우림으로 뒤덮힌 신비한 고대도시 앙코르 유적/Angkor Ruins는 1992년 유네스코 세계 문화유산으로 지정)

앙코르톰(Angkor Thom)은 한 변이 3km인 성벽으로 둘러싸인 앙코르 제국의 마지막 수도였던 곳이다. 다른 유적들이 대부분 개별적인 사원인데 반해, 성곽 안에 여러 유적이 단지를 형성하고 있고 유일하게 처음부터 불교 건축물로 지어진 곳이다. 특히 앙코르 왓과 함께 가장 유명한 바욘(Bayon)사원의 가장 큰 특징은 54개의 탑으로 현재는 36개만 남아 있는데, 바욘의 사면 상은 바로 크메르의 미소이자 관세음보살의 신비롭고 온화한 미소라 불리기도 한다.

앙코르 톰에는 바욘을 비롯해 바푸온, 피미아나카스, 코끼리테라스, 라이왕 테라스, 남/북 크리안, 남대문, 승리의 문 등 주요 유적이 오늘도 수많은 관광객을 끌어모으고 있었다.

폐허인 채로 신비롭게 남아 있는 타 프롬(Ta Prohm)은 불교사원이자, 할리우드 영화 '툼 레이더'의 촬영 무대이기도 했으며, 세월의 흐름에 따라 자연이 어떻게 사

원을 무너지게 했는지 그 과정과 결과를 보여 주는 곳이기도 하다. 이곳은 자연이 만들어낸 파괴와 융합의 이중성을 보게 되는 매우 인상적인 곳이자 크메르 건축의 특징인 좌우대칭과 반복적인 배치가 잘 나타나는 곳이다.

앙코르 왓(Angkor Wat)은 앙코르유적 가운데 개별사원으로는 가장 규모가 큰 곳으로 크메르 건축 예술의 극치를 이루는 역사적인 예술품으로 인정받고 있다. 이곳은 당시 사람들의 우주관을 표현한 '돌로 만든 우주의 모형'이라고 할 수 있는데 완벽한 좌우대칭을 이루는 환상적인 건축물이다. 아울러 건축물의 구성, 균형, 설계기술, 조각과 부조 등의 완벽함을 자랑하는 곳으로 캄보디아의 진정한 상징이기도 하다.

숙소 앞 맹인 4명이 운영하는 마사지 샵에서 1시간 4$짜리 바디 마사지를 받았는데 맹인 특유의 섬세한 손놀림과 압박으로 근육의 뭉친 곳까지 풀어 주는 최고의 마사지를 경험했다. 이틀 후 2시간 8$짜리 등, 가슴 쪽 마사지를 받을 때에도 그들은 마지막 1분까지 최선을 다하는 투철한 프로의식을 보였었다.

해질 녘에는 올드 마켓 근처에서는 꽤 알려진 Soup Dragon에서 오리 요리를 곁들여 앙코르 비어(7$)로 캄보디아 입성을 자축하며, 혼자만의 낭만을 즐겼다.

2007년 2월 4일(일요일) -제7일

아침을 올드 마켓(Old Market) 내 크메르 식당에서 쌀국수(1.5$)와 코코넛 주스(0.5$)로 해결했는데 유적지 주변의 물가(3$~5$)에 비하면 싼 편이다. 하지만 씨엠립은 관광지라서 여전히 비싼 편이고, 이것을 시골에서 먹으면 0.5$ 정도면 충분하다고 하니 이것이 진정한 캄보디아의 실상이었다.

오늘은 프레아 칸, 니크 포안, 타 솜, 동쪽 메본, 프레 루프, 스라 스랑, 반테아이 크데이 등 유적지를 둘러보는 날이다. 프레아 칸(Preah Kahn)은 왕권을 상징하는, '황금보검'을 모셨던 불교사원으로 앙코르 유적에서는 보기 드문 2층 석조 건축물이다. 니크 포안(Neak Pean)은 '똬리를 튼 뱀'이란 뜻으로 한 변이 70m인 중앙의 큰 연못과 사방의 연못으로 구성된 신들의 성스러운 목욕지로 조성된 곳이다. 동쪽 메본(East Mebon)은 거대한 인공 호수였던 동 바라이(Baray) 내부에 세워진

사원으로 프레 루프(Pre Rup)와 같이 벽돌로 지어진 마지막 사원이다. 스라 스랑(Srah Srang)은 바욘식의 사면체 관세음보살상을 가진 불교사원인 반테아이 크데이

(Banteay Kdei)의 정면에 있는 목욕지로 설계된 인공호수이다.

오후 3시 30분 씨낫과 그의 사촌 여동생과 셋이서 툭툭으로 2시간 정도 거리의 시골에 있는 그의 친구 집으로 향했다. 1시간여 가다가 한적한 시골 마을에서 오토바이 정비 겸 주유를 한다.

Bamboo Rice (대나무통 찹쌀밥)이라고 값은 얼마 안되지만 씨낫이 쏜다고 하며 활짝 웃는다. 오후 5시 30분. 석양을 뒤로하고 시골마을 어귀에 도착하니 엠프 소리가 요란하다. 씨낫 친구가 어머니를 위한 동네잔치 즉 Cambodian Traditional Party를 여는 것이었다. 그 친구는 일일이 자기 가족들을 소개하며 한국에서 온 이방인을 진심으로 환영한다. 이곳의 인사법은 불교 국가라 그런지 합장하는 것이다.

그의 부친이 목 수술 후 회복 중이라는 말에 10$를 약값에 보태 쓰라고 주었는데, 여기에서는 직접 조그만 대나무 바구니에 돈을 담아 건네주고, 받는 사람은 감사의 인사를 하며 덕담을 나누는 것이 풍습인 것이다.

조촐한 식사가 끝나고 내가 맥주를 좋아하는 Heavy Drinker라고 하자 그 친구가 특별히 맥주 1박스를 사온다. 씨낫은 돈을 안 줘도 된다고 했지만, 그 친구에게 약소하지만 감사의 표시로 5$를 주었다. 이 정도 맥주를 도시에서 마셨으면 수십 달러는 족히 나왔을 것이다.

카메라 플래시에 놀라 도망가던 아이들이 이젠 익숙해졌는지 옆에 와서 같이 놀자고 한다. 사람들이 전통음악에 맞춰 원탁을 돌며 춤을 추는데 압살라 춤처럼 일정한 스텝과 크지 않은 동작이다. 그러나 Disco 음악이 나오자 이건 좀 다르다. 어느 정도 흔들기는 하지만 심하지는 않다. 오히려 얌전한 내 춤 동작이 클 정도이니……. 밤이 깊어가자 온 동네 사람들이 다 나와 즐겁게 어울려 춤을 춘다. 진정한 동네 축제이다. 소달구지에 실린 엠프는 우리나라 60~70년대와 비슷하고 음질도 형편없지만, 그들은 이웃과 주어진 시간과 공간을 함께 즐기며 나누는 것이다. 때묻지 않은 순수한 영혼들과의 만남. 이번 여행에서 잊지 못할 추억거리를 만들고 다시 깜깜한 밤길을 달려 씨엠립 숙소로 돌아왔다.

2007년 2월 5일(월요일) -제8일

유적지 탐방 마지막 날이다. 반테아이 스레이(Banteay Srei)는 '여자의 성채'를 뜻하며 붉은색 사암을 많이 사용한 힌두교 사원이다. 시내에서 40여 km 떨어져 있어 툭툭으로 1시간 정도를 달리며 길가의 소박한 농촌 모습과 생활상을 볼 수 있었다. 반테아이 삼레(Banteay Samre)는 복원이 가장 많이 된 힌두교 사원으로 외관은 앙코르 왓을 축소해 놓은 것 같다.

점심은 올드 마켓 내의 노점에서 해결했는데 khmer Noodle과 Rice Paper(춘권)이 고작 2천5백 리엘(Riel/ 1$=4천 리엘), 팥빙수(2컵) 천 리엘, 아이스크림 5백 리엘 해서 식사와 후식을 합쳐 1$밖에 안 들었다.

하노이행 비행기 출발시간까지는 시간 여유가 많아 숙소 앞 맹인 안마사에게 2시간짜리 전신 마사지를 받았는데 온몸을 나른하게 주물러 주니 참 편안했다.

짧은 앙코르 유적지 투어를 끝내야 할 시간이다. 툭툭 기사 씨낫에게 제법 오래됐지만, 아직 새것 같은, 별로 비싸지 않은 내 손목시계를 선물로 주니 눈물을 글썽이며 좋아한다. (시계를 2개 준비해 갔었다) 나에겐 별 소용이 없는 것도 타인에겐 아주 유용한 것이 될 수 있다는 생각에 마음이 찡했다. 씨낫에게 열심히 돈 벌어 꼭 부자가 되라는 작별 인사를 하고 하노이행 VN 842에 몸을 실었다. (공항세 25$)

밤 8시 하노이 노이바이(Noi Bai) 공항에 도착했다. 공항 미니버스(3만 동) 편으로 구시가지로 이동 하였는데 호안끼엠(Hoan Kiem) 호수 남쪽 대로변에 내려 준다. 아직 방향 감각도 없는 상태인데 세옴 기사들이 벌떼처럼 달려든다. 이들을 물리치고 걸어가며 계속 길을 묻는데 그다지 멀지 않을 구시가 중심부에 호텔 거리를 아는 사람이 없다. 한 학생에게 물어보니 영어가 거의 통하지는 않았지만, 손수 데려다 주겠다며 자기 오토바이 승차를 권한다. 여러 번 길을 물어 호텔 앞에 도착하니 아까 그곳에서는 꽤 떨어져 있는 곳이다. 감사의 표시로 돈을 주려고 지갑을 뒤적이니 이 친구 안 받겠다며 그냥 휑하니 달아나 버린다. 여행기를 보면 나쁜 베트남인 이야기도 많았지만, 이번처럼 외국인을 배려해 주는 착한 사람도 있다.

그래, 사람 사는 곳은 다 똑같지! 우리나라는 나쁜 사람 없나? 어쩌면 타국보다 더 많을지도 몰라!

예약된 Discovery Hotel에 들어가니 일단은 주인이 반갑게 맞아 주기는 하는데 뭔가 이상하다. 기다리라고 해 놓고 여러 군데 전화를 한다. 한참 후 하는 이야기가 본인들 실수로 내 예약이 취소되었으니 같은 조건(10$)으로 다른 호텔을 소개해 주겠다고 하여 근처의 City Gate Hotel로 갔다. 시설은 양호한 편인데 싱글룸 14$(아침 포함)를 요구한다. 내가 원하는 방은 지금 없으니 내일 바꿔주겠단다. 이 친구들 상술이 대단하다. 그래, 일단 늦었으니 여기서 자자! 낯선 곳을 밤에 도착하면 참 난감하다. 방향 감각도 없고……. 여행 때마다 느끼는 것이지만 처음만 힘들지 적응해 나가면 그곳이 익숙해지고, 익숙해질 만 하면 떠나야 한다. 사실 그 날 이후 하노이 구시가지를 마치 내 집 앞마당처럼 휘젓고 다녔다.

2007년 2월 6일(화요일) –제9일

숙소인 구시가지 동문 근처에는 유명한 동쑤안(Dong Xuan) 시장이 있다. 주먹만 한 사과 1KG (5개)가 1만 5천 동(900원)이다. 부사처럼 참 맛있었는데 값은 싸다.

KIM Café Travel에서 하롱베이, 사파, 땀꼭 투어를 102$에 예약했다. 앞으로 5일간(2.6~2.10)의 모든 교통편과 숙식이 모두 해결된 것이다.

베트남은 무질서 속에서도 암묵적인 질서가 존재하는 묘한 곳이다. 교통 신호등이 거의 없음에도 수많은 오토바이와 차들은 거의 정확히 사거리를 물 흐르듯이 빠져나간다. 이곳 하노이 우체국 앞 횡단보도에 웬일로 보행 신호등이 하나 있다. 그런데 계속 빨간 불이다. 왜 이렇게 신호가 길까? 한참을 기다려도 여전히 빨간불. 아차! 옆을 자세히 보니 기둥에 버튼이 있다. 작년에 갔던 호주, 뉴질랜드, 싱가포르처럼 버튼을 눌러야만 작동되는 시스템인 것이다. 교통 신호등도 별로 없는 이 혼잡한 도시에서 첨단 보행 신호등이라니…….

우체국에서 교환원을 통해 한국 집으로 안부 전화를 했는데(1만 1천 동), 옛날 체신부시절 수동 교환기를 통해 교환원이 전화를 연결해 주던 것이 생각난다. 글쎄. 우리나라보다 과연 얼마나 뒤처져 있을까? 하지만 ADSL보급 등 통신 인프라의 확충, 넓은 국토와 많은 인구는 베트남의 무한한 성장 잠재력임이 확실하다.

오후 4시. 호안끼엠 호수 주변에 있는 탕롱 수상인형극장에서 하노이 전통예술인 수상인형극(2만 동)을 1시간여 감상했는데 유머러스한 인형의 동작과 소박하면서도 역동적인 음악이 곁들여져 강한 인상으로 남았다.

2007년 2월7일(수요일) –제10일

베트남의 아름다움을 표현하는데 하롱베이(Ha Long Bay)만큼 그 느낌을 한 번에 전해주는 곳도 없을 것이다. 바다 위에 떠 있는 3천여 개의 섬이 만들어내는 아름다운 하롱베이는 독특한 석회암 카르스트 지형으로도 유명하며, 영화 '인도차이나'의 배경이 되기도 했다. (1994년 유네스코 세계문화유산으로 지정)

참고로 베트남의 국혼이자 자부심인 7가지 세계문화유산은 다음과 같다.

1. 후에(Hue)시: 역대 황제들의 숨결이 느껴지는 곳, 1993년 세계문화유산 지정.
2. 하롱베이: 일천 마리 용들이 창조한 땅. 동양 3대 절경, 세계 8대 절경 가운데 하나로 인정받고 있음. 1994년 세계자연문화유산, 1995년 세계역사문화유산.
3. 미선(My Son): 고대 역사 유적지(짬파왕국의 성지). 1999년 세계문화유산.
4. 호이안(Hoi An): 고도 호이안, 살아있는 박물관, 1999년 세계문화유산.
5. 퐁냐–깨방(Phong Nha–Ke Bang)국립공원: 300여 개의 크고 작은 동굴들이 밀집해 있는 세계 최고의 종유굴. 2003년 세계자연유산.
6. 후에(Hue) 궁정음악: 후에 왕조의 국혼. 2003년 세계무형문화유산.
7. 서부 고원지대의 꽁찡(Cong Chieng): 한국의 징과 비슷. 소수민족들의 문화를 대표하는 악기. 2005년 세계무형문화유산.

하롱베이 1일 투어(17$)는 그다지 감동적이지 못했다. 하노이에서 왕복 이동시간을 제하고, 짧은 시간 배 타고 항구에서 가까운 일부분만 둘러보고, 종유굴 하나 보고 귀환하니 깊은 감동이 생길 수 있을까? 베트남인들이 물어본다. 하롱베이 어떠했냐고? No Good! So–So! 하니 의아해 한다. 베트남의 자부심인 이곳에 대해 혹평을 하니 그럴 수밖에……. 수박 겉핥기식 투어로 하롱베이의 진면목을 보지 못한 것이다.

밤 9시 55분. 하노이역 출발 기차(SP 3)로 2Days 3Nights 사파(Sa Pa)투어를 시작했다. (4-Soft Berth, 싱글룸, 가이드, 전 일정 식사 포함 70$)

2007년 2월 8일(목요일) -제11일

아침 6시 20분. 베트남 북부 국경도시 라오까이(Lao Cai)역에 도착하니 로컬 가이드가 내 이름을 쓴 종이를 들고 마중 나와 있다. 베트남인 신혼부부와 나, 이렇게 셋이 이번 사파 투어 총인원이다. 미니 버스 편으로 1시간여 꼬불꼬불 산길을 달려가 해발 1,600m 산으로 둘러싸인 고원지대인 사파(Sa Pa)에 도착했다.

사파 시장 바로 앞에 있는 미모사 호텔에 여장을 풀고 오전은 자유시간이 주어져, 시장 주변과 마을 구석구석을 둘러보며 몬족, 자오족, 화몬족 등 컬러풀한 의상을 입은 산악 민족들의 여러가지 일상과 풍경을 카메라에 담기 바빴다.

세계 어디를 막론하고 아이들의 미소는 싱그럽다. 낮은 담 너머로 보이는 초등학교 쉬는 시간. 아이들은 옛날 내가 학교 다닐 때랑 똑같다. 고무줄 하는 여자아이들. 짓궂게 이를 방해하는 남자아이들. 구슬치기하는 꼬맹이들……. 생김새도, 하는 행동도 나의 어린 시절 모습과 똑같다. 수업시간 종이 울리자 운동장에는 적

막만 흐른다. 나는 옛날을 회상하는 엷은 미소를 지으며 한동안 멍하니 그 자리를 지키고 있었다.

오후에는 깟깟 민속마을(Cat Cat Cultural Village)을 방문했다. 사파에서 가장 가까운 데다 계곡 아래로 층층이 나 있는 계단식 논들의 아름다움으로 인해 여행자들의 발길이 가장 많이 닿는 몽족 마을이다.

생활이 사람을 변하게 한다. 오늘 내가 본 그들은 산골에서 은둔하며 살아가는 소수민족들이 아니었다. 밤늦은 시간까지 PC방에서 인터넷에 열중하는 몽족 아이들. 쌀쌀한 날씨와 밤안개 낀 사파 거리에서 좌판을 벌이고 손님을 기다리는 아줌마들, 세옴(오토바이택시)을 이용하여 사파까지 이동하는 주변의 몽족 노인들. 사회주의 국가인 베트남이 마치 자본주의의 거센 물결에 깊이 빠져들듯이 이곳의 그들 역시 노도와 같은 문명의 물결에 속수무책이었고, 또한 무엇보다 경제적 고립을 피해야겠다는 생각이 절대적인 것 같았다.

이곳 사파는 춥다. 습기도 많아 침대가 축축할 지경이다. 히터도 전혀 없는데 어떻게 잘까? 본의 아니게 술김에 잠을 청하기로 하였다.

슈퍼에서 산 조그만 브랜디(175ml, 6만 동) 2병은, 취기는 있지만 부족하다. 다시 맥주 3캔을 사서 호텔로 들어서는데 스텝들이 아는 체를 한다. 같이 맥주를 마시며 대화를 나누다 보니 로비에 가라오케 시스템이 보인다. 한국 노래 할 수 있니? 물론! CD를 넣으니 Korean을 선택하란다. 많지 않은 노래 목록과 성능이 떨어지는 마이크, 음향 시스템임에도 불구하고 이곳 깊은 산골에서도 한국 노래를 목청껏 부를 수 있다니……. 텅 빈 호텔 로비에서 시원찮은 Singer의 Korean Song은 이렇게 몇 곡 이어졌다. 사파에서의 잊지 못할 첫날밤이 깊어만 간다.

2007년 2월 9일(금요일) -제12일

오늘은 사파에서 14km 떨어진 라오짜이(Lao Chai) 마을 트레킹이다. 사파에서부터 아이들 여러 명이 따라오며 기념품을 사라고 조른다. 영어를 제법 잘하기에 물었다. 어디서 배웠니? 관광객에게서. 너희 학교는? 학교는 안 다녀요. 몇 살? 12살, 16살. 뭐하고 지내니? 뜨개질한 것(자수) 팔아서 생활해요…….

계단식 논은 그림처럼 이어지고, 아이들은 우리 트레킹의 일원이 되어 버렸다. 라오짜이 마을로 들어서자 아이, 어른 구분 없이 구름처럼 몰려든다. 서로 자신들

의 수공예품을 사라고 난리다. 결국, 처음부터 끈질기게 따라붙던 아이에게서 식탁보 같은 것을 7$에 샀다. 나는 시종일관 6$(중국에서 비슷한 품질의 것을 6$에 샀다는 정보에 따라)을 주장했다. 처음에는 15$ 부르던 아이들이 흥정 끝에 내가 1$ 양보하여 7$에 구입했다. (한화 7천 원으로 어디서 어떻게 Handicraft Clothes를 살 수 있을까?)

오후 5시. 호텔에서 Check-out하고 다시 라오까이 역으로 이동하여 역 앞 식당에서 21:05 기차(SP 4)를 기다렸다.

2007년 2월 10일(토요일) -제13일

새벽 5시 10분. 하노이 역에 도착했다. 세옴을 이용(1만 2천 동)하여 City Gate Hotel로 갔으나 문이 잠겨 있다. 동쑤안 시장은 여전히 많은 사람이 그들 나름의 새벽을 열고 있었다. 다시 호안끼엠 호수로 나오니 아직 동이 트지 않아 어둑어둑함에도 많은 사람이 확성기 구령에 따라 체조로 몸을 풀고 있다. 공중화장실을 이용(2천 동)하여 세수를 하고, 8시부터 땀꼭(Tam Coc) 투어에 참가했다.

땀꼭은 닌빈(Ninh Binh)에서 9km 떨어져 있는데 석회암 카르스트 지형으로 인해 육지의 하롱베이로 불리는 곳이다. 땀꼭은 '3개의 동굴'이란 뜻으로, 응오동 강을 따라가다 보면 종유석이 늘어진 항 까, 항 즈어, 항 꾸오이 동굴을 지나게 되는데 강 주변 풍경이 마치 한 편의 수묵화 같다.

2007년 2월 11일(일요일) -제14일

호텔에 Wake-up Call과 공항까지 택시(10$)를 부탁했었는데 당초 약속 시간보다 1시간 빨리 서둔다. 교통정체(Traffic jam)가 심하다며 Check-out을 종용하길래 나와 보니 택시 안에 사람들이 앉아있다. 이런, 나 혼자만의 택시 대절이 아니라 남들과 합승 시키려고 새벽부터 그렇게 부산을 떨었던 것이다! 이 친구들. 잔머리 하나는 잘 굴린다. 쓴웃음을 지으며 공항에 도착하니 새벽 6시다.

VN 841 편으로 라오스 비엔티안(Vientiane: 위앙짠)왓따이공항에 도착(09:25)하여, 입국비자(30$)를 받고 밖으로 나와 우선 10$를 환전하니 96,350K(낍)임에도 96,000낍만 준다. 이 친구들 역시 잔돈 안 주는 걸 당연 시 하는 것이다.

택시(5$)를 이용하여 RD게스트하우스를 찾아 들어가니 도미토리(6인실, 3$) 이용이 가능하단다. 우선 라면(1만 5천 낍)으로 아침을 때우고, 자전거를 빌려(1만 낍) 시내를 돌아다니는데 한 나라의 수도라고 하기에는 너무나 열악한 기반시설을 가지고 있고, 볼거리라고는 사원 몇 개와 왕궁이 전부이다. 그런데 개인 소유 집안의 테니스장이 눈에 들어온다. 우선 한 컷! 우리나라에서도 개인 테니스장을 보기가 어려운데 사회주의 국가인 이곳에 개인 테니스 코트라니…….

탓 루앙(That Luang)은 라오스에서 가장 신성하게 여기는 황금 탑이 인상적인 불교유적(입장료 5천 낍)으로 국가의 상징이기도 하다. 독립기념탑으로 불리는 빠뚜싸이(Patuxai: 승리의 탑)를 지나 아침시장이란 이름을 가진 딸랏 싸오(Talat Sao)에 들러 시장 구석구석을 돌아다니며 라오스 사람들 사는 모습을 지켜보았다. (자전거 주차료 2천 낍) ATM을 이용하여 20만 낍을 찾았다. 숙소 근처에 있는 마사지 샵에서 바디 오일 마사지(1시간 3만 5천 낍)를 받았는데 씨엠립 맹인 마사지만은 못하지만, 그럭저럭 여행의 피로를 풀기에는 괜찮았다.

오후 5시 30분. 라오스 전통 문화공연인 엔사바이 쇼(7$)를 보는데 입장객이 나를 포함하여 웨스턴까지 고작 5명이다. 1일 1회 1시간 공연 동안 출연자는 우리 배나 되고, 악사도 4명이나 되니 공연 적자가 눈에 뻔히 보인다. 명색이 라오 국립

소극장이라는 것이 옛날 시골 교실 마룻바닥에 나무의자 수십 개만 배열해 놓았으니 환경이 얼마나 열악한지 짐작이 갈 것이다. 그렇지만 공연자들은 최선을 다해 그들의 문화를 알리려고 노력했다. Do your best! Be the best!

여기 사장은 한국 사람이다. 3$짜리 도미토리에 묵으면서 7$짜리 공연을 보는 한국 사람은 참 드물다며 오히려 나를 격려해 준다.

밤 늦은시간. RD게스트하우스에서 라오 비어(Lao Beer) 파티가 벌어졌다. RD사장인 남동식(서울대 출신, 전직 증권/회사원, 라오스 정부와 교육 프로젝트 추진 중, 게스트하우스는 경제적 기반 마련을 위한 방편)씨와 이런저런 이야기를 하며 맥주를 마시는데, 캐나다 교민인 신익부(55세, 전직 대한항공 정비사. 몬트리얼 근교에서 잡화점 운영 중. 80일간 혼자 여행 중 미얀마 25일, 라오스 거쳐 중국에서 출국 예정)씨가 끼어들었다.

내가 맥주 4병(3만 2천 낍)을 사니, 남사장은 안주를 준비해 주고, 신익부 씨는 또 맥주를 4병 사고……. 라오스 밤하늘 아래 도란도란 살아온 이야기, 살아갈 얘기를 하다보니 어느새 밤 1시가 지나고 있었다.

2007년 2월 12일(월요일) -제15일

아침 10시. VIP버스를(사실 무늬만 VIP. 한국의 중고 현대차. 에어컨 가동되면 VIP인 셈이다/ 6$) 타고 방비엥(Vang Vieng: 왕위앙)으로 이동하였다.

4시간 가량 시골 길을 달려 도착한 방비엥은 쏭 강(Nam Song)을 끼고 오른쪽에 마을이 자리 잡고 있고, 강 건너에는 석회암 카르스트 지형의 낮은 산봉우리가 겹겹이 이어져 한 폭의 동양화를 연상시키는 아름다운 곳이다. 강변의 르자뎅 오가닉(Le Jardin Organique) 게스트하우스의 방갈로(Bungalow)를 숙소로 정해 이틀을 묵기로 했다. (5$ X 2/ 삐걱거리는 낡은 침대 하나만 있고, 온수도 안 나오고 TV도 없지만 귀뚜라미 소리, 다양한 새소리에 정신이 맑아지는 조용한 곳이다)

마을 서쪽으로 가려면 다리 통행료를 내야 하는데(행인 2천 낍=약 200원), 현지인들은 이것을 아끼려고 깊지 않은 강을 무리 지어 건너다닌다. 급속도로 변하는 이곳에서 먼저 "싸바이디" 인사하며 미소 짓는 사람은 없다. 여행기에서 읽었던 순수한 라오스인은, 이제 여기에는 없는 것 같다. 초라한 초등학교에 일제 고급 차를 몰고 와 자기 자식을 픽업해 가는 풍경을 본 순간, 사회주의의 이상은 물 건너간 것을 다시 한 번 느꼈다.

2007년 2월 13일(화요일) –제16일

동굴 탐험과 트레킹 투어(8$)를 시작했다. (카약킹을 포함하면 12$) 먼저 코끼리 동굴을 들렀는데 정말 코끼리 모양의 종유석이 있고 동굴 내부에는 부처님 상을 모시고 있었다. Cave Loub라는 동굴은 상당히 깊다. 밖에서 준비한 랜턴으로 동굴 내부를 비추며 전진하는데 모든 사람이 불을 끄니 완전히 암흑천지다.

하롱베이의 항 띠엔꿍(하늘궁전 동굴)이 오색 조명을 밝히며 입장료를 받는 것에 비하면 여긴 무서울 정도로 자연 그대로이다. 이곳에도 소수민족으로 몽족이 있었는데 이 마을을 방문하면서 거위 싸움을 보게 되었다. 상대방 날갯죽지를 서로 물고 뒹구는 모습에서 자연의 처절한 생존 경쟁과 적자생존의 법칙을 생생히 느낄 수 있었다. 아름다운 방비엥의 일몰을 카메라에 담고는 숙소 레스토랑에서 라오비어를 마시며 무심히 흐르는 강물을 물끄러미 쳐다보았다.

나는 모든 혼잡함을 잊고 하염없이 시간만 흘려보냈다. 밤늦게 이번 여행의 마지막을 자축하기 위해 현지인들만 있는 조촐한 식당을 찾아 라오스 노래를 들으

며, BBQ Pork(1만 낍), Goat(1만 5천 낍)을 안주로 라오 비어의 시원함을 만끽하였는데 오이, 토마토, 상추, 고추 등은 우리나라 것과 똑같았다.

2007년 2월 14일(수요일) -제17일

아침 10시. VIP버스라고 티켓팅(6$) 했지만 허름한 낡은 중형버스를 타고 비엔티안으로 이동했다. 1시간여 달려 간이휴게소에 정차했는데 천만다행으로 타이어 펑크가 발견되었다. 운전사가 스페어타이어로 교체하였는데 이것 역시 펑크난 상태이다. 타이어를 교체하기 위해 시골 마을을 분주히 다닌 결과 타이어를 다시 끼우고 가까스로 출발하기는 하였는데 지체시간은 무려 1시간 30분이었다. 운전사는 영어를 못하는 건지, 안 하는 건지 미안하다는 인사도 없다. 마치 당연하다는 것처럼, 아무 일 없었던 것처럼. 그렇게 달려 오후 3시 30분 비엔티안에 도착했다. (마지막 날인데 비행기 시간이 촉박했으면 큰일날 뻔 했다)

아직 시간 여유가 있고, 돈도 조금 남아 오일 바디 마사지(1시간, 3만 5천 낍)를 받고는 뚝뚝(3$)을 타고 공항으로 가서 19:05 하노이행 출발을 기다렸다. (공항세 10$) 그

런데 이번에는 베트남항공이 연착이다. 1시간 15분 지연되어 20:20에 겨우 출발(VN 860) 하였는데 66인승 소형기였었다. 21:40 하노이에 도착하여, 한국행 환승을 기다리며 RD 남동식 사장(비엔티안-하노이-인천공항 2편의 항공기에 내 옆 좌석에 앉게 되는 각별한 인연을 맺음)과 하노이 공항에서 만난 라오스 싸완나켓(Savannakhet) 교민 지정현 사장(신영테크비전)과 공항 2층 라운지에서 맥주 한 캔(3.45$)씩 하며 좋은 정보들을 공유하였다.

2007년 2월 15일(목요일) –제18일

베트남 항공기(VN 936)는 06:40 무사히 나를 인천공항에 내려 주었다. 그리고 가족이 기다리는 김포 집으로…….

EPILOGUE

이번 여행의 테마는 '신들의 미소, 순수한 영혼과의 만남, 원시적인 자연 속의 나'였다. 여행 내내 좋은 사람들을 만나고, 잊을 수 없는 추억을 간직하고 무사히 돌아왔다. 여행하면서 항상 느끼는 것이지만 '선택과 집중'을 통해 진정한 여행을 하고 싶다. 라오스에서 만난 55세 캐나다 교포의 80일간 미얀마, 라오스, 중국 여정처럼……. 진정한 여행이 무엇인지 고독한 배낭여행이 거듭 될수록 조금씩 알아가는 것 같다.

청춘이 영원하지 않은 것처럼 그 무엇도 완전히 함께 있을 수 있는 것이란 없다. 나이는 숫자에 불과한 것. 이번 여행에서 내 나이 "오십"이라고 하니 다들 믿지 않는다. 젊게 살 수 있다는 것. 이것이 앞으로 나의 화두이자 존재의 이유가 되었으면 좋겠다.

'연탄재 함부로 발로 차지 마라
너는 누구에게 한 번이라도 뜨거운 사람이었느냐'

안도현 시인의 〈너에게 묻는다〉라는 시이다.
2007년 1월과 2월, 겨울을 지나며 곰곰이 생각해 볼 대목이다.

BRISBANE AIRPORT
145P
AUSTRALIA
2001
3 1 MAR 2008
KELUAR
JUL. 2014

오세아니아/ 아시아

3개국 17개소

(2006.3.10~3.31)

호주/뉴질랜드/싱가포르

오세아니아 / 아시아

(2006.3.10-3.31)

호주 · 뉴질랜드 · 싱가포르

여행은 떠남이면서 동시에 돌아옴이기도 하다. 여행을 떠난다는 것은 현실에 충실하기 위함이라는 전제가 깔려 있다. 자주 떠나보지 않은 사람은 현실의 좋은 점을 제대로 알아차리지 못한다고 한다. 따라서 여행은 현재의 중요함을 알기 위해 자리를 비우는 행위라고 할 수 있다. 여행을 재충전이라고 부르는 이유는 바로 이것 때문이다.

"용기를 내어서 그대가 생각하는 대로 살지 않으면 머지않아 그대는 사는 대로 생각하게 된다."는 '폴 발레리'의 말처럼, 나는 합리적이고 긍정적인 사고를 통해 능동적, 적극적인 삶을 살고 싶다.

인생은 하루하루를 흘려보내는 것이 아니라 내가 가진 성실과 열정, 사랑으로 소중하게 채워가야 한다. 건강과 여유, 사랑으로 축복받은 나. 내 안에 잠재된 호기심과 도전의식은 올해도 어김없이 배낭을 메게 하였다. 여행을 통한 배움은 '힘들고 쓴 것'이 아니라 '꿀처럼 달다'는 것을 다시금 느끼고 체험하기 위한 3주간의 발걸음은 이렇게 시작되었다.

2006년 3월 10일(금요일) -제1일

15:00 인천 국제공항에서 싱가포르 화폐(S$) 100달러를 환전했다. 미리 준비한

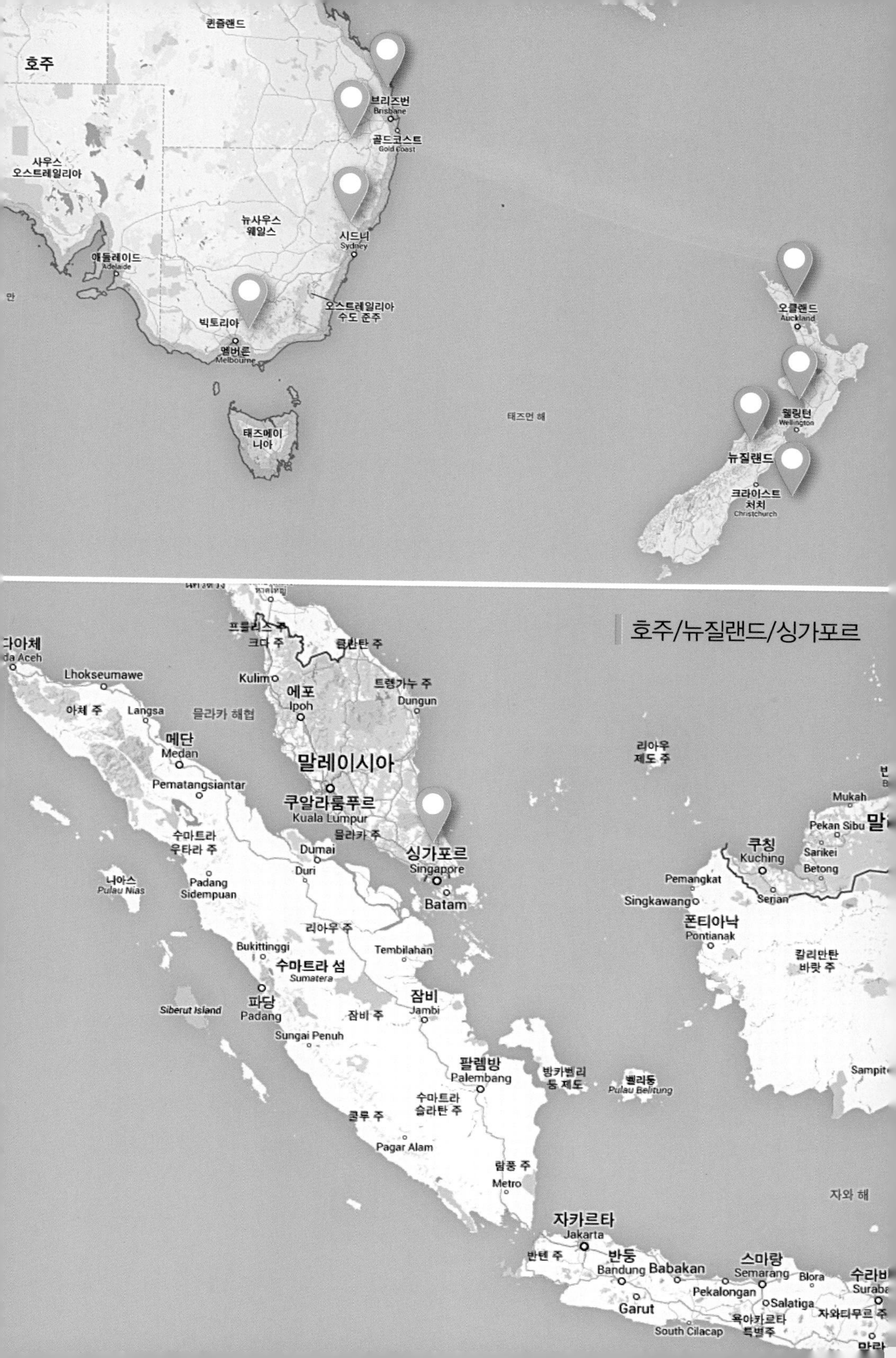

호주/뉴질랜드/싱가포르
퀸즐랜드
호주
브리즈번
Brisbane
골드코스트
Gold Coast
사우스
오스트레일리아
뉴사우스
웨일스
시드니
Sydney
애들레이드
Adelaide
오스트레일리아
수도 준주
빅토리아
멜버른
Melbourne
태즈메이
니아
태즈먼 해
오클랜드
Auckland
웰링턴
Wellington
뉴질랜드
크라이스트
처치
Christchurch
프를리스 주
크다 주
클란탄 주
다아체
Lhokseumawe
Kulim
에포
Ipoh
트렝가누 주
Dungun
아체 주
Langsa
믈라카 해협
메단
Medan
말레이시아
리아우
제도 주
Pematangsiantar
쿠알라룸푸르
Kuala Lumpur
믈라카 주
Mukah
Pekan Sibu
수마트라
우타라 주
Dumai
싱가포르
Singapore
쿠칭
Kuching
Sarikei
Betong
니아스
Pulau Nias
Padang
Sidempuan
Duri
Batam
Pemangkat
Singkawang
Serian
리아우 주
폰티아낙
Pontianak
Bukittinggi
수마트라 섬
Sumatera
Tembilahan
칼리만탄
바랏 주
파당
Padang
Siberut Island
잠비
Jambi
잠비 주
Sungai Penuh
팔렘방
Palembang
방카벨리
퉁 제도
벨리퉁
Pulau Belitung
Sampit
수마트라
슬라탄 주
븡쿨루 주
Pagar Alam
람풍 주
Metro
자와 해
자카르타
Jakarta
반텐 주
반둥
Bandung
Babakan
스마랑
Semarang
Blora
Pekalongan
Salatiga
Garut
욕야카르타
특별주
South Cilacap

적당한 호주 달러(670A $)와 뉴질랜드 달러(750N $). 이로써 여행에 필요한 기본적인 총알은 마련된 셈이다. 면세점 여기저기를 기웃거리며 탑승시간을 기다렸다.

16:20 싱가포르 항공 SQ 887편은 6시간 40분 걸려 현지시각 밤 10시 싱가포르 창이(Changi) 국제공항에 도착하였다. (시차 1시간) 공항 면세점을 둘러보며 환승 시간(00:05+1)을 맞추었다.

2006년 3월 11일(토요일) -제2일

00:05 싱가포르를 이륙한 SQ 255편은 호주 브리즈번(Brisbane)공항에 09:40 도착하였다. (시차 1시간, 07:35 소요) '선샤인 캐피털'이란 애칭으로 불린 브리즈번은 호주에서 세 번째로 큰 도시이며 퀸즐랜드(Queensland)의 행정수도이기도 하다.

10:10 까다로운 입국심사 통과 후 농림수산 검역에서 문제가 생겼다. 검역 신고서에 신고할 것이 없다고 했는데 한국에서 가져온 소고기 육포와 조미 땅콩 캔을 왜 신고하지 않았느냐고 트집이다. 나로서는 지금까지 다닌 모든 국가에도 전혀 문제 되지 않았고 완전 가공품이라고 항변했으나 검역신고 부실에 따른 엄중 경고를 당함과 함께 물품을 압수당하는 불쾌함을 겪었다. 내가 받은 1장짜리 경고장은 '검역신고서 위반 경고통지(Cautionary advice for breach of quarantine requirements)'였는데 검역 물품에 대해 앞으로 정확하게 신고하라는 내용이었다.

11:30 호주의 철저한 검역에 대해 긍정 하면서도 유연하지 못한 태도 때문에 그다지 좋지 않은 첫인상을 뒤로 하고 가장 먼저 호주를 대표하는 휴양지 골드 코스트(Gold Coast)로 향했다. 에어트레인(Airtrain)보다 코치트랜스 버스(Coachtrans Bus)가 더 저렴하고 빠르게 서퍼스 파라다이스(Surfers Paradise)까지 연결되었다. (35$, 1시간 소요/외환은행 환전 시 1A$=742원)

13:00 해변에서 가까운 백패커스(Islander Backpacker Resort)에 1박을 신청하였으나 침대가 없다고 한다. 굳이 여기서 잘 필요가 없어 해변만 둘러보고는 브리즈번에서 숙박키로 하였다. 43km에 이르는 황금빛 해변에는 하얀 파도가 일렁이고, 반대쪽에는 고층빌딩이 가로수처럼 늘어서 있는데 문명과 자연이 공존하는 지상 최

고의 파라다이스라고 할만하다. 배낭을 메고 해변을 거니는데 많은 사람 중에 유일하게 탑리스(Topless) 차림의 미녀 3명이 눈에 들어온다. 카메라 Zoom-in, 그리고 찰칵.

15:00 시내 중심부인 카빌 몰(Cavil Mall)을 둘러보며 한 끼 식사할 곳을 찾는데 의외로 한국 식당이 저렴하여 김치볶음밥(7$)으로 요기하고는 브리즈번으로 이동하려고 장거리 버스터미널을 찾았으나 당장 연결되는 버스가 없다. 할 수 없이 택시를 이용 에어트레인 역으로 이동하는데 요금이 장난이 아니다. 무려 23$. 네랑(Nerang)역에서 브리즈번 트랜짓센터까지 8.7$에 비하면 배보다 배꼽이 더 큰 셈이다. (16:00 출발, 17:10 도착)

17:20 브리즈번 교통의 요지인 트랜짓센터(Transit Centre) 앞에 있는 틴빌리(Tinbilly)는 배낭여행자 사이에서는 호텔로 통하는 곳이란다. 4인실 도미토리 1박에 28$는 다소 비싸게 느껴지지만, 시설은 괜찮은 편이다. (2박 56$ + 보증금/Deposit 20$)

20:30 트랜짓센터 내 푸드코트(Food Court)로 저녁을 먹으러 가다가 황당한 경험을 했다. 건널목에 한참을 서 있어도 빨강 신호등이 바뀌지 않는 것이다. 문화 국민의 긍지를 가지고 끈기있게 기다리는데 이건 뭔가 이상하다. 그런데 누군가 와서 횡단보도 기둥에 있는 버튼을 누르는 게 아닌가! 그랬더니 조금 있다가 파란 불로 바뀐다. 그렇구나! 그 나라에서는 그 나라 문화를 빨리 익혀야 덜 고생한다. 신선한 문화적 충격이었다. (호주, 뉴질랜드, 싱가포르 모두 횡단보도에서는 버튼을 눌러야 됨. 보행 신호등 버튼을 눌러야 횡단자가 있음을 인식하고 작동하게 되는 것)

21:30 숙소 1층 캐주얼 바에서 맥주 한잔(500CC: 4$) 마시며 호주에서의 하루를

정리하였다.

2006년 3월 12일(일요일) –제3일

09:00 로마 스트리트(Roma ST.) 시티 트레인(Citytrain)역에서 1일권 티켓 (Off-Peak Daily Ticket: 4.4$)을 사서 사우스 뱅크로 향했다. 브리즈번 강 남쪽, 강을 따라 형성된 넓은 녹지대인 사우스 뱅크 파크랜드(South Bank Parklands)는 브리즈번의 명소이자 상징과도 같은 곳이다. 여기에는 '강변에서 즐기는 해변'이라는 컨셉이 특이한 사우스뱅크 비치(Street Beach) 라는 인공해변이 있고, 공원과 산책로, 공연장 등 다양한 문화 시설과 휴양 시설이 어우러져 있었다.

10:00 시티 캣(City Cat)이라는 쾌속선을 이용, 리버 크루즈(River Cruise)에 나섰다. 배에서 바라본 브리즈번은 참 쾌적한 곳이다. 강변을 따라 자전거를 타거나 조깅을 하는 사람들. 조정을 즐기는 사람. 수상스키를 타는 사람 등 다양한 사람들이

강을 잘 활용하고 있었다.

13:00 퀸 스트리트 몰(Queen Street Mall)은 명실상부한 브리즈번의 심장부로 하늘을 덮고 있는 투명 차양막은 자유스러운 거리의 분위기에 조형미를 더해 주고 있었다. 마침 스포츠용품 세일이 있어 퀸즈랜드주의 럭비팀 로고가 새겨진 나이키 반팔 상의를 한 벌 싸게 샀다.(50$) 시내에는 상당수의 럭비팀 서포터들이 이 로고가 새겨진 옷을 입고 활보하고 있었다. 타운 홀(Town Hall)은 1920년대에 완성된 네오크래식 건축물이다. 시청 앞에는 넓고 자유로운 광장, 휴식처가 되는 분수대 등 시민을 위한 공간이 많았다.

16:40 버스를 타고 마운트 쿠사(MounT Coot-tha) 전망대로 향했다. 해발 270m의 야산에서 바라본 브리즈번은 커다란 숲과 강이 조화를 이룬 멋진 도시였다. 센트랄 역 건너편에는 그리스 신전처럼 품위있는 팔각형 건축물이 시선을 끈다. 바로 전쟁추모 제단인 안작 스퀘어(Anzac Square)이다. 안작은 제1, 2차 세계대전에 참석했던 호주와 뉴질랜드 연합군(Australian and New Zealand Army Corps)의 정식 명칭.

19:30 숙소 앞 KFC에서 치킨 3조각(6.4$)과 소주(200ml)로 저녁을 대신했다. 해외여행에서 항상 느끼는 것이지만 그 도시에 익숙해질 만하면 떠나야 한다는 것이다. 내일은 다양한 문화가 공존하는 호주 제2의 도시이자 이벤트 시티인 멜버른(Melbourne)으로 이동한다.

2006년 3월 13일(월요일) -제4일

07:20 시티트레인을 이용하여 공항으로 가서는(10$, 25분 소요) 간단히 김밥(6$)으로 요기하고 콴타스항공 QF 615 편으로 멜번으로 날아갔다. (09:50 출발, 13:10 도착, 02:20 소요, 시차 1시간)

13:50 영국풍의 거리가 아름다운 호주의 문화중심지 멜번은 펭귄 퍼레이드로 잘 알려진 필립 아일랜드와 그레이트 오션 로드로 가는 거점도시이기도 하다. 공항버스인 스카이버스(Sky Bus/ 15$)를 이용, 20분 만에 서든 크로스(Southern Cross) 기차역(종전에는 스펜서 스트리트 기차역)으로 와서 시드니행 기차를 예약했다. (Sleeper

192.95$/ 3.15 19:55 멜버른 출발)

15:00 무료순환 트램인 시티서클(City Circle)을 이용하여 시내 중심부를 구경한 후 플린더스 스트리트(Flinders ST.) 기차역에 내려 엘리펀트(Elepant)란 백패커즈를 찾아 들어갔는데 의외로 싱글(1인실)이 35$밖에 하지 않는다. (싱글 35$ X 2일+보증금 10$) 싱글룸이라고 들어가 보니 침대만 하나 덜렁 있고 경량 칸막이로 주변을 막아 옆방의 조그만 소리도 다 들리는, 한마디로 무늬만 싱글인 룸이었다. 역시 싼 게 비지떡이라고 이건 완전히 사기당한 기분이다.

16:30 스완스톤 스트리트(Swanston ST.)의 나이키 매장옆에 있는 AAT Kings Tour사를 찾아 내일 '그레이트 오션 로드(Great Ocean Road)' 데이 투어를 신청했다. (정상가 120$=>백팩커즈 할인요금 83$) 그리고는 세인트 폴 대성당, 타운 홀, 차이나타운, 뾰쪽한 철탑이 있는 멜번의 상징 빅토리안 아트센터, 페더레이션 광장 등 번화가를 돌아다녔다.

20:30 차이나타운 내의 중국집에서 볶음밥(7$)과 맥주(4.5$)로 저녁을 해결하고 내일 투어를 위해 일찍 잠자리에 들었다.

2006년 3월 14일(화요일) –제5일

07:45 도너츠 1개(1.5$)로 아침을 대신하고 대망의 '그레이트 오션 로드' 데이 투어(Day Tour)를 시작했다. 투어버스는 멜버른 남서쪽 265km 지점인 길롱(Geelong)에서 모닝커피 1잔을 제공하고는 토르키(Torquay)–포트캠벨(Port Campbell)의 약 215km 가량 꼬불꼬불하고 위험한 기암절벽 해안 길 즉 '그레이트 오션 로드'를 달리기 시작했다. 빼어난 자연 경관을 자랑하는 이곳은 해안선을 따라 이루어진 굴곡과 가파른 절벽, 하얀 백사장과 부서지는 파도 등 한마디로 자연이 빚어낸 완벽한 예술품의 보고라고 할 수 있었다. 투어버스는 사진 촬영을 위해 경관이 좋은 곳에 일시 정차 후 출발하곤 하여 관광객들이 비경을 간직할 수 있도록 하였다. (벨즈 비치/Bells Beach, 론/Lorne, 아폴로 베이/Apollo Bay, 코알라 서식지, 12사도/Twelve Apostles, 로크 아드Loch Ard 고지/Gorge – 협곡과, 면도칼 모양의 Razorback, 난파 해안/Shipwrecks, 런던 브릿지/London Bridge 등에서 작품사진 수십 장 촬영)

12:10~13:10 점심시간이 주어져 편의점에서 빵과 우유로 식사(5.25$) 후 아폴로 베이 해변을 거닐었다.

14:50~17:00 12사도는 12개의 기암괴석이 마치 기둥을 박아 놓은 것처럼 해안선을 따라 늘어선 모습이며, 런던의 이민선 로크 아드호가 난파된 곳인 로크 아드 고지와 1990년 1월 계속되는 바닷물의 침식현상으로 바위가 두 동강 난 런던 브릿지 등 아름다운 광경에 눈을 뗄 수가 없었다. 사실 이번 호주여행의 주목적이 여기의 비경을 보기 위한 것이라 해도 과언이 아닐 것이다.

17:05-20:05 포트 캠벨을 떠나 육로로 멜번으로 되돌아오는데 드문드문 집이 보일 뿐 끝없는 평원이 계속된다. 남한의 77배의 면적과 세계에서 가장 낮은 인구밀도(1㎢당 2명)라는 것이 정말 실감 난다.

20:30 인도식당에서 커리라이스로 저녁(10.5$)을 먹고, KFC에서 뼈 없는(Boneless) 닭 3조각(5.45$)을 사서 맥주(2캔 5.4$)와 함께 포식하니 배부르고 등 따뜻하여 남 부러울 게 없다.

2006년 3월 15일(수요일) -제6일

09:30 버거킹(호주에서는 헝그리 잭-Hungry Jack)에서 햄버거와 주스(5.4$)로 아침을 해결하고 16번 트램을 타고 세인트 길다 해변(ST. Kilda Beach)으로 향했다. (2시간, 3.2$) 이곳은 시내에서 가까운 해변이라는 장점 외에도 위락시설과 아름다운 경치 때문에 많은 사람이 찾는 관광명소이자 쉼터이다. 아직 아침인데도 해변에는 일광욕

하는 사람들이 제법 있었는데 이리저리 거닐다 96번 트램을 타고 시내 중심부로 되돌아왔다.

12:20 사우스 게이트(South Gate)는 유유히 흐르는 야라(YARRA) 강과 고풍스러운 건물들을 바라보며 커피를 마시거나 담소를 나누는 사람들, 테라스가 멋진 레스토랑과 거리 악사들의 모습에서 멜버른의 낭만이 묻어 나오는 곳이다. 사우스 게이트 끝쪽에 있는 멜버른 수족관은 마치 강 위에 떠 있는 섬처럼 보이는데 입장료가 만만치 않아 기념품 가게만 둘러보고 마이어(Myer), David Jones등 쇼핑몰이 집중된 벅 스트리트(Bourke ST.)로 나와 윈도우 쇼핑을 하고 Target이라는 대형 할인점에서 카메라용 건전지(20개입)을 샀는데 가격(22$)이 만만치 않다.

16:40 마이어 백화점 앞 거리악사의 연주가 상당히 귀에 익숙하다. 'El Condor Pasa' 등 다양한 음악을 들으며 지친 다리를 쉬고, 하염없이 앉아 따사로움과 도시의 낭만을 즐겼다.

19:00 '김치할머니'라는 한식점에서 김치면(9.5$)과 공깃밥(2$)으로 저녁을 든든히 먹고 Southern Cross 기차역으로 왔다.

19:55~06:56+1 시드니까지는 고속열차(Countrylink XPT)로 무려 11시간이나 걸린다. 2인용 침대칸(Sleeper)인데 비싸서(192.95$) 그런지 혼자 자면서 오게 되었는데 익일 5시 30분에 아침 식사로 토스트와 주스, 커피가 제공되었다. (차장이 전날 미리 주문을 받음)

2006년 3월 16일(목요일) -제7일

07:00 샌프란시스코, 리우데자네이루와 함께 세계 3대 미항으로 꼽히는 시드니(Sydney). 멜버른 발 기차는 드디어 시드니 센트럴 역에 도착했다.

07:30 시티레일(City rail)을 이용(2.2$) Kings Cross에 있는 두리하우스(Dury House)를 찾았는데 이곳은 한국인이 주인인 민박으로 주로 워킹홀리데이 비자를 가진 학생들이 일시적으로 묵는 곳이다. 조잡한 침대와 베개 등 시설은 엉망이지만 아침에 빵과 밥이 제공되는 점과 숙박비가 싸다는 것이 장점이다 (6인실 20$ X 4일+보증금 20$)

여기 4일간 머무르면서 한국인 학생들에 대해(극히 일부를 제외하고는) 별로 좋지 않은 모습을 보게 되었다. 남녀, 외국인 구분 없이 밤늦도록 술, 담배, 고성방가 등 주변을 전혀 의식하지 않고 유흥을 즐기는 것이었다. 한국의 부모들은 자녀들이 호주에서 공부 열심히 하고 조신하게 잘 지내는 것으로 알고 있을 텐데, 실제로 일부 학생은 호주에 적응하지 못해 짐을 싸서 조기 귀국하는 것도 목격했다.

09:00 삶의 여유가 묻어나는 호주 최대의 도시, 시드니. 그중에서도 오페라 하우스(Opera House)의 우아한 자태와 하버 브리지(Harbour Bridge)의 유려한 곡선을 탐구하기 위해 숙소를 나섰다. 돌과 철로 만든 조형물이 바다와 어우러져 그토록 아름다울 수 있는지 직접 눈으로 보기 위해 저 멀리 북반구의 한국에서 이곳까지 날아온 것이다.

킹스 크로스에서 윌리암 스트리트를 따라 걸어오니 성 마리(ST. Mary)대성당이 높이 305m의 시드니 타워(Tower)와 함께 눈에 들어온다. 식물원인 로얄 보타닉 가든(RoyaL BotaniC Gardens)을 지나니 호주의 상징 오페라하우스(1959년 착공, 1973년 완공: 4개의 공연장, 5개의 연습실, 60개의 분장실 등)가 보인다. 매쿼리 부인의 포인트에서 시작하여 서큘러 키(Circular Quay: 페리 선착장)를 거쳐 록스(Rocks) 광장, 하버 브릿지까지 걸어가면서 시시각각으로 변하는 오페라 하우스의 아름다움을 전부 카메라에 담았다.

하버 브릿지는 1923년 착공, 1932년 완공, 총 길이 1,149m, 세계에서 두 번째로 긴 다리이다. (뉴욕의 베이욘 브리지보다 60Cm 짧다.) 다리 밑을 지나 반대편 언덕에 있는 천문대(Observatory, 1857년 설립)에서 본 시드니 전경은 또 색다르다. 잔디밭에 누워 맑은 공기와 상큼한 바람을 느끼며 좀 쉬고 나니 다시 힘이 솟는다. 가자! 또 다른 시드니의 속살을 보러!

13:00~17:30 록스광장(Rocks Square)에 있는 정통 독일식 레스토랑에서 뢰벤브로이 호프(1l, 17$)와 뉘른베르거 소시지(11$)로 목과 위장을 즐겁게 한 다음 퀸 빅토리아 빌딩(Queen Victoria Building: 피에르 가르뎅이 세계에서 가장 아름다운 쇼핑센터라고 격찬)을 거쳐 타운 홀(Town Hall), 달링 하버(Darling Harbour)까지 여기저기를 기웃거리며 도심에서의 눈요기를 즐겼다.

20:30 과일 스퀴즈 주스(4$)로 목을 달래고, 국내에는 없는 800ml짜리 맥주(Victoria Bitter) 2병(8.4$)을 사 와서는 숙소 옥상에서 시드니의 별을 보며 홀짝홀짝 마셨다.

2006년 3월 17일(금요일) -제8일

09:10 시드니 서쪽 약 100km 지점, 푸른 빛의 울창한 원시림이 살아 숨 쉬는 곳, 신비롭고 웅장한 산악지대인 블루 마운틴(Blue Mountain) 탐방에 나섰다. 유칼립투스(Eucalyptus) 나무에서 분비된 수액이 강한 태양 빛에 반사되면 주변의 대기가 푸르게 보인다고 해서 붙여진 블루 마운틴의 진면목을 확인해 보기로 하자.

Off-peak Time Return Ticket(14$)을 사서 센트랄 역까지 가서, 시티레일로 2시간 걸려 카툼바(Katoomba) 역에 도착하니 12시가 다 되었다. 튼튼한 두 다리로 걸어서 에코 포인트(Echo Point)까지는 30분. 확 트인 전망대인 이곳에서 보는 장엄한 세 자매 바위(Three Sisters)는 블루 마운틴을 대표하는 절경이다. 여기는 연중 짙은 안개가 끼는 곳으로 유명해서 구름 한 점 없이 맑은 날 블루 마운틴을 찾았다면 당신은 정말 운 좋은 사람이라고 가이드 북에 나와 있는데 오늘 내가 정말 축복받은 사람인 것 같다. 전망대 옆 산길을 30여 분 걸어가니 시닉월드(Scenic World)가 나왔는데(케이블카와 석탄차를 개조한 레일웨이 왕복권이 16$) 레일웨이를 타고 내려가 열대우림 가운데 놓인 2.2km의 보드워크를 따라 원시림 워킹 후 케이블카로 다시 올라왔다.

15:00 일반 시내버스인 줄 알고 탔는데 기사가 요금 내란 소리를 안한다. 알고 보니 일 일권 25$짜리 순환버스(Hop On Hop Off)였던 것. 이거 원, 본의 아니게 무임승차하게 되다니! 르라(LEURA) 역에 내리니 바로 시드니행 기차가 연결되어 17:30 시드니 센트랄에 도착하였다.

18:30 점심 겸 저녁으로 숙소 근처 한식점(이태원)에서 육개장(11$)을 먹었다. 모처럼 김치랑 여러 한국 반찬들을 먹으니 속이 다 시원하다.

21:30 술 판매점에서 2004년 호주산 화이트 와인(20$/ 12.5%)을 구매해 도미토리의 젊은 친구들과 한 잔하며 그들의 이야기를 듣고 이런저런 대화를 나누니 시간 가는 줄 모르겠다.

2006년 3월 18일(토요일) –제9일

09:00 숙소에서 하이드파크(Hyde Park: 런던의 하이드 파크에 비하면 조족지혈 규모이지만 아담한 휴식공간)를 거쳐 서큘러 키(록스와 함께 호주의 역사가 시작된 곳)까지 쉬엄쉬엄 걸어갔다.

09:45 서큘러 키 2번 와프에서 주 패스(Zoo Pass)를 구매(37$), 페리를 이용 12분 만에 시드니 북부에 있는 타롱가 동물원(Taronga Zoo)에 도착했다. 해안선과 맞닿아있는 이곳은 '타롱가 –아름다운 물이 보이는 곳'이라는 이름처럼 시드니 항구의 모습이 아름답게 보이는 곳이기도 하다.

캥거루(Kangaroo: 원주민어 '나도 모른다'), 코알라(Koala: 원주민어 '물을 안 마신다'), 에뮤(Emu: 현존하는 새 중 가장 큰 새, 날지 못하는 새) 등을 카메라에 담고는 11:45 다시 서큘러 키로 돌아오니 4번 와프에서 11:50발 왓슨 베이(Watsons Bay)행 페리를 탈 수 있었다. (리턴티켓 10$) 쾌속선으로 30분 걸리는 이곳은 시드니 동부해안의 맨 끝에 자리하고 있는데, 조용하고 잔잔한 바닷가인 왓슨 베이 반대편의 갭 파크(Gap Park)는 영화 '빠삐용'에서 주인공이 몸을 던졌던 마지막 촬영지로도 유명하다. 해안 절벽을 따라 동쪽 언덕에 올라 보니 100m 높이의 단애 절벽에 거센 파도가 부서져 포말을 일으

키는 모습이 실로 장관이었다.

14:00 오늘이 토요일이라 록스마켓에는 벼룩시장이 섰고, 록스센터 앞에서는 재즈 연주가 한창이었다. 록스광장 독일식 레스토랑에 다시 들러 뮌헨 라거 비어(0.5l, 9$)와 독일 핫도그(11$)를 먹으며 한가로운 오후를 보냈다.

15:20 Dfs Galleria 면세점에서 아들 성정이에게 줄 캥거루 가죽 지갑(45$)을 하나 사고는 마틴 플레이스(Martin Place: 시드니의 주요 이벤트가 시작되는 광장)에서 본다이 정션(Bondi Junction)행 시티레일을 탔다. (왕복티켓 3.4$)

16:30-18:30 본다이 비치(Bondi Beach: 본다이는 원주민어로 '바위에 부서지는 파도')는 시드니 인근 해변 가운데 가장 유명세를 치르는 곳으로 마치 우리나라 해운대 해수욕장처럼 많은 인파가 몰리는 곳이라고 한다. (버스 편도 1.7$ x 2회) 늦은 오후인데도 해변은 서핑을 즐기는 사람들이 많았고 잔디밭에서 일광욕하는 사람도 다수 있어 평화롭고 여유로운 광경을 연출하고 있었다.

2006년 3월 19일(일요일) -제10일

06:00 오늘은 교민이 운영하는 대한관광을 통해 포트 스테펀스(Port Stephens) 모래언덕 투어와 돌고래 관찰 데이투어(65$)가 있는 날이다. 시드니 북쪽 200km 이

상 떨어진 곳이기에 소요시간도 3시간 정도 걸린다고 7시까지 월드 스퀘어(World Square) 근처의 Pick-up 장소로 나오라고 하여 잠도 설치고 6시부터 부산을 떨었다. 이 투어는 한국 단체 관광객의 단골 코스이기도 한데 대중 교통편이 매우 불편한 탓에 단체투어가 많이 발달해 있었다.

10:30 포트 스테펀스 남쪽의 아나 베이(Anna Bay)는 바다와 맞닿은 곳이 온통 모래언덕(Sand Dunes)으로 이루어져 있다. 사륜구동(4WD) 차량만 들어갈 수 있기에 개별 여행자나 승용차로 온 사람들은 투어에 참가할 수밖에 없다. 모래언덕 꼭대기에서 샌드 보드에 몸을 싣고 아래를 향해 미끄러져 내려가는 기분은 동심으로 돌아가게 한다.

13:00 한국 음식점에서 비빔밥을 맛있게 먹었다 (식비는 투어비용에 포함)

14:00 넬슨 베이(Nelson Bay)에서 돌고래 관찰 투어를 시작했다. 30분쯤 먼 바다로 나가니 정말 돌고래가 유영하는 모습이 포착된다. 그런데 집단적인 유영은 보지

못하고 몇 마리가 가끔 나타났다 사라지곤 하는 정도다. 기대보다는 조금 싱겁게 크루즈가 끝났다.

15:30~18:20 넬슨베이에서 시드니로 되돌아왔다.

18:40 시청 근처 Coles라는 대형 슈퍼마켓에서 카메라용 건전지(16개입/ 16$)와 파카볼펜(12$)을 카드로 샀다. 차이나타운을 거쳐 컨벤션센터를 지나 낭만이 넘치는 달링 하버(Darling Harbour), 코클 베이(Cockle Bay)에서 아름다운 시드니 야경을 감상했다.

21:30 호주에서의 마지막 밤이다. 한국을 떠난 지 엊그제 같은데 벌써 열흘이 지나고 있다. 여행의 반환점을 잘 돌고 있는 나를 자축하며 맥주 한 잔. 언제 다시 VIctoria BItter Beer, XXXX Beer를 마시게 될까…….

2006년 3월 20일(월요일) -제11일

09:20 시티레일을 이용(12.8A$)하여 시드니 국제공항에 도착했다.

11:40 콴타스항공 QF 43편으로 3시간 걸려 15:40 오클랜드(Auckland) 국제공항에 도착했다. (시차 1시간) 에어버스(Air Bus)를 이용(15N$), 퀸 스트리트(Queen ST.)의 Auckland CentraL Backpackers에 내려 Check-in. (8인용 도미토리 24N$ X 2일+보증금 20N$/ 외환은행 환전 시 1N$=663원)

17:00 키위(Kiwi)의 나라, 마오리(Maori) 말로 희고 긴 구름의 나라, 세계 최초로 여성에게 참정권을 인정한 나라 -뉴질랜드는 남한 2.7배의 면적과 인구 400만 명, 인구밀도 1㎢당 14명, 수준 높은 교육문화의 나라이다. 아울러 오클랜드는 요트와 문화의 도시이자 뉴질랜드 전체 인구의 1/3이상이 사는 대도시이다. 먼저 퀸 스트리트를 따라 페리터미널을 거쳐 스카이 시티(Sky City: 최신형 복합 엔터테인먼트 공간)에 있는 인터시티(Inter City) 버스회사에서 3-In-One(버스, 페리, 기차이용) 5일 트래블 패스를 사고(457$) 3월 22일 08:15 로토루아행 및 3월 23일 23:25 웰링턴행 버스 예약을 마쳤다. 근처 일식집에서 사시미 벤또(12.5$)로 저녁을 먹고 숙소로 돌아왔다.

21:30 뉴질랜드 입성을 자축하며 지하 Bar에서 맥주 한잔(500CC/ 5.5$).

2006년 3월 21일(화요일) –제12일

07:30 마운트 이든(Mount Eden) 까지는 제법 먼 거리이지만 운동삼아 걸어서 갔다. 정상 근처에서 미리 준비한 샌드위치와 주스(5.6$)로 공복을 달래고 정상에 올라가니 사방이 탁 트여 속이 후련하다.

마운트 이든은 시내 한가운데 솟아 있는 196m의 언덕으로 2만 년 전 마지막 폭발이 있었던 사화산의 분화구이다. 제주도의 산굼부리를 연상케 하는 깊은 분화구는 풀로 덮여 온통 초록색이다. 이곳은 오클랜드 최고의 전망 포인트로 시내와 항구가 한눈에 들어온다. 분화구 주위를 돌며 아름다운 자연경관을 카메라에 담았다.

09:45 시내버스(1.5$)를 타고 오클랜드 대학 앞에 하차했다. 오클랜드 대학은 뉴질랜드 최고, 최대의 국립(종합)대학으로 세계 대학순위 상위에 랭크되는 명문이며 한국 유학생도 꾸준히 늘고 있다고 한다. 시민의 쉼터 오클랜드 도메인(Domain: Pukekawa)은 34만㎢의 넓은 공원이다. 여기에는 오클랜드 박물관(기부금 5$)과 작은

식물원인 윈터가든(Winter Garden), 럭비. 크리켓 경기장, 테니스 코트 등이 푸른 잔디로 끝없이 덮여 있었다.

13:30 스카이 시티에 우뚝 솟은 스카이 타워(Sky Tower)는 328m 높이의 전망타워인데 남반구에서 가장 높은 건축물로 1997년 완공되었다. 고속 엘리베이터를 통해 220m 높이의 스카이 데크(Sky Deck) 전망대(21$)에 올라가니 이음새 없는 유리창을 통해 360도 오클랜드 전경을 감상할 수 있었고 투명한 유리바닥 위에 올라서면 타워 아래로 떨어질 것처럼 스릴이 넘친다. 이곳의 색다른 Activity는 192m 높이에서 시속 75km로 하강하는 스카이 점프와 270m 높이까지 올라가는 탑 수직 오르기가 있다. 오클랜드에도 하버 브릿지(Harbour Bridge)가 있는데 1,020m로 1959년 완공된 다리이다.

14:40 예쁜 딸 아란이를 위해 Gift Shop에서 뉴질랜드 연안에서만 생산되는 파우아 쉘(Paua Shell) 펜던트(42.2$)를 하나 샀다.

15:00 페리터미널에서 와이헤케(Waiheke) 섬(왕복 티켓 26.2$)까지는 40분이 소요되었다. '작은 폭포'라는 뜻을 가진 이곳은 오클랜드 동쪽 25km 지점의 작은 섬으로 오네로아(Oneroa) 해변까지는 선착장에서 걸어서 20분 걸렸는데 풍경 사진 몇 장 찍는 바로 되돌아와 16:45 페리에 승선. 머리카락 휘날리는 선상에서의 맥주(Lion Red 330ml 4.5$)는 또 다른 상쾌함이 있다.

18:30 숙소 근처 중국집에서 볶음밥(10$)으로 저녁을 먹고 시내 번화가를 이리저리 걸으며 이국적인 정취와 야경에 흠뻑 빠져들었다.

2006년 3월 22일(수) -제13일

08:15 오클랜드여, 안녕! 인터시티 버스는 10:20 해밀턴(Hamilton)에서 15분의 모닝커피 시간을 가진 후 12:30 로토루아(Rotorua)에 도착했다. 지금까지 여행하면서 자전거 전용 락커는 해밀턴에서 처음 보았는데 아마 자전거로 여행하는 사람 수가 많아졌기 때문일 것이다.

12:30 뉴질랜드 최고의 관광도시 로토로아의 첫인상은 도시 들머리에서부터의

유황냄새로 인해 그리 좋은 편은 아니리라. 그럼에도 온천호수와 폭포, 온천휴양지, 살아있는 지열지대, 마오리 문화의 심장부로 인해 오늘도 전 세계에서 수많은 관광객을 끌어모으고 있는 것이다.

13:00 한식당에서 불고기 정식(18$)으로 포식하고 주인장의 추천을 받아 새로 생긴 깨끗한 백패커즈를 찾아갔다. 바로 Treks Backpackers(4인실 24$+보증금 10$)인데 뉴질랜드 여행의 보증수표 퀄마크(Qualmark) 최고 별 5개짜리 숙소인데도 값은 저렴한 편이다.

14:20 로토루아 시민과 관광객을 위한 공원으로 활용되고 있는 가버먼트 가든 안에는 로토루아 박물관과 블루 배스(Blue Baths: 지열 대중 목욕탕)등이 있었다.

가든 바로 앞은 뉴질랜드에서 두 번째로 큰 호수인 로토루아 호수이다. (실제 로토루아란 '두번째 큰 호수'란 뜻) "비바람이 치던 바다 잔잔해져 오면 …….''으로 시작되는 애틋한 사랑 노래 '연가'의 고향이 바로 이 로토루아이다. 로토루아 호수의 흑조(Black Swan)를 가까이에서 카메라에 담고는 시내 중심부의 쿠이라우 파크(Kuirau Park)에서 부글거리며 살아있는 지열지대를 목격했다. 와이오타푸(Wai-O-Tapu)나 와카레와레와(Whakarewarewa)에 비하면 별것 아니지만…….

17:40 폴리네시안 스파(Polynesian Spa: 15$)는 로토루아를 세계적 온천 휴양도시로 만든 주인공이기도 하다. 이곳 온천수의 탁월한 효과로 인해 한국인을 비롯한 동양인에게 특히 인기가 높다. 실제 온천이용객의 상당수가 60대 이상 노년층이었고 한국에서 효도관광 온 노인들이 수십 명씩 수차례 밀물처럼 몰려왔다 썰물처럼 빠져나가자 온천에는 몇 사람 남지 않을 정도였다. 늦게까지 노천탕에서 별이 빛나는 로토루아 호수를 바라보며 여행의 피로를 풀었다.

21:30 Pig&Whistle이라는 제법 괜찮은 Bar에서 생음악을 들으며 식사(Beef Rice, 18$)와 맥주(5.5$ x 2잔)를 즐겼다.

2006년 3월 23일(목요일) –제14일

09:30 숙소에서 소개받은 저렴한 소형 투어버스로 와이오타푸 서멀 원더랜드(Wai–O–Tapu Thermal Wonderland) 반나절 투어를 시작했다. (투어 20$+입장료 23$) 타우포(Taupo) 방면 27km 지점에 있는 이곳은 가장 화려한 컬러의 간헐천과 지열지대로 유명하다.

10:15 레이디 녹스 가이저(Lady Knox Geyser: 간헐천)는 최대 20m 높이까지 분출하는 장관을 연출했고, 이어서 원더랜드 안에 있는 예술가의 팔레트(Artist's Palette), 샴페인 풀(Champagne Pool), 악마의 탕(Devil's Bath), 진흙 풀(Mud Pool) 등은 경이로움을 넘어 경건하기까지 하다.

14:00 투어를 끝내고 시내로 들어가는 길목에 있는 와카레와레와 지열지대(Whakarewarewa)에 내렸다. (입장료 20$) 여기에는 마오리족이 살고있는 마을이 있어 마오리 문화를 가까이에서 볼 수 있었다. 하지만 간헐천과 진흙, 풀 등은 아까 워낙 장관을 본 터라 싱겁기까지 하다.

17:30~20:00 밤 11시 25분 웰링턴행 야간버스 승차까지는 시간이 많이 남아 폴리네시안 스파(15$)에서 다시 몸을 풀었다. 오늘도 관광을 마친 행복한 한국 노인들이 스파의 주빈이다.

21:00 저녁은 햄버거(Steak&Egg Burger: 6.6$)로 해결하고 어제의 그 Bar에 다시 들러 생음악과 함께 맥주를 마시며 시간을 보냈다.

23:25 추적추적 비 오는 로토루아 버스정류장에는 나 혼자다. 주변에 다니는 사람도 없다. 이럴 때 동행이 있으면 좋겠지만, 어차피 인생은 혼자인걸.

2006년 3월 24일(금요일) -제15일

07:20 로토루아를 전날 23:30 출발한 인터시티 버스는 한밤에 두 군데 휴게소를 거치며 웰링턴(Wellington) 역에 도착했다. 8시간 가까이 불편한 버스 속에서 밤을 지새웠으니 이런 것도 여행의 추억으로 남으리라.

웰링턴은 뉴질랜드의 수도이다. 하지만 여행자에게는 남섬 여행의 전초기지로서 의미가 더 크다고 볼 수 있다. '바람의 도시'답게 강한 바람과 함께 비가 내린다. 역에는 코인라커도 없다. 1박 하려던 계획을 취소하고 남섬 픽턴(Picton)으로 가기 위해 한참을 걸어서 인터아일랜더(Interislander) 페리 터미널로 갔다.

09:30 뉴질랜드에서 교통수단을 이용하려면 예약은 필수이다. 인터시티 버스 회사를 통한 페리 예약이 안 된 상태이기에 매표소에 가서 최대한 불쌍한 표정으로 오늘 중으로 반드시 픽턴에 가야 하니 예약 좀 해달라고 졸랐다. 처음에는 안 된다고 하더니 비수기이고 일기가 좋지 않아서인지 10:35 출발 페리 티켓을 건네준다. 마음씨 좋은 마오리인에게 '감사합니다'를 연발.

11:00 기상 악화로 당초 예정보다 늦게 페리가 출항했는데 심한 비바람 때문에

배의 롤링과 피칭이 심했다. 오후 3시 픽턴에 지연 도착했다. (원래 예정은 10:35 출발, 13:35 도착)

15:20 픽턴 관광안내소(i Site)에서 18:00 넬슨행 버스, 3월 26일 07:15 그레이마우스행 버스, 3월 27일 13:45 크라이스트처치행 기차 예약을 마무리했다. 픽턴 시내는 손바닥만 한 곳이어서 둘러보는데 불과 몇 분 걸리지 않았다.

20:20 픽턴에서 64km 떨어진 넬슨(Nelson)까지는 인터시티 버스로 2시간 20분이 소요되었고 터미널 근처에 있는 Nelson CentraL Yha를 숙소로 정해 여장을 풀었다. (퀄마크 최고 별 5개짜리 유스호스텔/ 3인실, 27$ X 2일, 보증금 없음)

2006년 3월 25일(토요일) –제16일

09:30 예술과 태양의 도시 넬슨은 Sunshine City이다. 풍부한 태양빛과 바닷바람, 온화한 기후 때문에 국제적 예술행사가 여기서 펼쳐지게 되는 것 같다. 숙소 옆 광장에 벼룩시장이 열렸다. (토/일 8시~13시 Open)

싱싱한 사과 1/2kg(3개)이 불과 1$. 먹어보니 참 맛있다. 그런데 강화도에 있어야 할 순무가 여기에도 있네! 색깔과 팽이 같은 모양까지 정말 흡사하다.

나는 여행하면서 시장에 들르는 것을 참 좋아한다. 그곳 삶의 풍경 속으로 스며드는 좋은 방법이기도 하고 무엇보다 사람 사는 것을 느끼게 하기 때문이다. 도시도 다르고, 사람들의 생김새도 모두 다르다. 하지만 결국 사람이 사는 것은 다 똑같다는 걸 배우는 것이다.

11:00 시내 중심부는 대성당이 있는 트라팔가(Trafalgar) 광장이다. 여기저기를 둘러보고는 뉴질랜드의 중심 표식이 우뚝 선 언덕에 올라섰다. 호주의 배꼽이 에어즈 록(Ayers Rock)에 있다면 뉴질랜드의 중심은 바로 넬슨인 것이다. 여기에도 넓은 공원에서는 크리켓

을 즐기는 어린아이들이 많이 보인다. 그리고 잘 다듬어진 여러 면을 가진 잔디 테니스 코트! 테니스를 즐기는 나로서는 이런 환경이 참 부럽다.

15:30 아이들이 요트 세일링을 배우는 Port Nelson을 뒤로 하고 대형 슈퍼마켓을 찾아 맥주(6캔), 물, 저녁과 내일 먹거리를 샀다. (37$)

18:00 룸메이트인 일리(Ilie Botezatu)의 초대로 Pub에서 야채를 곁들인 돌구이 스테이크와 맥주 등 제법 비싼 저녁을 먹었다. 다음에 한국에서는 내가 사라고 하며 일리는 2-3년 내에 한번 방문하고 싶다고 했다. 오늘은 물론이고 어젯밤도 일리와 많은 이야기를 했다. 루마니아 출신의 호주인. 현재 퍼스(Perth) 거주. 56세. 4개 국어에 능통한 화가이자 금속공예가, 기타리스트. 6주간 휴가 중 남섬만 둘러보고 있다는 것. 20대 시절에 루마니아 독재자 차우세스쿠에 의해 본인은 물론 가족이 탄압받았던 이야기를 하며 자주 눈물을 글썽인다. 공산주의와 대처하고 있는 우리나라의 현실 또한 마찬가지여서 더욱 공감 가는 관심사이다. 스트레스로 인한 탈모 얘기를 하며 슬기롭게 대처하라고 조언도 한다. 97%의 이탈리아어를 쓰

는 루마니아어에 대한 이야기. 나처럼 그의 눈동자도 갈색이다. 내가 라식 수술로 안경을 벗었다고 했더니 부작용에 대해 걱정했었다. 주변에서 잘못된 케이스도 이야기 하며…….

이렇게 이틀이나 외국인과 허심탄회하게 대화하기는 처음이다. 그와의 많은 이야기 속에서 문화적 차이와 공통점을 발견했다. 그래, 결국 사람은 다 똑같아! 일리는 E-mail ID는 변할 수 있다며 고정적인 본인 집 주소를 적어줬는데 천의 얼굴을 가진 호주의 진면목을 다시 한 번 보러 와야겠다. 일리와의 재회를 기약하며 넬슨에서의 밤이 이렇게 저물어 갔다.

2006년 3월 26일(일요일) -제17일

07:00 폭스 빙하(Fox Glacier)행 버스는 하루에 한 번뿐이다. 전날 술 마시면서도 이른 아침 버스를 놓치면 끝장이므로 컨디션 조절에 상당히 신경 썼었다. 자고 있는 일리에게 쪽지 한 장 남겨두고 인터시티 버스에 올랐다. (넬슨 07:15 출발, 그레이마우

스 13:15 도착)

11:55 호주에 그레이트 오션 로드가 있다면 뉴질랜드에는 웨스트 코스트 (West Coast) 로드가 있다. 웨스트포트(Westport)에서 시작된 해안 길은 그레이마우스(Greymouth)를 지나 빙하지대까지 연결되는데 경관이 수려하다. 점심(11:55~12:35)을 위해 정차한 푸나카이키(Punakaiki)는 펜케이크 록(Pancake Rock)과 블로 홀(Blow Holes) 바위 등으로 유명한데 호주의 캠벨 국립공원에 비유될 만하다. 겹겹이 쌓인 석회질 바위가 마치 빈대떡을 쌓아 놓은 것 같은 모습이고 주변에는 자연이 빚어낸 특이한 바위들이 세찬 파도에 몸을 맡기고 있었다.

14:00 Greymouth Kainga-Ra Yha를 숙소로 정했다. 1930년대 카돌릭 사제가 살던 집을 숙소로 개조한 곳인데 기도실(Chapel)로 쓰던 곳은 지금은 10인실로 꾸며져 있었다. (10인실, 1박 23$) 킹 파크(King Park) 언덕에 올라 시내를 조망하고는 자갈마당과 모래가 말 그대로 그레이(Grey=회색)인 그레이마우스 해변을 거닐었다. 시내 중심부는 조그마하고 볼거리도 없다. 사실 여기까지의 여정과 내일 기차 여정이 주요 볼거리인 셈이다. Bar에서 맥주 한잔(3$) 후 할인점에 들러 건전지(8개입/ 12$)를 샀다. 이번 여행기간 중 건전지값도 만만치 않았는데 차라리 카메라용 어탭터를 준비해 올 걸 하는 후회가 든다.

17:10 슈퍼마켓에서 빵, 주스, 잼, 라면, 맥주 등 이틀 식량을 장만(17$).

20:30 뉴질랜드 맥주(슈퍼에서 각 2$에 구입)를 종류별로 맛보며 여행의 종반부를 자축했다.

2006년 3월 27일(월요일) -제18일

09:30 숙소에서 나와 이곳 특산품인 녹옥(Jade=Greenstone) 아트 숍에서 아내 선물용으로 펜던트(47$)와 핸드폰 고리(23$ X 3개)를 샀다.

13:45 뉴질랜드 최고의 산악지대 아서스 패스(Arthur's Pass)를 넘는, 기차 여행의 백미 트랜츠 알파인 익스프레스(Tranz Alpine Express)에 올랐다. 크라이스트처치까지 230km 구간의 풍경은 세계에서 가장 아름다운 기찻길로 손꼽힌다. 협곡과 만년

설, 태고적 모습을 간직한 서던알프스의 수려한 풍경. 조망을 위한 객차에서 변화무쌍한 풍경을 감상하며 사진 찍다 보니 긴 시간 여행이 전혀 지루하지 않다. 특히 아서스패스 산맥을 넘는, 길이 8.5km의 터널 공사에는 15년이 걸렸을 만큼 난공사였다고 하니 사람의 힘이 얼마나 대단한지 새삼 느끼게 한다.

16:45 상큼한 공기와 함께 마시는 맥주는 또 색다르다. (흑맥주 5.2% 330ml 4.8$/ 아서스패스 15:57, 크라이스트처치 18:05)

18:40 애딩턴(Addington)에 있는 크라이스트처치 기차역에서 셔틀버스(5$)를 이용, 시내 중심가 대성당 광장 뒤에 있는 유스호스텔에 도착했다. (Christchurch City CentraL Yha 8인실 28$ X 2일)

20:00 일식집에서 저녁(9$)을 먹는데 주인이 한국사람이다. 사투리를 쓰길래 물어보니 부산 서대신동이란다. 어? 동대신동 바로 옆이네! 고향 사람을 만나 반가운 마음에 뉴질랜드 생활과 교육 등 많은 대화를 나누었다.

2006년 3월 28일(화) -제19일

09:20 남섬 최대의 도시 크라이스트처치(Christchurch)는 '영국 밖에서 가장 영국스러운 도시', '정원의 도시' 등 별칭도 가지고 있다.

이곳의 상징인 대성당(The Cathedral: 기부금 4$, 첨탑은 입장 불가)에서 식물원(Botanic Gardens)에 이르는 거리 산책만으로도 이 도시를 느낄 수 있을 정도이고, 대성당 광장을 배경으로 트램이 서 있는 장면, 어쩌면 이것이 이 도시의 대표 이미지인 것 같다.

10:45 크라이스트처치에서 동남쪽 13km 떨어진 리틀턴(Lyttleton)은 작고 평화로운 항구도시이다. (28번 버스 2.5$, 20분 소요) 시내를 대충 훑어본 다음 5분 거리에 있는 해발 400m 캐빈디시 산(MT. Cavendish) 아래에 있는 크라이스트처치 곤돌라(Gondola:

18$)로 왔다. 곤돌라를 타고 올라갈수록 전경이 시시각각 바뀐다. 정상에 서니 푸른 하늘과 대평원, 리틀턴 항구가 눈앞에 있고, 멀러 서던 알프스의 연봉과 크라이스트처치 주변 풍경이 파노라마처럼 펼쳐진다. 탁 트인 전망, 가슴 속까지 후련하다!

14:00 시내로 되돌아와서는 쇼핑과 식도락의 천국 시티몰(City Mall)을 지나 추억의 다리, 빅토리아 광장 등을 걸어 다녔다. 에이번(Avon) 강이라는 것이 마치 실개천 같다. 좁은 강폭과 수심. 그런데도 영국식 뱃놀이 펀팅(Punting)을 즐기는 사람들. 조상의 땅 영국을 너무 사랑한 나머지 남반구에 영국을 건설하고자 했던 심정이 느껴진다.

2006년 3월 29일(수요일) –제20일

09:45 대성당광장에서 미니 셔틀버스(5$)를 이용, 크라이스트처치 국제공항으로 이동했다. (공항버스인 City Flyer 7$보다 저렴)

공항에서 출국세(Departure Charge) 25$를 카드로 계산하고는 싱가포르행 비행기 시간에 맞추기 위해 주변을 배회했다.

12:55 뉴질랜드여 안녕! 언제 다시 오게 될는지!

SQ 298편은 10시간의 비행 끝에 싱가포르(Singapore) 창이 국제공항에 도착하였다. (시차 4시간) 장시간 비행이지만 개인 모니터를 통해 영화를 보거나 음악을 듣다 보니 그렇게 지루한 줄 모르겠다.

19:30 SIA 카운터에서 스톱오버(Stop Over: 1일)에 필요한 무료 쿠폰과 교통편을 제공받아 시청 앞에 있는 페닌슐라 호텔에 Check–in.

21:00 동양과 서양. 미래와 과거가 공존하는 색다른 여행지. 고온다습한 열대성 기후의 싱가포르는 중국계, 말레이계, 인도계의 다민족 다문화 국가이다. 싱가포르의 상징인 멀라이언(Merlion)상과 열대과일 두리안 모양의 문화공간 에스플러네이드(Esplanade)를 보기 위해 멀라이언 공원을 찾았다. 환상적인 야경을 카메라에 담기엔 기능이 역부족. 내일 아침 다시 찾아와 밤과 낮의 다른 모습을 비교해 보아

야겠다.

2006년 3월 30일(목요일) -제21일

08:30 시드니에 오페라 하우스가 있다면 싱가포르에는 에스플러네이드가 있다. 삼각형의 알루미늄판과 유리로 뾰쪽 지붕을 부드럽게 형상화한 문화 공연장. 이곳에서 보는 싱가포르강은 어젯밤의 그것과 사뭇 다르다. 24시간 입에서 물을 뿜어 내는 멀라이언상이 있는, 멀라이언 공원 옆의 선착장에서 미소또(Mee soto)라는 닭고기 면(2.5$)으로 아침을 해결했다. (신한은행 환전 시 1S$=614원, 우리나라와 시차 1시간)

10:00 시청역에서 지하철(MRT)을 이용(1.3$) 하버프런트 센터(Harbour Front Centre) 케이블카 타워에서 센토사(Sentosa) 섬으로 향했는데 페이버 산(MT. Faber)을 경유하는 것이 값은 조금 비쌌지만, 조망이 더 좋았다. (10.9$ 섬 입장료는 Stopover Free) 센토사 섬은 대규모 관광단지로 부대시설을 둘러보려면 하루를 할애해도 모자랄 정도로 매

력적인 곳이다. 모노레일은 공사 중이어서 순환버스를 타고 여기저기를 다녔는데 여기에도 전망대로 활용되는 대형 멀라이언상이 있다.

실로소(Siloso) 비치에는 선텐하는 여자 3명이 있었지만 서퍼스 파라다이스의 토플리스 여자 3명에 비하면……. Bar에서 Tiger Beer 1병(5.5$).

14:30 싱가포르 안의 작은 인도, 리틀 인디아(Little India)를 찾았다. (MRT 1.5$) 여기는 인도계 싱가포르인들의 집단 거주지답게 골목마다 인도 냄새가 난다. 인도 정식커리(6$)와 맥주(5$)로 점심을 먹고 나서자 날씨가 흐릿하더니 결국은 비가 내린다. 시내 관광을 포기하고 쇼핑센터가 밀집해 있는 오차드 로드(Orchard Road)로 이동하여 DFS갤러리아 면세점에서 아내 선물용 가방(Coach 755$)을 하나 샀다.

18:00 래플즈 호텔(Raffles Hotel)은 싱가포르를 대표하는 최고급 호텔이다. 아케이드, 박물관, 레스토랑, 정원 등이 일반에게 개방되어 있어 눈요기만 하고는 페닌슐라 호텔로 되돌아와 배낭을 찾아 공항으로 향했다.

22:00 공항 면세점에서 세금(Goods&Services Tax) 환급분 24$와 남은 돈으로 아들 성정에게 줄 나이키 가방(89$: Card 35$)을 하나 사고는 한국행 출발시각(23:50)까지 공항 안을 어슬렁거리며 시간을 보냈다.

2006년 3월 31일(금요일) -제22일

07:05 SQ 882편 6시간 15분의 비행 끝에 드디어 가족이 기다리는 고국으로 무사히 돌아왔다. (시차 1시간)

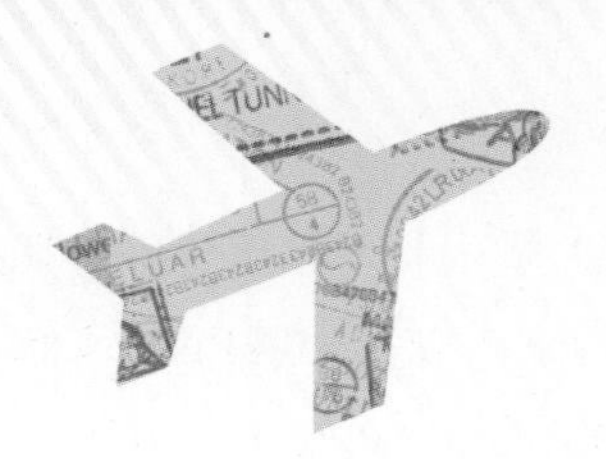

EPILOGUE

동서남북 4번의 유럽 20개국 배낭여행에서 느낀 것처럼 이번 여행에서도 사람들은 잔디를 다듬고 화초를 가꾸며 살고 있었다. 푸르름 속에 사는 그들의 마음도 언제나 여유롭고 푸르리라. 우리도 그러한 마음으로 언제까지나 '빨리빨리'가 미덕이 아닌 '느긋하게 은근히' 인생을 즐겼으면 좋겠다.

그리고 또 다른 놀라움 하나. 유럽 배낭여행에서 스쳐간, 많은 한국인들 중 혼자 배낭 여행하는 것은 대부분 여자, 여학생이었던 것처럼 여기에서도 혼자 배낭 여행하는 할머니, 여자, 여학생들을 많이 만났다는 것이다. 어쩌면 어머니, 모성의 위대함이 이 세계를 발전시켜 온 원동력일지도 모르겠다.

일리처럼 뉴질랜드 남섬만 6주간 여행해도 그 진면목을 보기에는 부족할 것이다. 3주간의 짧은 기간에 호주와 뉴질랜드를 둘러보고는 마치 그 나라를 다 아는 것처럼 말하고 행동하는 그런 잘못을 범하지는 말아야지!

선택과 집중을 통해 좀 더 깊이 있는 참다운 여행을 즐기고 싶다. 그러나 아무래도 혼자 하는 여행은 외롭다. 하지만 여행이란 나를 찾아 스스로 나서는 길이기에 철저하게 혼자가 될 때 진정한 자신의 모습을

볼 수 있는 것이다.

모든 일에는 기회비용(Opportunity Cost)이 따른다. 선택에는 다른 기회를 포기하는데 따르는 비용을 부담하게 된다. 세상 사는 것은 얻는 것이 있으면 잃는 것도 있는 법이다. 나는 항상 얘기한다. 늦었다고 생각할 때가 가장 빠를 때라고. '기회가 되면'이 아니라 '기회를 만들어' 다시 한 번 호주/ 뉴질랜드의 진면목을 보아야 하겠다.

길은 길로 통하고, 끝이 없는 길은 없다. 출발할 때의 막막함과 두려움이 어느새 익숙함으로 바뀌고, 그 곳에 익숙할 만하면 또 다른 곳으로 떠나야 하고 ……. 결국은 돌고 돌아 현실로 오게 되는 것이다. 여행을 통한 배움은 꿀처럼 달다. 이 맛에 여행을 꿈꾸며 계획하고 실행하는지 모른다. 미지의 세계로의 여행. 꿈은 이루어진다.

여행은 추억을 만든다

용혜원 詩

외로움이 쌓여 여행을 떠나면
마냥 동경만 하고 그리워했던 곳들이
하나 둘 눈 앞에
현실이 되어 나타난다.

여행은
보고, 듣고, 말하고, 느끼고
가슴에 담고 새기며
만나는 것들을 새롭게 안겨준다.

내 눈에 찾아 들어온
아름다운 풍경들이
가슴에 남아 한편의 시가 된다.

여행중에 마시는 커피는
외로움을 타는 내 몸에 겹겹이 흘러들어
산다는 의미를 새겨둔다.

여행은 삶에
추억을 만든다.

Epilogue

얼굴이란 '얼'의 '꼴'이란 뜻이다. '얼(영혼)'을 맑고 아름답게 가꾸면, 그 '꼴(모양새/인품)'인 '얼굴'은 저절로 아름다워진다고 한다. 옛날 공자(孔子) 왈(曰) '자기 얼굴에 책임을 져라'라고 하셨건만 난 아직도 내 얼굴에 책임을 못 지고 있다.

한국통신(KT) 퇴직 후 강화 보문사 입구에서 아내를 도와 한식당과 편의점을 운영하며 소소한 일상을 살고 있는 나의 Motto는 '주어진 여건에 만족하며, 긍정적이고 적극적으로 현재를 즐기며 살자.'이다.

'Carpe Diem —Seize the day, enjoy the present.'

이 세상 최고의 선물은 나 자신이요, 지금 이 순간이며, 지금 만나고 있는 사람들이다. Today is the first day of the rest of my life. 우리는 바로 '지금, 여기(Now & Here)' 즉 '눈앞의 지금'을 소중히 여기며, 지금 하고 있는 일과 사람과의 만남에 최선을 다해야 한다. 머무르면 새로운 것을 만날 수 없고 떠남이 길면 그것 또한 다른 일상이 되어 버린다. 머무름과 떠남이 서로 잘 교차하는 자주적이며 농밀한, 그런 삶을 나는 살고 싶다.

▶ 이메일 ldg5873@naver.com

▶ 블로그 http://blog.naver.com/ldg5873

▶ 여행카페 http://cafe.naver.com/goabroadldg

▶ 포토갤러리 http://photo.naver.com/user/ldg5873

저자에게 보내는 글 I

지난 시간들을 돌아보면 언제부터인가 내 일 년의 반은 여행에 대한 계획과 상상으로, 나머지 반은 여행의 추억을 되새김질하며 살았다 해도 과언이 아니다. 겁 없이 늘 다른 세상을 꿈꾸고 하루하루 다음 여행을 위해 동전을 모을 때 난 아직 내안에 뜨거운 피가 끓고 있음을 느낀다.

아프리카 배낭여행 때 말없이 카메라 하나 들고 어슬렁어슬렁 동네 산책하듯 조금은 남다른 시선으로 같은 시간을 보냈던 우리는 금세 친구가 될 수 있었다. 한 달이라는 시간을 같이해야 했기도 했지만 애주가라는 멋진 공통점이 있었다는 것도 숨길 수 없는 사실이다. 그의 여행은 늘 다른 사람들을 몰고 다니는 나와는 많이 다른 여행방식이었다. 부럽기도 하고 멋지기도 하고 이런 남자를 혼자 여행 보내주는 그의 예쁜 아내도 보고 싶었다. 다음에는 꼭 남미에 같이 가자고 하더니 야반도주하듯 혼자서 남미로 떠나기 전 연락이 왔었다. 각서까지 쓰고 가는 마지막 여행이라고. 지켜지지 못할 각서라는 것을 알면서도 얼마나 간절했으면 또 바람이 되었을까 생각하니 그 용기에 그저 웃음이 나올 뿐.

그런데 벌써 여행기를 만든단다. 꿈꾸고 있던 풍경이 가슴을 두근거리게 한다. 이 멋쟁이! 먼저 가서 이렇게 멋지게 길을 닦아 놓고 오다니. 한 장 한 장 여정을 따라 가보니 다음에 출발할 사람은 눈감고 여행해도 되겠다 싶을 만큼 자세히 길잡이 노릇을 해놓았다. 그 많은 곳을 다니면서 하나둘 보물을 숨겨 놓고 있었던 것이다. 보따리 속에 꽁꽁 감춰져 있던 보물들이 한 가지 한 가지 풀어져 나온다. 사진 또한 프로 못지않은 작품들이다. 아이들을 좋아하고, 하늘을 좋아하고, 사람 냄새나는 거리를 좋아하는 그의 따뜻한 시선이 그대로 나타나 있다. 자손만대 가보로 남길 여행기를 만들겠다고 큰 소리 치더니 그 기대 이상이다. 여행은 새로운 사람을 만나고 또 새로운 나를 만나는 시간이다. 그의 이번 여행기에서 나는 또 다른 그를 만난다. 그리고 그가 만났던 사람들과 수많은 길과 바람을 느껴본다. 아! 벌써 그립다.

시화집『우렁각시의 꿈』 저자

시인 **김한하**

저자에게 보내는 글 II

길을 나선다는 것은 필연적으로 외로움을 만나는 행위이다. 외로움은 인간만이 소유할 수 있는 찬란한 축복이다. 외로움 속에서 자신과 세상을 성찰할 수 있는 시간을 갖게 된다.

저자는 그런 외롭고 지루한 시간 속에서 자기를 만나고 회복하는 긴 여행을 숙명처럼 한다. 내가 저자를 만난 것은 아프리카 여행에서다. 어쩌면 인류의 시원이면서, 우리 문명인들이 잃어버린 인간의 원형을 갖고 있는 그 원시성과 내재성 그리고 자연처럼 존재의 자유로움을 갖고 있는 아프리카를 여행하면서 저자는 외로운 늑대처럼 새벽에 일어나 낯선 길을 마주한다.

그리고 항상 갖고 다니는 카메라를 통해 매우 심도 깊게 아프리카를 바라본다. 부지런한 새처럼 남이 보지 못하는 구석구석을 참 열심히 항상 혼자 다닌다. 그리고 저녁에는 맥주를 마시며 여행자의 외로움을 달래는 모습을 보며 저자 안에 있는 영혼의 순수한 빛깔을 본다.

외로움을 느낄 수 있는 사람은 참 아름답다. 그늘이 있는 사람은 참 멋있다. 나는 그런 외로움과 그늘 속에서 세상에 앉아 있는 저자가 참 좋았다. 그래서 기웃거리듯이 저자와 맥주를 같이 마시며 인간과 인간의 따뜻한 온기를 확인했다.

사람과 사람이 만나는 것은 하나의 점이 아니고, 인생의 흐름으로 이어지는 선이 아니며 입체적인 우주적인 울림이다. 이번에 저자가 그동안 발로 다녔던 길의 이야기를 담은 책을 낸다는 소식을 듣고 반갑고 기쁜 마음에 편지를 쓴다.

에세이집『어설픔』저자

한의사 **이기웅**

무소의 뿔처럼 혼자서 가라

초판 1쇄 2014년 10월 1일

지은이 이동근
발행인 김재홍
디자인 이호영, 박상아
마케팅 이연실

발행처 도서출판 지식공감
등록번호 제396-2012-000018호
주소 경기도 고양시 일산동구 견달산로 225번길 112
전화 02-3141-2700
팩스 02-322-3089
홈페이지 www.bookdaum.com

가격 15,000원
ISBN 979-11-5622-041-1 03980

CIP제어번호 CIP2014027351
이 도서의 국립중앙도서관 출판시 도서목록(CIP)은 e-CIP 홈페이지(http://www.nl.go.kr/ecip)에서 이용하실 수 있습니다.

※ 본 도서 수익금은 70만 명의 한국 결식아동돕기 모금에 모두 기부됩니다.